第三次新疆综合科学考察研究丛书

东昆仑木孜塔格峰地区冰冻圈变化及其环境影响

张明军　车彦军　孙美平等　著

科 学 出 版 社

北　京

内 容 简 介

本书以新疆第三次综合科学考察昆仑山北坡水文要素变化调查科考队所获得的大量第一手观测调查资料为基础，结合第一、第二次综合科学考察资料以及该地区冰冻圈最新研究成果，对木孜塔格峰地区冰冻圈组成要素、变化及其影响进行系统论述。全书共 11 章，内容涉及木孜塔格峰地区水文要素中的冰川、积雪、冻土、径流的变化及其驱动因素，以及不同水体的理化特性等。此外，本书根据考察和研究解读了冰川、冻土变化过程及机理，模拟了山区冰川和冻土的未来变化及其影响。因此，本书有助于加深对东昆仑木孜塔格峰地区冰冻圈变化及其影响的认识，也为气候变化背景下南疆地区绿洲水资源优化配置提供了科技支撑。

本书可供地理、水文、气象、气候、环境、旅游等领域的科研工作者和高等院校有关师生以及地方与有关生产部门的工作人员参考。

审图号：GS 京（2025）0683 号

图书在版编目（CIP）数据

东昆仑木孜塔格峰地区冰冻圈变化及其环境影响／张明军等著．
北京：科学出版社，2025.5. --（第三次新疆综合科学考察研究丛书）.
ISBN 978-7-03-081841-6

Ⅰ．P343.72

中国国家版本馆 CIP 数据核字第 20256XG676 号

责任编辑：周　杰／责任校对：樊雅琼
责任印制：徐晓晨／封面设计：墨创文化

科 学 出 版 社 出版
北京东黄城根北街 16 号
邮政编码：100717
http://www.sciencep.com
北京中科印刷有限公司印刷
科学出版社发行　各地新华书店经销
*
2025 年 5 月第 一 版　　开本：787×1092　1/16
2025 年 5 月第一次印刷　　印张：13
字数：310 000
定价：180.00 元
（如有印装质量问题，我社负责调换）

第三次新疆综合科学考察研究丛书
指导委员会

工作组组长：肖文交

工作组副组长：陈　曦　张元明　葛全胜

咨询组专家：陈宜瑜　秦大河　傅伯杰

　　　　　　万建民　张建云　魏辅文

　　　　　　邓铭江　李根生　安黎哲

　　　　　　廖小罕　张小雷

《东昆仑木孜塔格峰地区冰冻圈变化及其环境影响》
编写人员名单

主　　编　张明军

副 主 编　车彦军　孙美平

参编人员（按姓氏笔画排序）

王圣杰　　王伟生　　邢婷婷　　朱小凡　　苏　勃

李红阳　　吴佳康　　谷来磊　　怀保娟　　张　宇

张　慧　　张　璨　　张玉娇　　陈丽花　　金　爽

赵宏宇　　胡凡根　　倪　杰　　康立民　　腾心如

陈宜瑜丛书序

新疆维吾尔自治区是中国陆地面积最大的省级行政区，超166万平方千米，约占全国陆地总面积的六分之一。新疆地处亚欧大陆腹地，陆地边境线长5700多千米，周边与八国接壤，历史上是古丝绸之路和东西文化交流的重要通道，如今是第二座亚欧大陆桥的必经之地，丝绸之路经济带核心区，连接中亚、南亚、西亚的枢纽。随着我国扩大对外开放、西部大开发、共建"一带一路"等深入推进，新疆从相对封闭的内陆变成对外开放的前沿。

党和国家始终关注和大力支持新疆发展，早在1956-1960年、1985-1989年分别在新疆开展了以资源本底调查、资源开发和生产布局为主题的两次大规模综合科学考察，为服务国家需求和促进新疆发展做出了奠基性和开拓性的重大贡献。

近30年来，新疆经济社会发展和民生改善取得了前所未有的成就，但同时资源生态环境也随之发生了显著变化。作为我国西北屏障，新疆正面临气候变化带来的不确定风险加剧和全方位开放带来的极大挑战，对生态环境保护与资源高效利用的要求愈加迫切，资源与生态环境承载力如何支撑国家的新疆重大战略实施，成为当前亟待解决的重大科技问题。

第三次新疆综合科学考察（以下简称第三次新疆科考）是落实新时代党的治疆方略和第三次中央新疆工作座谈会精神的重要举措。第三次新疆科考主要以资源可持续利用和生态环境保护为基础，以促进新疆高质量发展与丝绸之路经济带核心区建设为目标，重点是将新疆放在"一带一路"建设的大局中，为未来10-30年的绿色发展战略提供科学参考。

第三次新疆科考围绕区域水资源与水安全、土地资源与农业发展、生态环境保护、生物资源与生物多样性保育、优势关键矿产和能源资源开发等重点领域，共部署实施了30个项目。

在地域上将新疆划分为塔里木河流域、伊犁河流域、额尔齐斯河流域、天山北坡经济带以及吐哈盆地五大片区，并辐射周边国家和地区，针对各流域片区经济社会发展存在的现实问题开展基础性调查，强化野外观测体系建设、科考数据和成果集成，着重产出科学考察报告成果、科学传播成果、支撑国家需求与新疆高质量发展成果、国际科技前沿成果四大体系科考成果。同时，在分析方法、数字计算、建模方式等基础理论研究上寻求突破，提升科考成果的层次和水平。

与前两次新疆综合科学考察以及各专题科考相比，第三次新疆科考不仅涵盖了更广泛的地域，还采用更先进的高科技手段，力求丰富科考内容，提升考察深度：一是采用自组网/4G/5G/卫星通信等物联网技术，构建"空-天-地-网"一体化监测体系，实现监测网络互联互通和快速稳定获取数据；二是采用新的同位素、DNA 分子测序和模型等技术和手段，建立先进的样品检测体系，同时依赖生物资源收集保育平台，对样品或种质资源进行长期保存；三是建设科考大数据平台，整合新疆科考基础地理信息数据、各部门行业历史和现状专题数据、科考观测与监测动态数据等，提供大数据产品和服务。

"第三次新疆综合科学考察研究丛书"汇聚了各科考团队的辛勤努力和智慧结晶，是第三次新疆科考四大成果体系的重要组成部分，系统阐述新疆资源生态环境本底与变化过程，科学评估气候变化和人类活动对生态环境的影响，并提出科学应对方案，为学术界提供详尽、权威的科考数据和分析报告。希望丛书的出版能全方位展示第三次新疆科考的最新成果，能为推动新疆生态环境保护和可持续发展、推进美丽新疆建设做出应有贡献。

肖文交丛书序

　　新疆地处亚欧大陆中心，是亚洲中部干旱区的重要组成部分，以干旱少雨、山盆结构为特征，水循环过程特殊、陆表作用强烈，生态环境极度脆弱，是研究干旱区地理学、绿洲生态学和荒漠环境学的天然实验室。新疆干旱的气候条件和特殊的地理环境，孕育了丰富的光热资源、特殊的抗逆生物资源、独具特色的农业资源。

　　新疆在党和国家工作全局中具有特殊重要的战略地位，为了配合国家开发、建设新疆，中国科学院曾两次组织多学科的科学工作者对新疆进行了大规模的综合科学考察。1956-1960年，以资源本底调查为主开展了第一次综合科考，初步查明了新疆自然条件与资源状况，提出了新疆总体开发战略和实施方案，所取得的成果为新疆建立了第一代科学资料，同时也填补了我国干旱区许多研究领域的空白，促进了我国地理学科、生物学科的发展和资源科学的形成。1985-1989年，以新疆资源开发和生产布局研究为主题，开展了历史上新疆第二次综合科考，形成了16部专题报告、阶段报告和简报等共约700万字的系列成果，研究提出了新疆1990-2010年的生产布局和远景规划。

　　除了上述两次大型科考，在科技部、林草局、水利部等各部门的支持下，相关行业部门也组织了多次不同目的的新疆专项调查，包括水文水资源（冰雪、水利）、气象（灾害）、林草、荒漠化、生物多样性、土地、矿产、环境、社会经济和旅游等，提供了大量的基础数据。

　　第二次综合考察结束30年来，新疆资源生态环境及社会经济状况发生了巨大变化，人口增加了66%，GDP增长了52倍，水土资源利用矛盾不断加剧，生态系统脆弱性持续加大，生物多样性变化本底不明。聚焦新疆社会经济发展中资源开发与生态环境保护面临的新问题、新矛盾，以及绿色发展对科技创新的迫切需求，亟需启动新一轮的新疆综合科学考察，以全面了解资源环境对新疆绿色发展的支撑能力，研究提出丝绸之路经济带核心区的建设路径。

2021 年，根据党中央的决策部署，科技部启动实施了第三次新疆综合科学考察（以下简称第三次新疆科考）。第三次新疆科考以水土平衡与水资源安全为主线，以解决新疆当前及未来面临的资源环境与绿色发展问题为突破口，利用现代先进技术手段，面向新疆全域考察资源、环境、生态本底及支撑经济社会发展的承载能力，研究提出新疆未来 30 年生态建设和绿色发展战略、路线图，培养长期扎根边疆的科技人才队伍，服务于新疆社会稳定和长治久安。

第三次新疆科考实施以来，年轻一代的科技工作者立志学习老一辈科学家艰苦奋斗、不畏艰险的科考精神，发扬前辈们埋头苦干、追求真理的科学精神，持续推动科考工作取得新突破，获得了数以百万字计的原始性第一手科学考察资料，取得了一系列重大发现和研究成果。"第三次新疆综合科学考察研究丛书"将系统展示此次考察成果，多角度综合反映过去 30 年来新疆资源开发的影响以及生态环境演变规律。丛书的出版将为政府决策、学术研究、公众参与提供有力参考和借鉴，也将为推动新疆可持续发展和生态文明建设贡献智慧和力量。

前　言

　　昆仑山为青藏高原北缘山系，西起克孜勒河，东至布尔汗布达山、阿尼玛卿山和巴颜喀拉山，山脉全长约 2500 km，平均海拔 5500~6000 m，宽 130~200 km，西窄东宽，总面积超过 50 万 km²，地跨新疆、西藏、青海和四川四省（自治区），在中国山系中被誉为"万山之祖"。昆仑山北麓为塔克拉玛干沙漠，南部为青藏高原腹地，巨大的山体为冰川发育提供了有利的地形条件。中国第二次冰川编目表明，昆仑山分布有冰川 8922 条，面积和储量分别为 11 524.13 km² 和 1106.34 km³，居中国西部山系首位。这些冰川成为南疆和田河、叶尔羌河、喀什噶尔河、克里雅河、车尔臣河等河流的发源地。随着全球气候变暖，冰冻圈萎缩，昆仑山冰川、积雪、冻土等发生显著改变。山区水文过程的变化关系下游绿洲地区社会的稳定与发展。因此，开展昆仑山—阿尔金山北坡水文要素变化调查是新疆第三次综合科学考察（简称新疆三次科考）的课题之一，具有重要的科研和社会价值。

　　木孜塔格峰地区是东昆仑最大的现代冰川作用区，位于阿尔金山国家级自然保护区西南部，其主峰木孜塔格峰海拔为 6973 m，西北部冰川隶属于车尔臣河流域，也是其发源地，东北部冰川隶属于阿其克库勒湖流域，南坡冰川融水流向青藏高原内流区若干小湖流域。开展木孜塔格峰地区冰冻圈变化及其影响的科学考察与研究，有助于厘清山区冰冻圈核心要素（冰川、积雪、冻土）对气候变化的响应过程，对于揭示山区水文循环机制及其对下游绿洲地区水资源合理规划与利用具有显著的现实指导意义。我们昆仑山北坡水文要素变化调查科考队聚焦木孜塔格峰地区冰川、积雪、冻土、径流、冰湖和降水等水文要素，整合气象观测和再分析资料，结合前人在该地区开展的相关调查与研究，利用地面调查、遥感技术、模式模拟等方法，详细揭示了气候变暖背景驱动下新疆第二次综合科学考察（简称新疆二次科考）以来 30 年的木孜塔格峰地区冰川、积雪、冻土等水文要素的变化与未来趋势，可为新疆水资源管理、生态环境建设以及社会经济发展提供数据支撑和科学基础。

　　本书共分 11 章，其内容涵盖木孜塔格峰地区冰冻圈主体要素冰川、积雪、冻土等的时空特征和动态变化，在现有水资源调查和评估基础上，利用模式模拟对未来水资源变化进行了预估。第 1 章为木孜塔格峰地区现代冰川发育条件，主要基于地形和气候条件，介绍了该地区冰川发育所需的气温和降水条件，由张明军、车彦军撰写。第 2 章为木孜塔格峰地区的第四纪冰川，主要从地质构造、区域地层方面介绍该地区的沉积环境和地质演变过程，并结合现场考察及已有认识，对该地区第四纪冰川作用与分布特征进行了描述，由胡凡根、车彦军撰写。第 3 章为木孜塔格峰地区现代冰川分布及其变化，结合两次冰川编目和本次科考调查，对该地区冰川的分布特征、时序演变、流速与厚度特征等进行了详细介绍，由苏勃、陈丽花、张璨、金爽、赵宏宇撰写。第4章为木孜塔格峰地区冰川物质平衡特征，基于伸舌川冰川和月牙河15号冰川的雪坑与消融花杆观测，结合无人机和卫星遥感，对观测冰川的成冰作用和整个山区冰川物质平衡的空间差异性进行了详细介绍，由车彦军、张明军、谷来磊、张慧撰写。第5章为木孜塔格峰地区冰川理化性质与微生物特征，主要介绍该地区冰川、积雪、湖泊、径流等的理化性质和微生物生长环境，包括冰面反照率和温度等，由王圣杰、李红阳、张玉娇、张宇、邢婷婷撰写。第6章为木孜塔格峰地区冰川对气候变化响应模拟，主要介绍利用能量-物质平衡模型，模拟冰川物质平衡对气温和降水的响应机制，由车彦军、张慧、吴佳康撰写。第7章为木孜塔格峰地区冰川水文特征与冰川水资源，结合观测资料，主要介绍该地区气象特征和冰川融水及其水资源估算，由孙美平、王伟生、张明军撰写。第8章为木孜塔格峰地区未来冰川变化预估，主要介绍木孜塔格峰地区21世纪未来冰川条数、面积、径流的变化预估，由赵宏宇、苏勃撰写。第9章为木孜塔格峰地区的跃动冰川与冰川湖变化，主要介绍该地区典型冰川跃动过程和冰湖时空分布及其演变，以及造成的冰湖溃决过程，由怀保娟、陈丽花撰写。第10章为木孜塔格峰地区积雪分布及特征，主要介绍该地区积雪的面积、日数、雪深等的空间分布和时序变化，由怀保娟、康立民、腾心如撰写。第11章为木孜塔格峰地区多年冻土与融沉风险评估，主要介绍该地区冻土的空间分布和未来不同情景下的演变，以及冻土变化引起的地面融沉风险区的空间分布状况，由朱小凡、倪杰撰写。全书由张明军全面统稿和组织修订，各章资料由车彦军和孙美平汇总、整理和统稿。本书初稿完成后，承蒙中国科学院新疆生态与地理研究所陈亚宁研究员和朱成刚副研究员、中国科学院西北生态环境资源研究院康世昌研究员和王世金研究员等专家在书稿修改过程中提出的宝贵意见，我们才能够将本书撰写到目前程度，在此对各位专家和老师的辛勤付出表示衷心的感谢！

新疆第三次综合科学考察"昆仑山北坡区域水文要素变化调查"涉及的东昆仑木孜塔格峰地区水文要素变化考察与研究工作的开展，极大地推动了木孜塔格峰地区冰冻圈变化过程及其影响研究，提高了对当地水文水资源的变化过程和机理的认识程度。在本书撰写过程中，深刻体会到木孜塔格峰地区资料的稀缺性，尽管已有一些冰川水文和环境方面的认识，但在地面观测、遥感应用及模式模拟三者的结合方面还不够深入，在冰川、积雪、冻土、径流等多要素变化过程的集成和耦合方面研究也相对欠缺。这些研究工作中存在不足的地方也是今后需要努力解决的科学问题。

本书涉及的科学考察和撰写过程得到新疆第三次综合科学考察"昆仑山北坡水资源开发潜力及利用途径科学考察"项目课题"昆仑山北坡区域水文要素变化调查"（2021xjkk0101）、国家自然科学基金项目"藏东南地区冰湖扩张与冰川后退模式模拟研究——以光谢错和米堆冰川为例"（42461022）和"玉龙雪山海洋型冰川物质平衡及其气候变化敏感性的模拟研究"（42101135），以及江西省自然科学基金面上项目"藏东南米堆地区光谢错冰湖演变过程与机理研究"（20232BAB203060）的支持，在此表示衷心感谢！本书是西北师范大学、宜春学院、中国科学院西北生态环境资源研究院、北京师范大学、山东师范大学、西南石油大学等多家单位与高校众多科研人员长期不畏艰苦、辛勤劳动的结果，对他们的无私付出表示衷心感谢！感谢中国科学院新疆生态与地理研究所、新疆巴音郭楞蒙古自治州阿尔金山国家级自然保护区管理局以及玉素甫阿勒克检查站等单位和部门对木孜塔格峰地区野外科考工作的保障和支持！同时，感谢那些在科考过程中默默付出的后勤保障人员及研究生！

由于科考时间有限、书稿时间仓促及作者能力有限，书中难免存在不足之处，恳请各位专家和读者提出宝贵意见并不吝雅正，以便我们今后能够更好地做好相关工作。

《东昆仑木孜塔格峰地区冰冻圈变化及其环境影响》编写委员会
2024 年 12 月

目　　录

第1章 木孜塔格峰地区现代冰川发育条件

木孜塔格峰地区是东昆仑最大的现代冰川作用区，位于塔里木水系车尔臣河的源头，也是阿其克库勒湖流域的月牙河以及水乡湖、雪景湖和振泉湖等流域北岸河流的发源区。该区主峰海拔 6973 m，分布着以冰帽为主体的冰川群，冰川群总面积超过 660 km²。地形自南向北倾斜，南部主峰区最高，可大致分为主峰区、中部山地和北缘山地三部分。木孜塔格峰地区大陆性气候特征显著，其水汽来源主要分为西南、西北偏北、西北偏西和正西方向，占比分别为 21.72%、36.26%、26.26% 和 15.76%，其中，2022 年海源水汽（57.43%）占比高于陆源水汽（42.57%）。伸舌川冰川末端观测和研究表明，该地区年降水量达到 415.8 mm，降水量有明显的增加趋势，且夏季降水量达到 67%；年平均气温为 -7.7℃，最低气温出现在 7 时，为 -10.8℃，15 时达到最高气温 -4.0℃。高大的山体、丰富的降水和低温环境，共同作用造就了木孜塔格峰地区冰川发育和演变。

1.1　冰川发育的地形条件

木孜塔格峰地区是新疆东昆仑山最大的现代冰川作用区，主峰整体呈现一个不规则的巨大金字塔形山地，山岭沿线 30 余座山峰海拔超过 6000 m，平均海拔 6200 m，最高峰为木孜塔格峰，海拔 6973 m（图 1-1）。山地高差多介于 1000 ~ 1770 m，平均 1100 m。主峰区冰川覆盖面积达 531.65 km²，占冰川群总面积的 76.6%。主峰区东西两侧的山峰（海拔分别为 6047 m 和 5844 m）分别为面积 30.73 km² 和 10.15 km² 的小冰帽。面积超过 5 km² 的冰川共有 24 条，冰川发育形态以叶瓣状宽尾山谷冰川为主。基于 2020 年 Landsat 影像，西坡车尔臣河源乌鲁格河（编号 5Y624E）32 号冰川（即鱼鳞川冰川）面积为 96.39 km²，长度为 11.3 km，为该区规模最大的山谷冰川。20 世纪 80 年代，新疆二次科考时该冰川面积为 103.53 km²，长度为 14.0 km，相比之下冰川面积减小了 7.14 km²，末端曾发生前进，主要是跃动所致。东坡的月牙河（编号 5Z141E）14 号冰川（即冰鳞川冰川）面积为 61.60 km²，长度为 15.4 km，相比新疆二次科考时的面积 66.70 km² 和长度 19.1 km，其面积减少了 5.1 km²，长度退缩了 3.7 km。

主峰区西端的乌鲁格河 34 号冰川（即木孜塔格冰川）是覆盖山顶和若干冰舌从三个方向伸出的平顶冰川，面积达 69.75 km²。中国第二次冰川编目中将其分为三条冰川，名字均为木孜塔格冰川（5Y624E0034），GLIMS_ID 分别为 G087182E36381N、G087213E36332N、G087179E36333N，其中 G087182E36381N 属于新疆维吾尔自治区巴音郭楞蒙古自治州的车尔臣河流域。截至 2020 年，主峰区冰川末端海拔介于 5084 ~ 5828 m，平均末端海拔 5349±168m。不同方位统计表明，北坡冰川末端海拔介于 5084 ~ 5625 m，平均末端海拔 5240 m；东北坡海拔介于 5164 ~ 5544 m，平均末端海拔 5285 m；东坡海拔介于 5141 ~

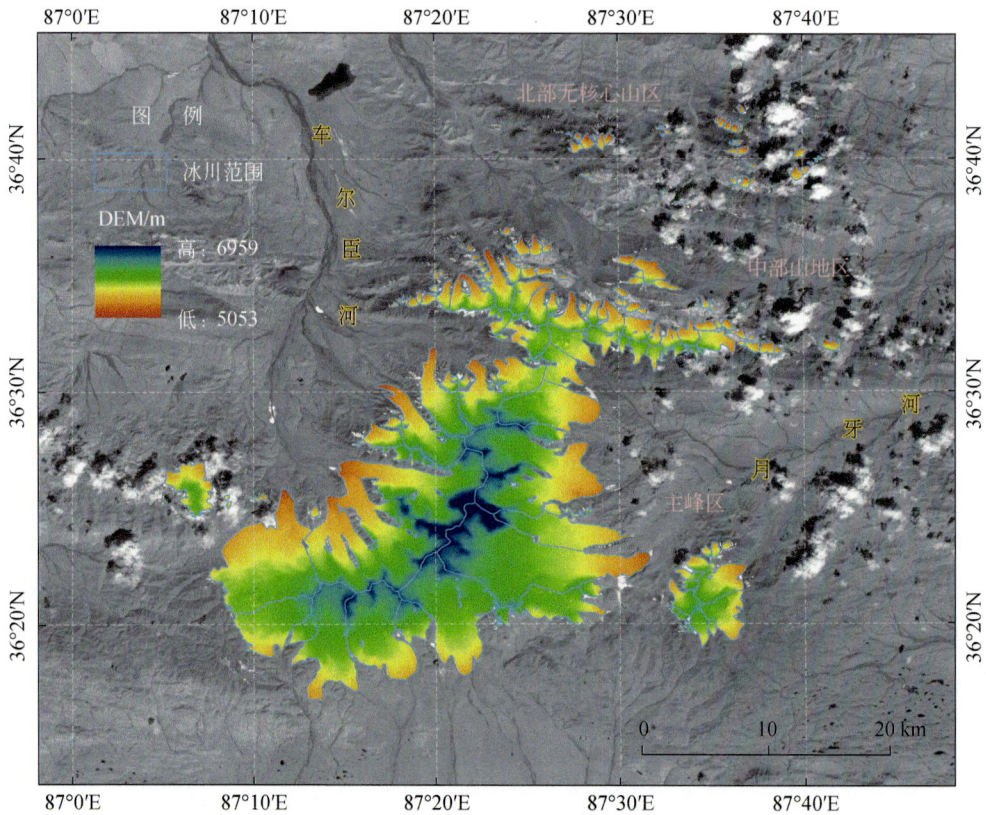

图 1-1 木孜塔格峰地区冰川分布及其地形

5708 m，平均末端海拔 5339 m；东南坡海拔介于 5304～5762 m，平均末端海拔 5461 m；南坡海拔介于 5257～5828 m，平均末端海拔 5533 m；西南坡海拔介于 5335～5776 m，平均末端海拔 5542 m；西坡海拔介于 5315～5633 m，平均末端海拔 5451 m；西北坡海拔介于 5103～5683 m，平均末端海拔 5329 m。空间分布上，北坡冰川末端海拔相对最低，西南坡相对最高。此外，木孜塔格地区物质平衡的平衡线在 2000～2007 年为 5460 m，2007～2011 年为 5452 m，2011～2015 年为 5523 m，2015～2020 年为 5537 m，2000～2020 年平均物质平衡的平衡线为 5514 m。总体来看，2000～2020 年木孜塔格峰地区冰川的平衡线平均升高了 77 m。

木孜塔格峰地区中部为东西走向的过渡山地，山峰海拔多在 5600～6000 m，其中位于中部山地，海拔 6045 m 的最高峰是唯一一座高度超过 6000 m 的山峰。山地高差介于 400～800 m，平均约为主峰的一半。冰川沿山岭呈不对称的羽状形式分布，以发育冰斗冰川和小山谷冰川为主。中部山地冰川数量达到 95 条，面积为 106 km²，平均冰川面积为 1.12 km²。北坡冰川末端海拔较低，南坡相对较高。其中，车尔臣河源的乌鲁克苏河（编号 5Y624D）38 号冰川（即伸舌川冰川）朝向西北，面积为 6.04 km²，长度为 5.7 km，是木孜塔格峰地区中部末端海拔最低的冰川，面积居第三位。相比新疆二次科考时的面积 6.94 km²，冰川面积减少了 0.9 km²。

木孜塔格主峰区北部为切割破碎的无核心高峰的外围低山，山峰海拔多在 5500~5600 m，最高山峰海拔只有 5667 m。山地高差与中部山地大致相当，但山地整体性很差，冰川只在部分山峰的北坡零星分布。截至 2020 年共分布冰川 44 条，总面积为 9.05 km²，平均面积仅 0.21 km²，其中最大冰川的面积只有 0.83 km²。冰川末端高度最低伸至海拔 5053 m，最高为 5422 m，平均末端海拔 5201 m。末端海拔最低的冰川编码为 5Y624D0013，属于乌鲁克苏河，朝向北，面积为 0.83 km²，是该区域面积最大的冰川。

木孜塔格峰地区的地势作用和山地整体性程度对于冰川发育规模的影响显著。随着地势自北向南呈阶梯状升高和山地整体性程度的逐阶增强，北部、中部、主峰区的冰川数量比为 1∶2∶2，面积比为 1∶11∶61。冰川末端平均海拔，自北部无核心山地的 5201 m 上升至中部山地的 5287 m，再到主峰区的 5429 m。相比新疆二次科考，该地区冰川没有明显的退缩痕迹（图 1-2）。

木孜塔格峰地区的多年冻土广泛发育，面积为 5007 km²，占该地区总面积的 88.37%。该地区一半以上区域的多年冻土的年平均地温低于 -3℃，平均值为 -3.1℃，属于稳定型多年冻土。整个区域的活动层厚度介于 1.5~2.5 m，平均厚度为 1.95 m。多年冻土层中的地下冰总体积约为 169.96 km³，约占整个青藏高原地区地下冰总储量的 1.33%，其数值为当地冰川总储量（81.21 km³）的 2 倍有余（图 1-2）。

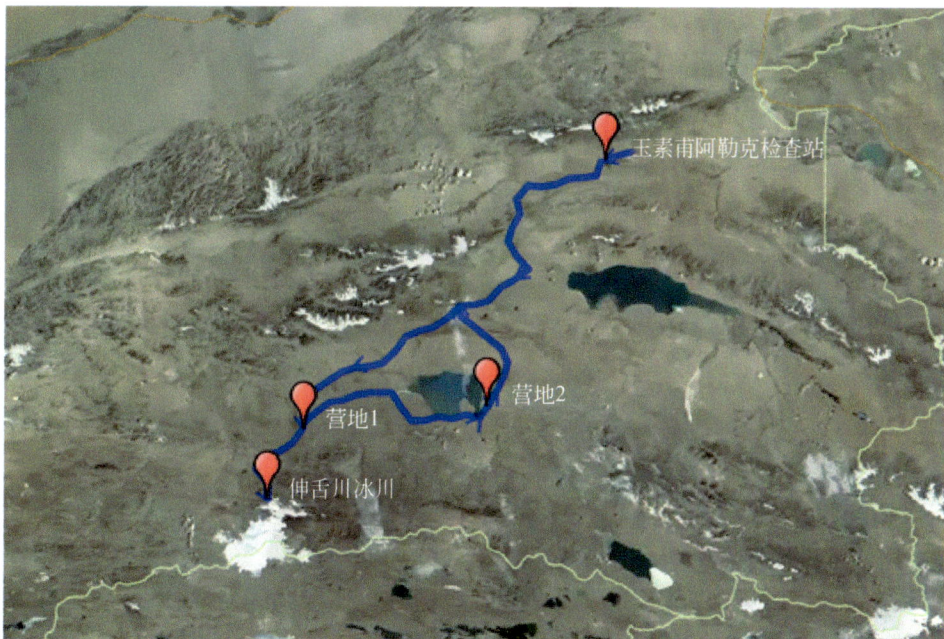

图 1-2　新疆第三次综合科学考察——木孜塔格峰科考路线

1.2　冰川环境的降水条件

木孜塔格峰地区，南依寒冷干燥的藏北高原，北俯极端干旱的塔里木盆地，是昆仑山降水最少的地段，自然条件极差。新疆二次科考表明，该地区年降水量在 100 mm 以下，如海拔 3138.5 m 处的茫崖，年降水量仅为 46.1 mm，年平均气温为 14℃，全区普遍呈现高寒荒漠的自然景观。相较之下，冰川区的降水量远大于高原面上的平均降水量。根据 1988 年 7~8 月科考队在木孜塔格峰月牙河 15 号冰川的考察，该冰川是一条高原型的冰斗山谷冰川，冰川雪线 5700 m，雪层剖面观测揭示，积累区年降水量为 300~400 mm。虽然这里深居大陆腹地，地势高亢开阔，经过层层阻截湿润气流的影响较弱，但在夏季高原上每个山峰都是一个"热岛"，即水汽凝结的中心，加强了高原面的对流活动，导致昆仑山中段冰川区降水以阵性天气为主，地方性对流引起的阵性降水是这里冰川发育和生存的主要水分补给来源。然而，在第三次科考（2021~2024 年）中发现，木孜塔格峰地区伸舌川冰川末端（约 5000 m 海拔），2022 年降水量超过 400 mm，根据伸舌川冰川 5500 m 雪坑推算，平衡线附近降水量超过 500 mm。由此可见，较之前认知，木孜塔格峰地区的降水量被显著低估，需要重新解读。

1.2.1　水汽来源特征

木孜塔格峰地区位于青藏高原北缘，大陆性气候特征显著。通过 HYSPLIT 模型对该地区 2005~2022 年大气水汽来源轨迹进行示踪分析，并对其聚类统计。结果表明，该地区大气水汽主要有 4 个路径，分别是西南、西北偏北、西北偏西和正西方向，各方向水汽占比分别为 21.72%、36.26%、26.26% 和 15.76%（图 1-3）。其中，西北偏北方向的水汽占比最大。此外，综合考虑不同水汽来源，正西和西南方向的水汽可归类为海源，二者分别来自大西洋和印度洋，对应全球环流系统中的西风带和印度季风水汽。由于印度洋水汽进入青藏高原需越过平均海拔 4000 m 的高原，此间来自印度洋水汽的轨迹相比大西洋水汽较短。西北方向的两路水汽主要是陆源，并且这两路水汽都是跟随西风环流，其中一路水汽越过帕米尔高原、喀喇昆仑山和西昆仑到达木孜塔格峰地区，另一路则穿越天山山脉和塔里木盆地进入该地区。通过陆源和海源的比例可以得出，该地区的水汽主要受陆源控制。

将 2005 年、2010 年、2015 年、2020 年和 2022 年的四个季节的水汽平均轨迹进行聚类 [图 1-3（b）~（f）]，分别聚类为 3~4 类。2005~2022 年，陆源水汽占比呈现先上升后下降的变化，海源水汽占比则呈现先下降后上升的趋势。2022 年，海源和陆源水汽的占比分别为 57.43% 和 42.57%，可见海源水汽多于陆源。同时，海源的两个方向水汽，即西风和印度季风的变化也不尽相同。具体来看，该地区印度季风水汽的占比呈现持续上升的趋势，但在 2010 年的聚类图中几乎没有该类水汽；而西风则表现出波动变化，但总体上占比有所增加，并且在 2005~2010 年和 2020~2022 年的变化较大，分别下降了 9.15 个百分点和上升了 10.8 个百分点。此外，2022 年西风水汽占比达到 26.47%，印度季风水汽达到 30.96%，海源水汽占全部水汽的 57.43%，表明该地区近几年海源水汽的影响逐渐增强。

不同季节木孜塔格峰地区水汽轨迹特征存在差异，通过对 2005~2022 年 1 月、4 月、7 月、10 月的多年平均轨迹进行聚类分析，可知不同季节水汽来源特征。冬季的主导水汽

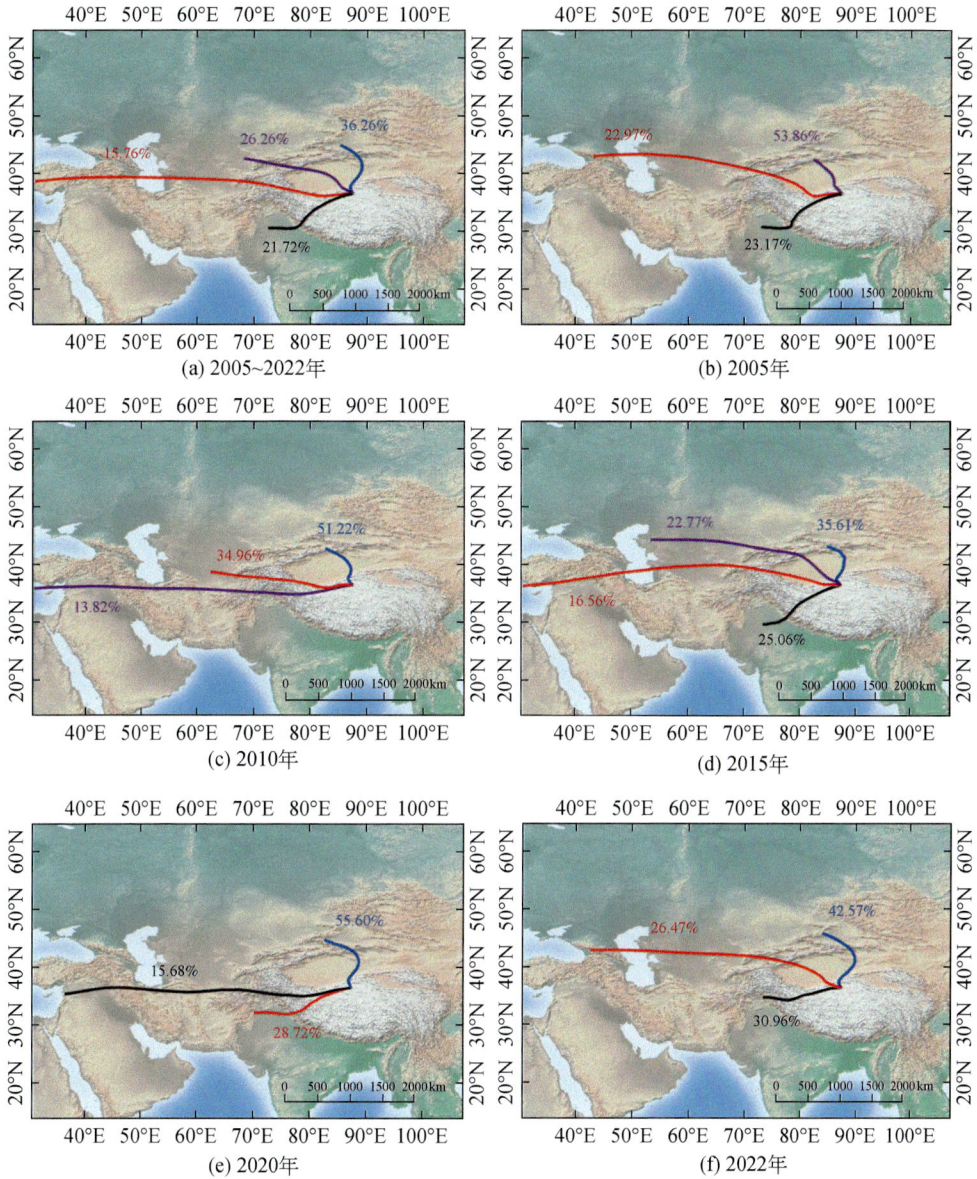

图 1-3　木孜塔格峰地区不同年份水汽年平均轨迹聚类（吴佳康等，2024）

是海源水汽，其中，西南印度洋方向水汽占比最大为 55.97%，占全部水汽的一半以上，其次是西风水汽，占比为 26.29%，而陆源水汽的主要方向为正西方向，且占比较小，为 17.74%；春季的主导水汽是陆源水汽，主要为正西和西北方向，二者占比分别为 44.87% 和 43.53%，海源水汽主要是西风水汽，占比为 11.60%；与其他几个季节的水汽不同，夏季的陆源水汽分为两种，一种是来自陆地地区的外部水汽源，另一种是该地区附近的水汽，这种局地水汽可理解为再循环水汽（图 1-4）。青藏高原的冰雪融水非常丰富，形成大量规模不等的湖泊，夏季降水增多和气温升高，导致水汽蒸发强烈，并且受地形影响，容易形成局地降水，再循环水汽贡献较大。木孜塔格峰地区，夏季再循环水汽占总量的

22.64%，西北方向陆源水汽占比最大，为53.26%，占总量的一半以上，海源水汽主要是西风水汽，占总量的24.10%，夏季的主导水汽是陆源水汽，占总量的75.90%。

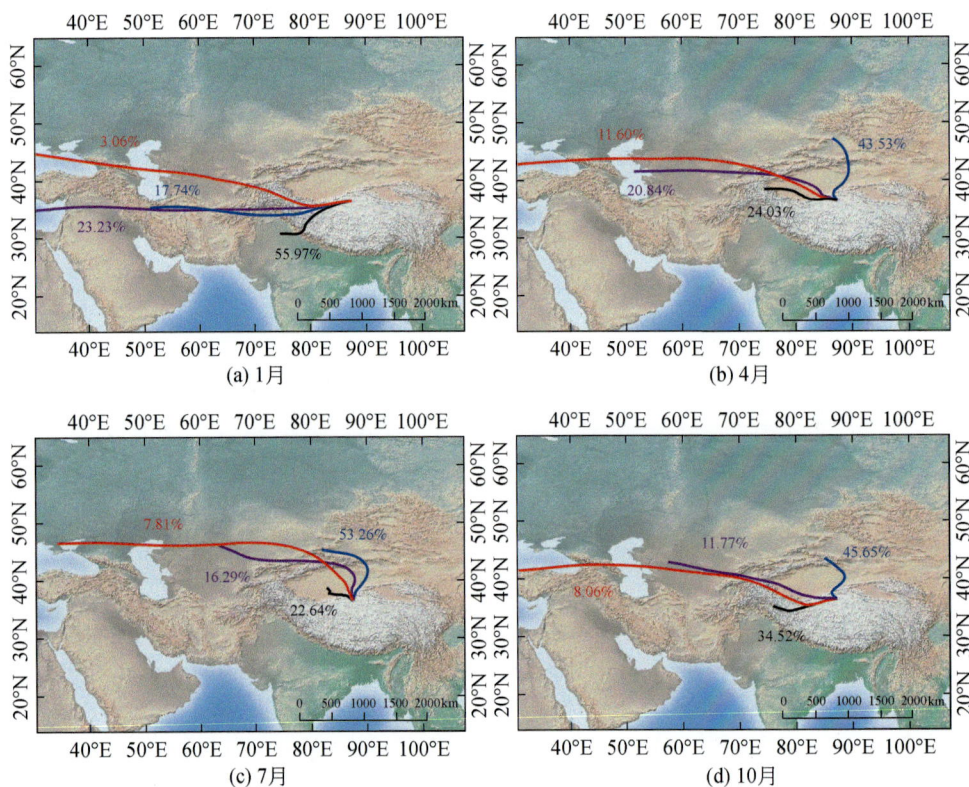

图 1-4　木孜塔格峰地区水汽来源季节变化（吴佳康等，2024）

相较于其他季节，秋季陆源和海源的水汽比例较均衡，但总体来说是陆源水汽占比相对较大。秋季海源的西风和印度季风分别占总量的8.06%和34.52%，陆源分别来自两个方向——正西和西北方向，分别占总量的11.77%和45.65%，其中西北方向的陆源水汽占比最大，其次为西南印度洋水汽。

总体来看，全年四个季节中西风水汽占比最少，并且在冬季最大，为26.29%，夏季最少，为7.81%。印度洋水汽主要发生在秋冬季节，而春夏季节的印度洋水汽占比相对较少。陆源水汽占比最大，并且对夏季再循环水汽的贡献非常明显。该地区除了冬季水汽由海源控制，其他三个季节均由陆源水汽控制，其原因可能是冬季低温不利于地表蒸散发作用，暖季高温有利于加强蒸散发。

1.2.2　降水补给特征

1. 地面降水短时间序列特征

库木库里盆地的阿牙克库木湖气象站降水记录表明，该地区2014年、2016年、2017

年的降水量分别为 116.8 mm、195 mm 和 201.2 mm，多年平均降水量为 171 mm，年变化率为 29.7 mm/a（$p=0.17$）。该地区降水在较短时间内大幅增加，但由于数据缺失较多，趋势变化没有通过显著性检验。该地区降水主要集中在夏季，春秋两个季节降水量次之，冬季降水量最少。由于高原面上的降水量远高于茫崖，不能用茫崖的气象降水解读冰川作用区。2014 年、2016 年和 2017 年的夏季降水量分别达到 78.5 mm、156.6 mm 和 156.3 mm，分别占全年总降水量的 67.2%、80.3% 和 77.7%。这三年夏季降水量呈波动增加趋势，年变化率为 27.8 mm/a（$p=0.21$），但由于观测时间较短，趋势变化未通过显著性检验（图 1-5）。

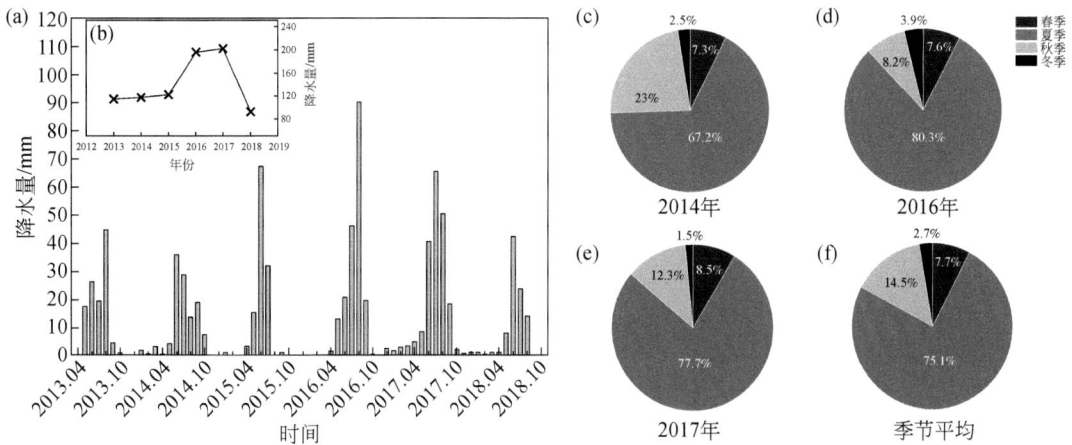

图 1-5 阿牙克库木湖气象站 2013～2018 年月降水和年降水变化（吴佳康等，2024）

伸舌川冰川末端和阿其克库勒湖气象站记录的降水数据显示，伸舌川冰川末端全年共有 114 d 产生了降水，总降水量为 415.8 mm，降水四季分配为夏（278.2 mm，67%）>春（62.4 mm，15%）>秋（43.4 mm，10%）>冬（31.8 mm，8%），夏季降水最多，冬季降水最少，该冰川为典型的夏季积累型冰川；由于阿其克库勒湖气象站冬季降水数据难以恢复，在此未做全年统计，阿其克库勒湖 4～10 月降水天数共计 61 d，累计降水量 183.4 mm。在山区，无论是阿其克库勒湖还是伸舌川冰川末端，降水均主要集中在 5～9 月，累计降水量分别为 171 mm 和 312.8 mm，其中二者 8 月降水量均最大，分别为 77.2 mm 和 177.8 mm，占 5～9 月总降水量的 45.15% 和 56.8%。阿其克库勒湖和伸舌川冰川末端气温在 1 月达到最低温度之后，开始缓慢回升，随着气温的升高，在 6～8 月降水开始增多，并在 7 月末至 9 月初形成了稳定的高温天气，降水量也达到极值，雨热同期显著；阿其克库勒湖和伸舌川冰川末端的日最大降水量为 16.6 mm 和 22.8 mm，分别出现在 6 月 23 日和 8 月 5 日。降水形态受到气温的影响，当气温<2.5℃时，为固态降水，当气温>4℃时，为液态降水，气温介于两者之间时，为固液混合态降水。在伸舌川冰川末端，固态降水（227.8 mm）>液态降水（98.4 mm）>固液混合态降水（89.6 mm），分别占总降水量的 54.8%、23.7% 和 21.5%。总体而言，随着海拔的升高，冰川区降水量显著大于低海拔区域。

2. 降水长期特征

根据冰川水文和气象过程，一般10月至次年9月为一个物质平衡年，10月至次年4月为冬半年，5~9月为夏半年。如此划分，木孜塔格峰地区的降水主要集中于夏季，夏季降水平均值占全年总降水量的77%，且夏季降水变化趋势与年降水趋势基本一致（图1-6）。1951~2020年，冰川区年降水量呈现出显著增加趋势，增加速率为0.79 mm/a，其中多年平均降水量为413.22 mm，最大和最小年降水量出现在1951年和1984年，分别为562.99 mm和289.28 mm；夏季降水量呈显著增加趋势，每年增加0.79 mm，其中多年平均降水量为318.41 mm，最大和最小年降水量出现在2016年和1984年，分别为462.48 mm和187.80 mm；冬季降水量增加趋势不显著，增加速率为0.005 mm/a，多年平均降水量为94.81 mm，最大降水量为1954年的114.07 mm，最小为1965年的75.11 mm。综上所述，该地区夏季气温较低，且没有明显的升温趋势，导致冰川融水径流变化不显著；降水主要集中于夏季，呈明显的增加趋势，夏季降水多为液态，或者短期固态降雪，降雪遇晴天快速消融，增加了地表径流，有利于该地区冰湖的扩张。

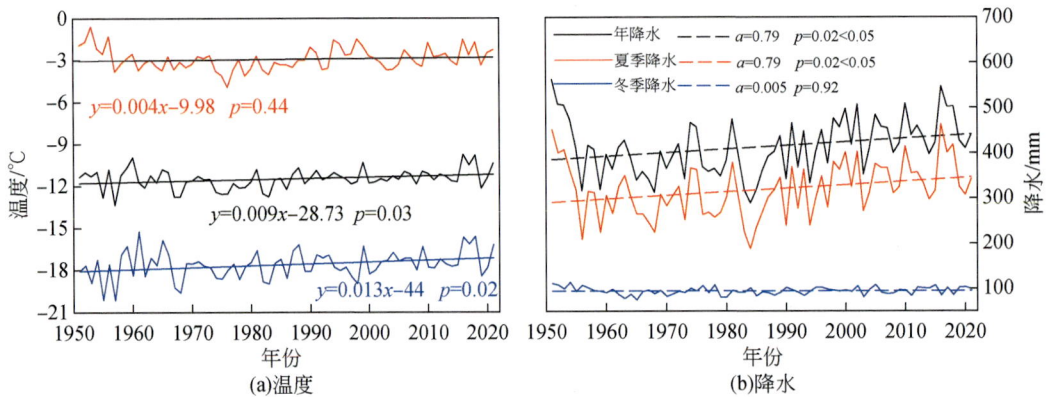

图1-6 1951~2021年木孜塔格峰地区温度和降水的年际变化

1.3 冰川环境的气温条件

冰川发育的另一个主要条件是低温，中低纬度的青藏高原冰川是依赖巨大的高原与山体所造成的低温条件来保存积雪和发育冰川的。冰川的补给量越少，保证冰川发育所需的温度就越低。昆仑山除邻近青藏高原边缘的一些山地和东部边缘阶地降水补给较多外，中段及高原内部山地冰川上的降水补给都较小，这就需要更优越的低温条件来保证冰川的发育，而高大的山体为冰川生存和发育创造了所必需的低温条件。

新疆二次科考表明，昆仑山东段阿尼玛卿山冰川雪线（4900~5200 m）处的年平均气温为-9.2~-7.5℃，夏季6~8月平均气温在-0.65~-0.2℃；昆仑山中段木孜塔格冰川雪线（5600~5900 m）处的年平均气温为-15.2~-13.4℃，夏季6~8月平均气温为-2.96~-2.25℃；昆仑山西段昆峰（海拔7167 m）冰川雪线（6000 m）处的年平均气温为-13.8℃，夏季 6~8 月平均气温为 2.1℃。本次科考中，木孜塔格峰伸舌川冰川末端气象站（5060 m）2022 年 5 月~2023 年 5 月的观测记录表明，该地区年平均气温为-7.7℃，最低气温出现在 7 时，为-10.8℃，15 时达到最高气温-4.0℃。ERA5 再分析资料表明，1951~2020 年木孜塔格峰冰川区年平均气温为-11.48℃，最高气温为-9.75℃，最低气温为-13.35℃，呈现显著的增温趋势，每 10 年升温 0.09℃；夏季平均气温为-2.91℃，最高气温为-0.61℃，最低气温为-4.93℃，每 10 年升温 0.04℃，但升温趋势并不显著；冬季平均气温为-17.61℃，最高气温为-15.24℃，最低气温为-20.14℃，每 10 年升温 0.13℃，升温趋势显著。

过去 60 年，青藏高原地区的升温速率达到每 10 年 0.3℃，其中最为显著的增温发生在冬半年。相较而言，木孜塔格峰地区气温的上升速率相对较慢，但年降水量增加十分显著。总体而言，木孜塔格峰地区气温呈变暖趋势，以冬季变暖为主，夏季变暖趋势不显著，这为冰川的维持提供了相对有利的低温环境。

第2章　木孜塔格峰地区的第四纪冰川

木孜塔格峰地区地质构造上属于青藏高原北部的东昆仑造山带。昆仑造山带因后期被左行走滑的北西向阿尔金断裂错断而成为东西两段。该造山带地处新疆南部、青海中部，中国大陆中央造山系西段，横跨古亚洲、特提斯两大构造域，基本地质构造格架是由一些近东西向的断裂带分割而成的条块组成的。木孜塔格峰地区现代冰川的冰碛体较少，第四纪大冰期的原生冰碛很难找到。古终碛、侧碛堤、冰碛丘陵等地貌早已不复存在，角峰、刃脊、古冰斗、冰谷、羊背石等冰川侵蚀的典型形态也不多见。月牙河源的现代冰川沉积物不发育，许多冰川末端未见有典型的小冰期终碛垄与侧碛垄，仅见少量散乱的冰碛分布。例如，冰鳞川冰川东侧 6 号冰川末端，见有比较完整的小冰期终碛垄分布。其终碛垄有 3 列，垄高一般在 15～20 m，最里一列距冰舌末端仅 15 m，海拔 5300 m。月牙河的末次冰期冰碛分布在距河源冰鳞川冰川末端约 12 km、海拔 5063 m 的谷地中，呈一横栏河谷的弧形终碛垄，其垄的北侧已被侵蚀，终碛垄顶部高程 5075 m，高出河床 12 m，顶宽 30～50 m，长 100 m 以上。

2.1　木孜塔格峰地区地质构造

2.1.1　构造单元划分及特征

东昆仑造山带物质组成复杂，经历了从寒武纪到三叠纪多次构造事件的演化历史。造山带在区域构造上具东西分区、南北分带的特征，从西向东大致以格尔木—乌图美仁一带为界，将东昆仑造山带分为西段（祁漫塔格山）和东段（都兰地区）（莫宣学等，2007）。东昆仑造山带存在多种构造单元的划分方案，根据现代板块构造理论，较为一致的观念是东昆仑造山带被近 EW 向展布的 3 条深大断裂，即昆北、昆中、昆南断裂分割，两条蛇绿岩带（清水泉蛇绿混杂岩带和布青山蛇绿混杂岩带）展布其中。两条蛇绿岩带时代不同，昆中蛇绿岩带代表原特提斯洋的演化，昆南蛇绿岩带代表阿尼玛卿古特提斯洋的演化。通常按照昆北、昆中、昆南和布青山南缘断裂，可将东昆仑造山带自北向南划分为昆北构造带、昆中蛇绿混杂岩带、昆南构造带和布青山—阿尼玛卿构造混杂岩带。各构造带的岩石组合和空间分布具有不同特点，东昆北构造带以前寒武纪变质岩系和印支期花岗岩出露为主，东昆南构造带以晚古生代—早中生代沉积地层出露为主，布青山—阿尼玛卿构造混杂岩带则以构造混杂结构为主要特征。

木孜塔格峰地区隶属于东昆南构造带，以左行走滑为主，东昆南断裂与布青山—阿尼玛卿构造混杂岩带作为分界断裂。该断裂也叫木孜塔格—鲸鱼湖断裂，其东起玛曲，向西经玛积雪山、西大滩、木孜塔格等地，止于阿尔金断裂，延伸达到 1000 km 以上，是在二叠纪—晚三叠世期间特提斯洋向北俯冲消亡过程中形成的，在侏罗纪和中新世分别活化，具有走滑和拉张性质。昆南构造带以出露较新的中元古界角闪岩相变质苦海杂岩为主要特征。有研究认为，苦海杂岩在变质岩石学方面显著区别于昆中构造带基底，因此单独划为昆南构造带。此构造带南面多发育纳赤台群变质碎屑岩—火山岩系，上二叠统世格曲组，三叠系早海相、海陆交互相及侏罗系陆相沉积地层。其中上二叠统与中三叠统存在角度不整合，上三叠统八宝山组与下伏多套地层也存在广泛的角度不整合。带内多出露早古生代花岗岩，晚海西—印支期岩浆活动较弱。东昆南构造带同样保留早古生代的蛇绿混杂岩特征，如诺木洪—秀沟地区广布玄武岩地层和镁铁质岩系。与昆中构造带具有相似的早古生代构造演化。但昆南又主要为古中元古代苦海杂岩型软基底。晚古生代主要表现为大陆边缘的稳定-次稳定类型沉积。

2.1.2　区域地层

以《青海省区域地质概论》（2007 年）划分方案为基础，结合前人的研究资料，木孜塔格峰地区所属的东昆南构造带地层发育较为完整，由老到新发育特征如下：

古元古界白沙河岩组（Pt_1b）：主要分布于可可沙沟的南侧及科科可特沟西侧达瓦特一带，是该地区出露最古老的地层，是东昆仑造山带变质基底岩系，西北侧的纳赤台岩群与该岩组呈构造接触关系，南侧三叠系沉积地层与其大体呈断层接触关系。该岩组主要岩性组合为钙硅酸粒岩、斜长角闪片岩和大理岩。由于受后期强烈岩浆活动改造，不同类型岩脉在晚期发育，加里东期侵入岩参与了变质地层的改造，加之受后期构造作用影响，岩石局部发生糜棱岩化，变质程度达角闪岩相。

中元古界小庙岩组（Pt_2x）：为东昆仑造山带变质基底岩系，小庙岩组以石英质岩石为主，变质程度总体达低角闪岩相。

中元古代—新元古代万保沟岩群（$Pt_{2-3}W$）：在该地区主要分布在东昆仑南坡，由一套中基性火山岩和碳酸盐岩组成，变质程度较高属绿片岩相-铁铝榴石角闪岩相，顶底界限不明。

下古生界纳赤台岩群（Pz_1N）：为早古生代中级变质岩系。在哈图沟、科科可特、可可沙一带出露较多，呈北东—南西向条带状分布，北西侧与中元古代小庙岩组韧性断层接触，东侧与古元古代白沙河岩组呈韧性构造接触，南侧与中三叠世闹仓坚沟组呈断层接触。由南向北可划分为石英片岩-绢云石英片岩夹绿片岩、黑云石英片岩-石榴石二云片岩两个变质岩石组合，在可可沙地区同构造侵位的岩浆岩体比较发育。

下石炭统哈拉郭勒组（C_1hl）：该地层主要出露于希里可特—和勒冈西里可特一带，上三叠统八宝山组位于其北侧，中三叠统闹仓坚沟组位于其南侧，两者均与该地层呈断层接触关系，局部与中元古代小庙岩组呈断层接触关系且呈近东西向带状断片状产出。哈拉郭勒组下段岩性主要为灰色-深灰色薄层-中薄层状钙质石英细砂岩、钙质粉砂岩，含有珊瑚、海百合茎、腕足等化石；中段主要为灰黄色-黄绿色薄层状钙质石英细砂岩、钙质粉砂岩，局部夹少量酸性火山岩；上段主要为深灰色薄层-中薄层状生物碎屑灰岩、含生物碎屑灰岩夹粉砂质泥岩。

上石炭统浩特洛哇组（C_2ht）：主要分布于哈嘎诺尔沟和瑙木浑牙马托地区。与北侧八宝山组、南侧羊曲组之间均呈断层接触关系。自下而上可以划分为灰岩段、砂岩段、泥质粉砂岩段三个岩性段：灰岩段主要为灰色–灰黑色中薄层–中厚层状灰岩夹少量钙质石英砂岩、钙质粉砂岩；砂岩段主要为灰色中薄层–中层状砂岩、粉砂岩夹少量酸性火山岩和安山岩夹层；泥质粉砂岩段主要为深灰色–灰黑色薄层状泥质粉砂岩、粉砂质泥岩夹粉砂岩。

上二叠统格曲组（P_3g）：出露较少，主要分布在哥日卓托沟口和托索河南段，在哥日卓托沟口，夹持于加里东期花岗闪长岩与玄武岩、硅泥质岩之间呈断夹块出露，西侧被树维门科组推覆体覆盖，初步认为属于格曲组（下部），主要岩性为浅灰白色厚层状复成分砾岩，砾石成分主要为碎石、花岗岩、变质岩，磨圆度较好；在托索河南段，下三叠统洪水川组红色粗碎屑岩下伏地层为一套细碎屑岩，初步研究认为属于格曲组（上部），与上覆地层呈断层接触，主要岩性为灰色中薄层状细粒砂岩、钙质粉砂岩夹灰色薄层状泥晶灰岩。

下三叠统洪水川组（T_1h）：主要分布在东部东昆南断裂带以北的托索河—宝日禾日俄—察汗禾勒戈一带，出露比较广泛，北侧沉积以可可沙沟口出露的岩石组合为代表；南侧与格曲组呈断层接触关系；向西与上覆的闹仓坚沟组之间呈断层接触关系或整合接触关系。洪水川组自下而上可划分为六个岩性段：第一段主要红绿相间粗碎屑岩组合，为灰绿色中厚层状含砾粗粒长石砂岩、肝红色含细砾粗粒长石砂岩及厚层状复成分砾岩夹紫红色粉砂质泥岩。第二段为灰绿色粗碎屑岩组合，为浅灰绿色中厚层含砾粗粒长石砂岩夹灰绿色细砾岩及粗粒长石砂岩。第三段为深灰色薄层状砂屑灰岩及灰黄色薄层状粉砂质页岩夹深灰色薄层状泥晶质灰岩。第四段为灰黑色中薄层微晶灰岩及粉砂岩夹中细粒长石石英砂岩。第五段为浊积岩段，主要为鲍马序列中某几段有规律的韵律性组合。第六段为钙质粉砂岩夹薄层状细粒岩屑石英砂岩和少量灰岩透镜体。

中三叠统希里克特组（T_2x）：仅出露于希里克特—阿德其次日根郭勒地区，分布范围局限，与下伏闹仓坚沟组呈微角度不整合接触，顶部出露不全。希里克特组由下至上该地层可以划分为两个岩性段：下岩性段为灰绿色–紫红色厚层状复成分砾岩、含砾中粗岩屑石英砂岩夹紫红色粉砂质泥岩。上岩段主要为灰色中厚–中薄层岩屑石英砂岩、细砂岩、石英粉砂岩，局部夹有少量流纹岩及流纹质晶屑凝灰岩，粉砂岩中产有菊石和双壳类化石。

上三叠统八宝山组（T_3b）：大部分出露于阿拉克湖北部，与下覆闹仓坚沟组呈角度不整合接触关系，局部地区受后期构造活动影响为断层接触关系；北侧与中元古界小庙岩组呈断层接触关系；区域上与侏罗系羊曲组为平行不整合接触关系。根据岩石组合将其自下而上划分三个岩段：下岩段为含砾粗砂岩夹复成分砾岩，砾岩有灰红色及浅灰绿色之分；中岩段主要为细碎屑岩组合，岩性为灰黑色薄层状粉砂岩、石英粉砂岩夹细砂岩，岩石中劈理构造尤为发育；上部段为碎屑岩组合，底部为灰白色细砾岩、含细砾石英粗砂岩–细砂岩组合，中上部位石英粉砂岩夹细砂岩。

下侏罗统羊曲组（J_1y）：早侏罗世羊曲组在研究区分布局限，仅出露在阿拉克湖北部瑙木浑牙马托一带，构造线方向为 NWW。由于经历后期构造改造，羊曲组呈断夹片状，与下伏闹仓坚沟组呈断层接触。羊曲组下端为砾岩段，主要为灰色厚层状砾岩、砂砾岩、含砾中粗粒长石石英砂岩夹中细粒长石石英砂岩及钙质粉砂岩；中段为砂岩段，主要为灰黄色-灰绿色薄层状石英细砂岩、钙质粉砂岩以及泥质粉砂岩互层组合；上段主要为韵律层段，主要为厚层状含砾粗砂岩屑石英砂岩、中粗粒岩屑石英砂岩、细砂岩与深灰色-灰黑色细粒岩屑石英砂岩、粉砂岩、泥岩组成的由粗到细的韵律层，粉砂岩中产植物化石碎片。

古近系沱沱河组（Et）：该组在研究区内分布广泛，在科科布鲁克白日切特地区和阿拉克湖西北侧以及阿拉克湖—伊克布鲁克南侧布青山地区均有出露。该组可划分为两个岩性段：下岩段为由暗红色复成分砾岩、暗红色含砾中粗粒岩屑石英砂岩组成的粗碎屑岩段；上岩段为由暗红色泥岩及粉砂质泥岩组成的泥岩段。

2.1.3　地质环境

在木孜塔格峰地区东侧的月牙河一带还发育着两级阶地，第一级阶地高出现代河床 3 ~ 5 m，第二级为 10 m 左右，前者由冰水堆积形成，后者具有冰碛与冰水沉积物。在木孜塔格峰东约 30 km 的雪照壁山南坡，东昆仑山深断裂显示清晰，断裂带上可见超基性岩体出露。断裂北侧大规模出露古生界，并在木孜塔格峰北侧见超基性岩，断裂南侧则为中新生界。南部木孜塔格峰附近花岗岩和火山凝灰岩的绝对年龄已有上百万年，以及从阿尔喀山第四纪火山岩的存在表明，中新世以来，该地区持续存在强烈的构造运动，在地貌上表现为高原的大规模抬升和内部的强烈差异运动。这里值得特别说明的是，在阿其克库勒湖东部和南部一带石炭—二叠纪石灰岩出露地段，古喀斯特地貌（主要表现为峰林、石林、岩墙、溶洞等）的出现，充分证明了昆仑山地区古近纪的构造抬升幅度是异常强烈的。因为这些地段现在处于冰缘环境之下，喀斯特地貌难以形成，而与青藏高原其他地区一样，昆仑山区在晚新近纪早期不仅海拔低，而且气候相对温暖湿润，塑造了喀斯特地貌。新近纪构造运动使这一地段大幅度抬升，虽遭后期其他外营力破坏，但古喀斯特地貌仍不同程度地保存了下来，成为高原的独特景观之一。

2.2　木孜塔格峰地区冰川发育环境及特征

2.2.1　冰川发育环境

中更新世早期倒数第三次冰期时，昆仑山许多山地发育了局部冰盖、网状半覆盖式山谷冰川及山麓冰川，是昆仑山最大冰川作用时期；中更新世晚期倒数第二次冰期及晚更新世的末次冰期，冰川规模较倒数第三次冰期规模越来越小。这是因为在倒数第三次冰期形成之前，青藏高原经历了早更新世 100 多万年的隆升过程，促进了南亚季风的发展，气候由湿热向湿冷方向发展。当时虽然冰川发育的物质补给条件优越，但地势高度不大，因而在超过当时平衡线高度的山地上开始发育冰川，冰川规模很小，多呈斑点状分布。中更新世早期倒数第三次冰期来临时，气候条件和地形条件都很优越。据施雅风等（1995）对青藏高原中东部最大冰期时代与气候环境的研究得出，在倒数第三次冰期时，山地高度较现今仅低1000 m左右，发展成为现代意义的青藏高原。这也是高原上最湿润的时期，或者说是高原上季风降水量最旺盛的时期。当时，昆仑山东段降水量是现代降水量的1.8~3倍，冰川平衡线处的年平均降水量可达1260 mm，6~8月气温为2.6℃，在该地区发育了第四纪冰川规模最大的一次冰期。之后，中更新世晚期至晚更新世，由于青藏高原的加速隆起，地形条件越来越优越，但气候条件越来越差，高原的隆起改变了高原及邻近地区的大气环流形势，使高原各地的气候发生了变化，喜马拉雅山成为南亚季风难以逾越的屏障，造成高原北部区域的降水越来越少，尤其是东北区域，气候变干，不利于冰川的发育。因此，在倒数第二次冰期和末次冰期时，发育的冰川规模逐次变小，大约到末次冰盛期时，达到冷干的极点，冰期后的全新世，虽然较末次冰盛期湿润，但总的变干趋势继续存在。

东昆仑地区，现在整个高原区平均海拔约5200 m，高原边缘靠近塔里木盆地的部分起伏高差较大，可达1000 m以上。高原内部地势较和缓，起伏度在300 m左右。西部海拔高，最高峰木孜塔格峰海拔可达6973 m。高原的大部分地区冰缘作用强烈，冰缘地貌普遍发育。雪线海拔在5500 m附近，由自东向西雪线稍有升高。雪线以上发育冰川，其形态以平顶冰川为主，如木孜塔格峰、阿尔喀山南部、祁曼塔格山西部以及东部等山岭山脊部位。冰川是该地区河流和湖泊的主要水源。雪线以下的山地除受冰缘作用外，部分地区还受干冷气流影响，降水稀少，使之成为干燥剥蚀山地，如祁曼塔格山等。

2.2.2　冰川发育特征

东昆仑地势高耸，地形复杂，深居内陆，干旱少雨，自然景观普遍以高寒荒漠为主，唯其顶部点缀着斑点状冰川，由于受到高原地貌的影响，发育着独具特征的高原冰川组合类型，现代冰川是这样，第四纪冰川亦然如此。

高原冰川是山地冰川的特殊类型，是地形条件及局地气候共同作用的产物。在我国，这种组合类型的现代冰川仅见于青藏高原，尤其是藏北地区和东昆仑山一带，木孜塔格峰地区冰川就是这一类型，与以山谷冰川为代表的山地冰川组合不同，而以平顶冰川或类平顶冰川为代表。它不仅具备山地冰川的某些特征，也具备一些特殊的特征（王树基，1986）。

1. 冰面坡度平缓，比降小，多具宽尾形态

木孜塔格峰北坡的伸舌川冰川，宽缓而微具起伏的高原地貌，导致其具有坡度平缓、比降小和宽尾等特点。冰川积累区开阔而平坦，呈围谷形态，如木孜塔格峰东侧龙头1号冰川，大小不等的5个粒雪盆依次排列，构成复式高原谷冰川的源地，粒雪盆大多浅缓，后壁低矮，形态不典型。冰舌部位坡度一般小于10°，粒雪盆至冰舌末端的比降小。木孜塔格峰东侧的月牙河1号冰川，长18.7 km，面积为82.2 km²，粒雪盆海拔5800 m以上，冰川末端海拔约5200 m，粒雪盆至冰川前端的落差达600 m，比降不超过4%。龙头2号冰川长8.9 km，冰川末端宽近2 km，呈宽尾形态。宽尾冰川在木孜塔格峰南坡和西南坡更为多见，这与羌塘高原起伏平缓的地形密切相关。

2. 冰舌形态完整，冰体洁净，个别冰舌具冰塔地形

木孜塔格峰地处大陆内部，降水稀少，气候干燥，雪线海拔为 5500 ~ 5800 m。据 2023 年科考推算，雪线附近的年降水量可达 400 mm 以上，年平均气温低于−10℃。从降水量看，不利于冰川积累，但这里雪线附近年平均气温很低，对冰川发育有利。同时，该地区的现代冰川以夏季补给为主，主要积累期与消融期均在夏季。据推算，木孜塔格峰一带夏季降水占年降水的 77%（车彦军等，2023），夏季冰川区的降水以固态形式出现，新雪增加反照率，使消融减弱。正因如此，暖季冰面融水较少，冰面流水侵蚀作用一般较弱，冰舌形态相对较为完整。由于雪线以上山地相对高度不大，加之地表多为冰雪覆盖，岩石风化物质来源较少，冰面及冰内所挟带的岩石碎屑很少，冰体比较洁净。该地区冰川冰舌大多分布于地形相对平坦或空旷区域，受地形遮蔽影响较少，可以有效获取更多太阳直接辐射和周边岩石辐射的能量，有利于冰面加速消融，使得冰舌部位冰塔林广泛发育。例如，龙头 1 号冰川，冰舌前端呈陡崖，垂直高度在 20 m 以上，宽 2 km 的冰舌上，普遍发育冰塔地形，整个冰面上的冰塔一般高 2 ~ 3 m，最高的达 5 m，其间还有小的冰面湖出现，景色非常秀丽。

3. 现代冰川的堆积物不发育，侵蚀形态不典型

在我国祁连山、天山、喜马拉雅山等地，冰川末端常有多道终碛、侧碛存在，但是木孜塔格峰地区的现代冰川，不仅表碛和内碛很少，终碛垄、碛堤也大多缺失或残缺不全。木孜塔格峰北侧的伸舌川冰川，东侧的月牙河 1 号冰川、龙头 1 号冰川末端没有终碛垄与侧碛堤，仅见少量散乱的冰碛分布。同时，这一带能够看到冰碛石粒径也较小，一般仅 10 ~ 20 cm，大者 50 ~ 70 cm，超过 1 m 者少见。木孜塔格峰一带，不仅冰川作用的堆积物及其堆积地形不太发育，而且冰蚀地貌形态也很不典型。角峰、刃脊发育不佳，而呈浑圆状；冰川谷、冰斗大多平缓，失去了原有的形态。因此，冰川侵蚀与堆积地貌之所以发育不好，除了这一地区自然条件差，尤其是降水少外，还与侵蚀基准面海拔高、相对高度小等有关。

2.3　第四纪冰川作用及其环境

2.3.1　第四纪冰川环境

木孜塔格峰地区不仅现代冰川的冰碛体较少，第四纪大冰期的原生冰碛更难找到。古终碛、侧碛堤、冰碛丘陵等地貌早已不复存在，角峰、刃脊、古冰斗、冰谷、羊背石等冰川侵蚀的典型形态也不多见。究其原因，与原始地形和局地气候有关。首先，冰川发育在起伏和缓的高原面上，临时侵蚀基准面海拔较高，冰川运动速度缓慢，侵蚀能力较弱，因而本身所产生的冰碛物质不多，不可能形成庞大的冰碛体。其次，从实际观察来看，冰川物质的补给期与损耗期同步，都在夏季，冰川产生其量不大的冰碛物，亦被冰融水所破坏而很少保存，从而导致冰川堆积与侵蚀形态不甚发育。尽管如此，多次考察可以肯定木孜塔格峰地区第四纪冰川是普遍存在的，有研究认为这一带从中更新世开始发育冰川（郑本兴，1980）。

木孜塔格峰及其周边地区，第四纪原生冰川遗迹几乎全部遭到破坏，除可见到不典型的冰槽谷与古冰斗外，可从相关沉积来重建第四纪冰川。这一地区广泛发育的 2~3 级冰水阶地，可作为第四纪冰川作用的佐证。月牙河上游海拔 5000 m 左右河谷中出现两级冰水堆积阶地，相对于河床的高差分别为 3~5 m 和 7~10 m，阶地物质均由粒径 3~5 cm 的砾石与粗砂组成，高的一级其组成物质的颗粒较低一级的大，砾石磨圆度很差，多为棱角状或近棱角状。这种阶地在阿其克库勒湖一带亦可见到，且有三级，其组成物质从山地进入湖盆边缘地段的粒径较大些。仅从这些直接或间接的遗迹，可以认为木孜塔格峰一带第四纪期间可能发生过 2~3 次冰期，第四纪冰川与现代冰川的分布基本一致，冰川作用性质类似。然而，第四纪冰川作用规模远大于现代冰川。虽然这里具高原地貌，但种种迹象表明，即使在第四纪冰川作用最强盛时期，也不具大面积覆盖冰川的性质，而以平顶冰川为中心的小型冰帽是存在的。

2.3.2　第四纪冰川特征

1. 木孜塔格峰第四纪冰川遗迹

全新世以来进入冰后期，气候总趋势是转暖的，其间气候的波动反映出冷暖相间与干湿交替现象，对这一时期的冰川活动有新冰期（2000~3500 年前）与小冰期（17~19 世纪）之分（王树基，1986）。我国冰川学家将我国西部山地的现代冰川作为小冰期的产物，即最近一次冷湿气候在西部山地的响应，我国天山等地树木年轮的研究也证明了这一点。东昆仑山木孜塔格峰地区现代冰川的发育和西部其他山地同步，即在 17~19 世纪重新发育起来。野外实际考察中，所看到的现代冰川超覆在冰水阶地上这种其他地方罕见的现象，都可以证明其发育过程。

木孜塔格峰东侧月牙河上游龙头 1 号冰川所在的支沟中，其左岸明显发育着垂直高差 3~5 m 的冰水阶地，这种阶地直达沟源。现代冰川发育之前，这里的前期冰川（即新冰期）已退缩殆尽，因此冰水堆积直达源头。而现代冰川随小冰期的到来，冰川向前流动，其冰舌超覆在这一冰水阶地上，这种现象在其他地方是很少见的。这种现象至少说明两点：第一，现代冰川在若干年前曾有一次向前推进（这里冰川末端冰层的反倾向向前翘起，也反映冰川的前进），因而超覆在冰水阶地上；第二，已达沟源的冰水阶地，表明当时的冰川已退缩殆尽，而现代冰川代表又一次气候的波动变冷过程。多次考察结果表明，这不是某一区地小气候所能造成的，而是全球气候变化的产物。

2. 月牙河流域第四纪冰川遗迹

木孜塔格山北坡月牙河源的现代冰川，冰面洁净，表碛和内碛很少，这与冰川积累区周围无大面积的高大山地提供大量的风化物质有关，在冰川沉积地貌上的表现，如侧碛和终碛既不典型，也很少分布，古冰川遗迹也难寻找，即使有分布，其规模也不大，多已被流水侵蚀破坏，冰川侵蚀地貌也都不发育。但是，这里毕竟是经过多次冰川作用的地区，仔细观察，仍可依稀见到第四纪冰川作用残存的一些遗迹（图 2-1）。

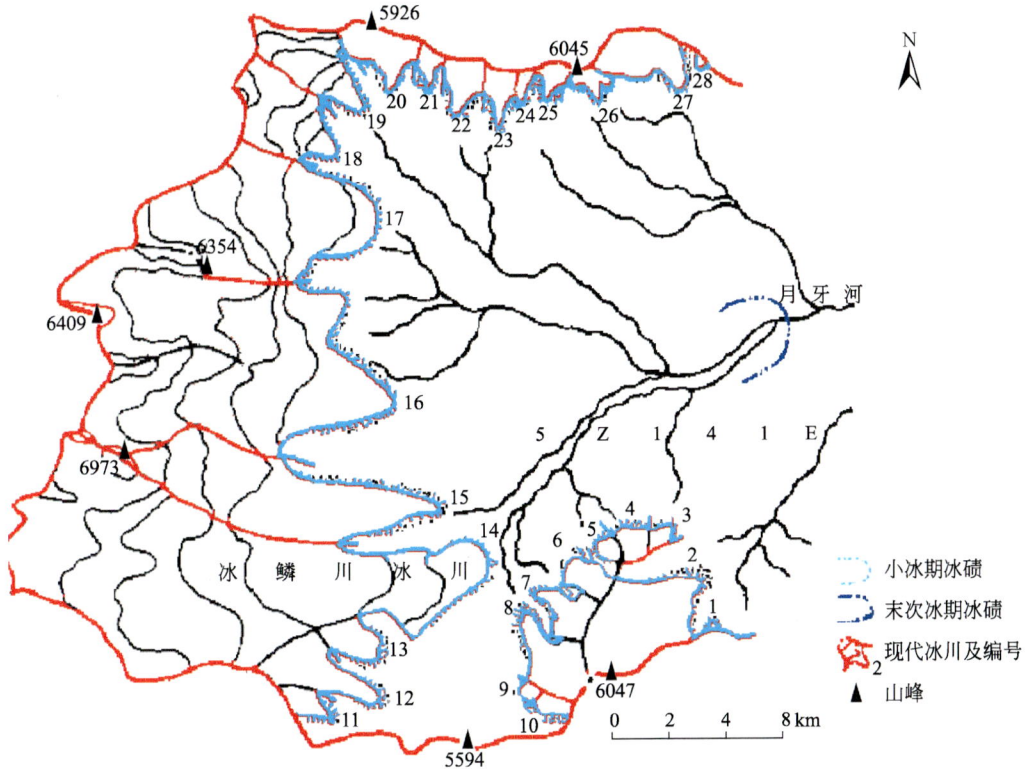

图 2-1　月牙河第四纪冰川遗迹分布（中国科学院青藏高原综合科学考察队，1998）

月牙河源的现代冰川沉积物不发育，许多冰川末端未见有典型的小冰期终碛垄与侧碛垄，仅见少量散乱的冰碛分布。冰鳞川冰川东侧 6 号冰川末端见有比较完整的小冰期终碛垄分布。终碛垄有 3 列，垄高一般 15～20 m，最里一列距冰舌末端仅 15 m，海拔5300 m。终碛垄冰碛表现新鲜、疏松，缺乏土壤风化，冰碛岩性以砂页岩为主，冰碛砾块均小，最大岩块粒径 20 cm 左右。

月牙河现代冰川向下河谷为宽谷地形，一般宽度在 2 km，在海拔 4920～4850 m 的中游段，谷地宽度达 10 km 以上，非冰川侵蚀所能形成。谷地周围地形虽然相对高度不大，但仍有古冰斗分布。在谷地中未见有新冰期的冰分布，可能均遭破坏。

月牙河的末次冰期冰碛，分布在距河源冰鳞川冰川末端约 12 km、海拔 5063 m 的谷地中，呈一横栏河谷的弧形终碛垄，其垄的北侧已被侵蚀，终碛垄顶部高程 5075 m，高出河床 12 m，顶宽 30～50 m，长 100 m 以上。冰碛组成物质远较源区复杂，除三叠系的砂页岩外，还有很多岩浆岩类的冰碛岩块，说明这是一次冰川规模较大的多源区补给的搬运沉积地。冰碛形成年代，[14]C 测年为 22 622±582a。

月牙河出山口处，海拔 4600 m 河床东岸，见有该流域倒数第三次冰期的老冰碛，冰碛呈丘状分布，原始地形可能是终碛垄，形态类型为宽尾山谷冰川，后经流水改造成平缓起伏的丘状冰碛地，冰碛岩性由花岗岩、石英岩、灰岩及一些页岩、板岩组成，距现代冰川末端 75 km。

第3章 木孜塔格峰地区现代冰川分布及其变化

综合中国冰川编目、遥感影像和野外考察数据，以及以往研究成果，系统呈现木孜塔格峰地区近期冰川分布特征以及气候变化背景下近60年来的冰川条数、面积、储量、高程、表面流速和厚度变化。研究结果显示，木孜塔格峰地区不同流域现存冰川216条，总面积为659.53 km²，总储量为80.47 km³，平均厚度为35.3 m，主要分布在木孜塔格峰北坡以及海拔5100m以上。木孜塔格峰地区最大的冰川为鱼鳞川冰川，面积约为96.39 km²；该地区总体以小冰川为主，小于1 km²的冰川数量占到总数的78%。近半个世纪木孜塔格峰地区冰川总体呈现平稳退缩趋势，其中近30年来面积减少约8.1 km²，总储量减少约1.5 km³；冰川流速总体呈现下降趋势，但阶段性差异明显。鱼鳞川冰川流速在2008～2009年先快速增加后急剧下降，是其发生跃动的重要证据。

3.1 现代冰川分布特征

3.1.1 木孜塔格峰地区现代冰川分布基本特征

随着地理信息系统和遥感技术的发展，监测和评估区域冰川分布及其变化的效率明显提高。基于2020年Landsat影像数据，对木孜塔格峰地区冰川进行目视解译，得到该地区冰川的近期边界（图3-1），并对冰川条数和面积信息进行统计；同时，利用SRTM DEM数据对冰川区高程进行提取，获得冰川分布的高程范围；再利用第二次冰川编目数据对冰川的坡向和坡度进行了统计（表3-1）。结果表明，木孜塔格峰地区不同流域现存冰川共有216条，总面积约为659.53 km²，主要分布在海拔5115～6941 m，坡度介于6°～40°。需说明的是，第二次冰川编目中该地区冰川共214条，其差异在于平顶冰川（5Y624E0036）的西南方位冰川与木孜塔格平顶冰川（5Y624E0034）的西部区域冰川，二者冰川融水均汇于哈拉木兰河，故将其分离为独立冰川，因此，本次科考按流域划分的冰川总条数为216条，总面积一致。

表3-1 近期木孜塔格峰地区不同流域冰川条数面积和储量分布

流域名称	冰川条数	面积 /km²	储量 /km³	海拔区间 /m	坡度范围 /(°)	坡向范围 /(°)
月牙河流域	66	239.0	27.7	5175～6941	6.10～39.20	0～359.8
南坡诸河流域	15	134.58	15.9	5278～6381	7.10～21.70	82.5～223.2
乌鲁格河西段流域	55	211.2	31.53	5124～6780	6.40～32.70	8.8～357.8
乌鲁格河中段流域	62	42.6	2.1	5115～5929	11.5～32.20	0～359.4

续表

流域名称	冰川条数	面积 /km²	储量 /km³	海拔区间 /m	坡度范围 / (°)	坡向范围 / (°)
乌鲁格河东段流域	16	3.0	0.07	5137~5583	20.1~29.6	21.70~359.4
哈拉木兰河流域	2	29.15	3.17	5158~5626	6.4~14.1	32.5~342.2
总计	216	659.53	80.47	5115~6941	6.10~39.20	

注：条数、面积和储量基于 2020 年数据，海拔、坡度、坡向基于第二次冰川编目数据。哈拉木兰河流域的两条冰川为平顶冰川 5Y624E0036 的西南方位冰川及木孜塔格平顶冰川（5Y624E0034）的西部区域冰川，二者冰川融水均汇于哈拉木兰河。

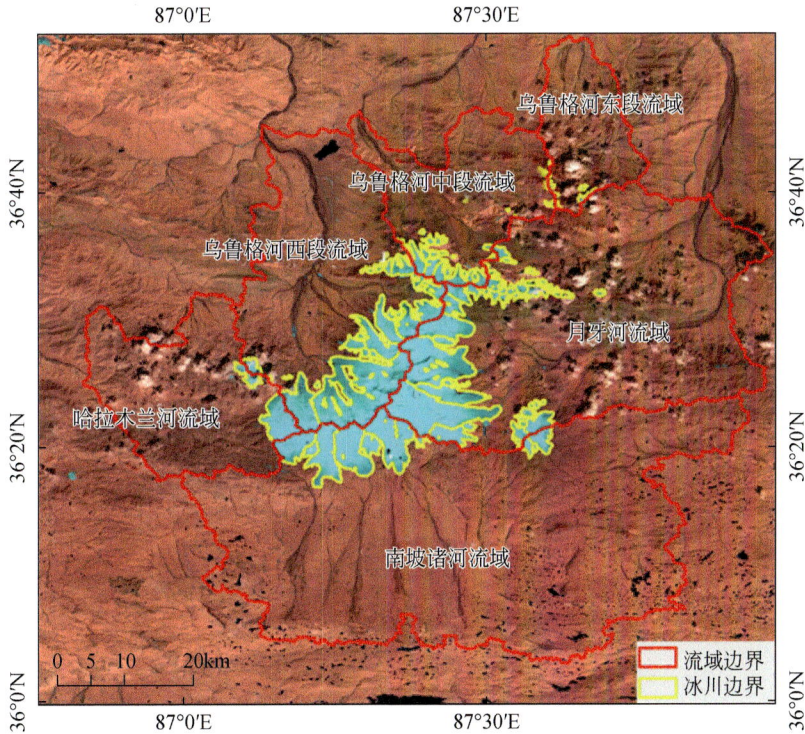

图 3-1　2020 年木孜塔格峰地区冰川分布

　　进一步将木孜塔格峰冰川区划分成 6 个子流域（图 3-1），分别为月牙河流域、南坡诸河流域（包括迎雪河、淋水河、玲珑河、白马河和雪水河流域），以及乌鲁格河东段、中段和西段流域与哈拉木兰河流域。通过对每个流域冰川分布信息进行统计发现（表 3-1），月牙河流域有冰川 66 条，面积约为 239.0 km²，分布在海拔 5175~6941 m、坡度 6.10°~39.20°；南坡诸河流域有冰川 15 条，面积约为 134.6 km²，分布在海拔 5278~6381 m、坡度 7.10°~21.70°；乌鲁格河西段流域有冰川 55 条，面积约为 211.25 km²，分布在海拔 5124~6780 m、坡度 6.40°~32.70°；乌鲁格河中段流域有冰川 62 条，面积约为 42.6 km²，分布在海拔 5115~5929 m、坡度 11.5°~32.20°；乌鲁格河东段流域有冰川 16 条，面积约为 3.0 km²，分布在海拔 5137~5583 m、坡度 20.1°~29.6°；哈拉木兰河流域有冰川 2 条，面积约为 29. 15 km²，分布在海拔 5158 ~ 5626 m、坡度 6. 4° ~ 14. 1°。此外，我们采用经验公式，利用解译得到的各流域的冰川面积计算冰川储量，计算公式为 $V = 0.0365A^{1.375}$，其中，V 为体积（单位为 km³），A 为面积（单位为 km²）。

3.1.2　不同规模冰川条数和面积分布特征

通过将冰川面积按照不同的等级进行分类，对不同等级冰川的条数和面积进行统计（图 3-2）。结果显示，冰川规模越大，冰川数量越少，而冰川总面积越大。在数量上，小规模的冰川占主要部分，小于 1 km² 的冰川数量占冰川总数的 78%，但面积只占总面积的 6%。大冰川虽然条数少，但面积占比较大，如大于 10 km² 的冰川共有 15 条，但面积占该地区冰川总面积的 71.6%。小于 0.1 km² 的冰川条数最多，为 46 条，但面积仅占 0.004%。规模大于 50 km² 的冰川共有 3 条，总面积达到 209.3 km²。此外，木孜塔格峰地区最大的冰川是鱼鳞川冰川，面积约为 96.39 km²。

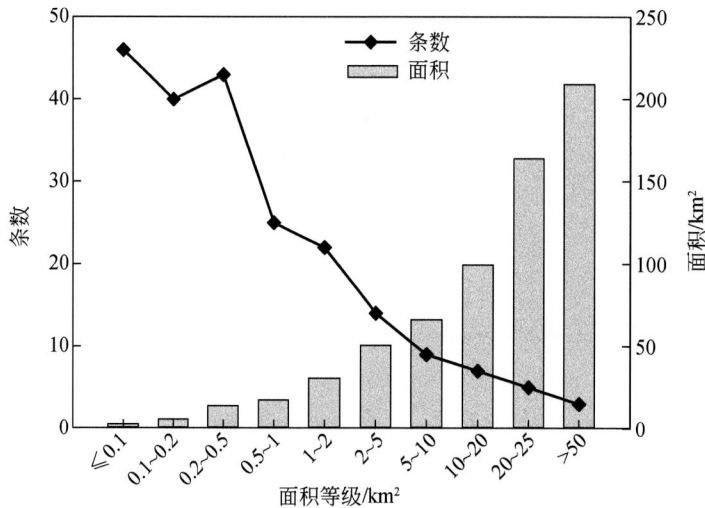

图 3-2　木孜塔格峰地区不同规模冰川条数和面积分布

3.1.3　不同海拔冰川条数和面积分布特征

通过对木孜塔格峰地区冰川高程进行提取并统计（图 3-3），发现该地区冰川分布在海拔 5100 ~ 7000 m，且主要分布在 5350 ~ 6000 m，该范围内冰川面积占总面积的 86%。

进一步对木孜塔格峰地区逐条冰川的平均高程进行提取，以间隔 100 m 统计了不同海拔区间冰川的条数和面积分布（图 3-4）。结果显示，5400 ~ 5500 m 冰川条数最多，而 5700 ~ 5800 m 冰量最多。从数量上看，冰川主要分布在海拔 5300 ~ 5800 m，该海拔范围内冰川条数占总数的 90.2%，面积占总面积的 80%。冰川面积主要分布在 5400 ~ 5900 m，占总面积的 98%，而冰川条数占总条数的 79.4%。

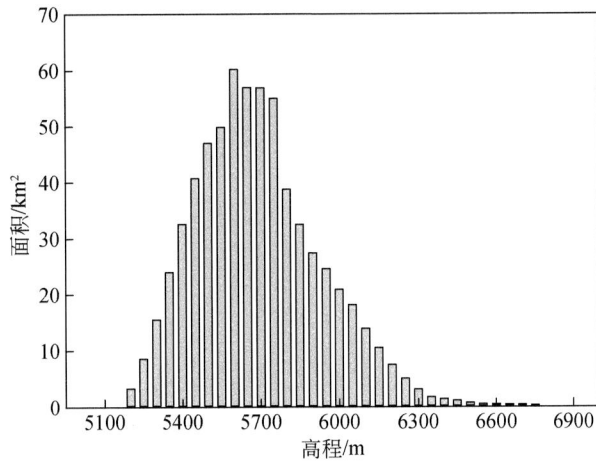

图 3-3　木孜塔格峰地区不同高程带冰川面积分布

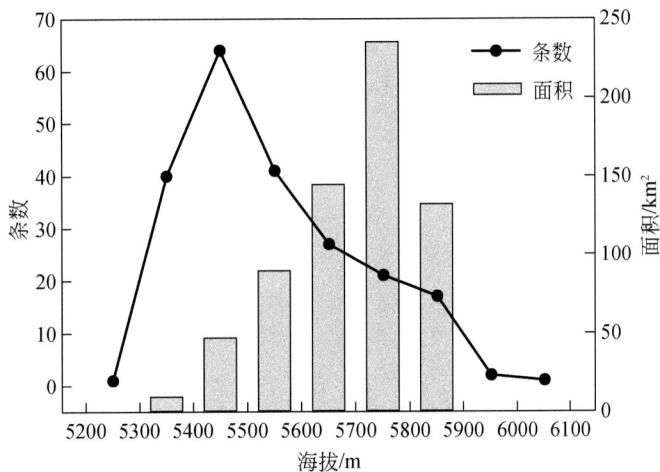

图 3-4　木孜塔格峰地区不同海拔区间冰川条数和面积分布

3.1.4　不同坡度冰川条数和面积分布特征

基于第二次冰川编目数据，以坡度 5° 为间隔，对木孜塔格峰地区冰川进行冰川条数和面积统计分析（图 3-5）。结果表明，木孜塔格峰地区冰川坡度总体介于 6° ~ 40°，但不同坡度区间冰川数量和面积分布占比存在差异。从数量上看，坡度处在 15° ~ 30° 的冰川最多，数量占该地区总数量的 79%，但该坡度区间冰川面积仅占该地区冰川总面积的 31.6%。从面积上看，坡度处在 5° ~ 20° 的冰川面积最大，该区间冰川面积占该地区冰川总面积的 92.1%，数量仅占区域冰川总数的 31.3%。

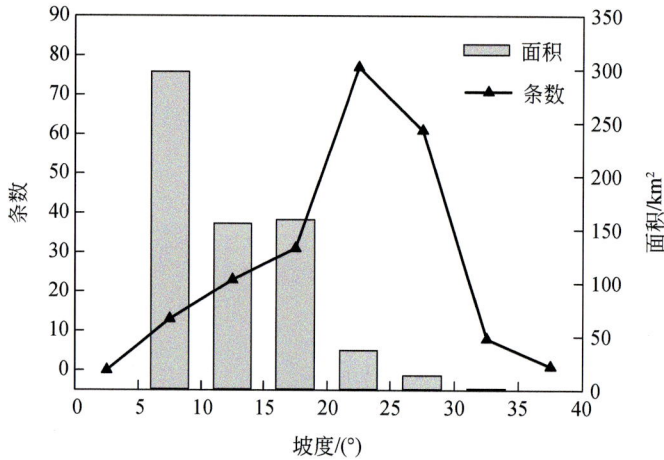

图 3-5　木孜塔格峰地区不同坡度冰川条数和面积分布

3.1.5　不同坡向冰川条数和面积分布特征

基于第二次冰川编目数据，按照北（N，$0° \leqslant D < 22.5°$ 或 $337.5° \leqslant D < 360°$，$D$ 为坡向）、东北（NE，$22.5° \leqslant D < 67.5°$）、东（E，$67.5° \leqslant D < 112.5°$）、东南（SE，$112.5° \leqslant D < 157.5°$）、南（S，$157.5° \leqslant D < 202.5°$）、西南（SW，$202.5° \leqslant D < 247.5°$）、西（W，$247.5° \leqslant D < 292.5°$）和西北（NW，$292.5° \leqslant D < 337.5°$）八个方位对木孜塔格峰地区冰川不同朝向的冰川条数和面积进行统计（图 3-6）。结果表明，北向冰川条数最多，为 71 条，占总数的 33.2%，面积占 19.3%。西向冰川在数量和面积上都是最少的，分别占 4% 和

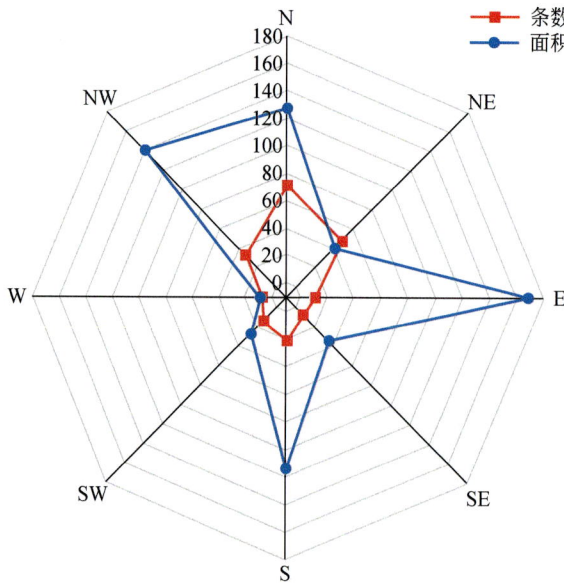

图 3-6　木孜塔格峰地区不同坡向冰川条数和面积分布

1%。东向冰川面积最大，为 166.21 km²，但是数量仅占总数的 5%，但东向冰川平均规模最大，平均每条冰川面积达到 15.11 km²。

3.2　冰川条数、面积和储量变化

3.2.1　基于中国冰川编目的冰川条数、面积和储量变化

1. 区域冰川变化总体特征

中国在过去半个世纪以来系统完成了多次冰川基本信息的统计（Shi et al., 2009；Guo et al., 2015；冉伟杰等，2021），测定了不同时期中国冰川轮廓和基本参数（如地理位置、面积、长度、方向和高程），为认识过去木孜塔格峰地区冰川分布及其变化奠定了重要基础。

第一次冰川编目主要基于 20 世纪 60~80 年代航空影像和地形图，辅助大范围野外考察进行开展。根据世界冰川编目（World Glacier Inventory）规范，共有 34 个参数通过传统测绘方法获取，如冰川面积通过手动求积计测量（Müller et al., 1977；Shi et al., 2009）。第二次冰川编目主要基于 Landsat TM/ETM+影像，辅助 2004~2011 年 ASTER 和 Google Earth 影像，对中国 86% 的冰川编目信息进行了更新，木孜塔格峰地区所有冰川也包括在内（Guo et al., 2015；Liu et al., 2015；Kargel et al., 2014）。冉伟杰等（2021）进一步编制了 2017~2018 年中国西部冰川编目数据集（称为第三次冰川编目）。该数据集在第二次编目数据基础上，采用 Landsat 8 OLI 遥感影像数据，提供了 2018 年中国冰川轮廓及其属性数据。三次冰川编目分别给出了 1972 年、2010 年和 2018 年木孜塔格峰地区冰川的空间分布及面积、长度、方向和高程等属性数据。根据气候变化下现代山地冰川演化路径，本研究建立了三次冰川编目中木孜塔格峰地区逐条冰川的对应关系（表 3-2 和图 3-7）。

表 3-2　中国三次冰川编目期间木孜塔格峰地区冰川条数、面积和储量分布

冰川编目		哈拉木兰河流域	乌鲁格河西段流域	乌鲁格河中段流域	乌鲁格河东段流域	南坡诸河流域	月牙河流域	合计
第一次冰川编目（1972 年）	条数	1	35	53	16	11	48	164
	面积/km²	11.39	243.32	46.80	4.10	139.76	256.32	701.69
	体积/km³	1.03	36.51	2.54	0.12	16.66	32.02	88.88
第二次冰川编目（2010 年）	条数	1	54	62	16	15	66	214
	面积/km²	10.15	230.65	42.74	3.01	134.55	241.10	662.20
	体积/km³	0.88	33.91	2.13	0.08	15.88	28.54	81.42
第三次冰川编目（2018 年）	条数	1	53	62	16	15	66	213
	面积/km²	9.95	228.30	41.59	2.74	133.95	236.76	653.29
	体积/km³	0.86	33.62	2.08	0.07	15.80	28.32	80.75

第一次冰川编目（约 1972 年）在木孜塔格峰地区共调查了 164 条冰川，冰川面积和体积分别为 701.69 km² 和 88.88km³。从第一次冰川编目到第二次冰川编目期间（1972 ~ 2010 年），我们发现其中有 2 条冰川无法与第二次冰川编目很好地匹配上，这可能是由于编目中出现的解译错误，因此被我们剔除，剩余 162 条冰川到第二次冰川编目期间演化为 180 条，其中 16 条冰川演变为 34 条，这可能是因为随着退缩，这些冰川分裂为两支或三支。同时，我们发现约有 34 条冰川未出现在第一次冰川编目，总面积达 3.70 km²。此外，1972 ~ 2010 年有 2 条小冰川消失，总面积为 0.11km²。另外，约有 4.3%（n = 7）的冰川面积扩张，总面积从 1.1 km² 增加到 1.2 km²。综合来看，该区域内所有被调查的冰川总面积由 701.69 km² 到 662.20 km²，面积绝对变化率（AAC）为 −1.01 km²/a，面积相对变化率（APAC）为 −0.15%/a。

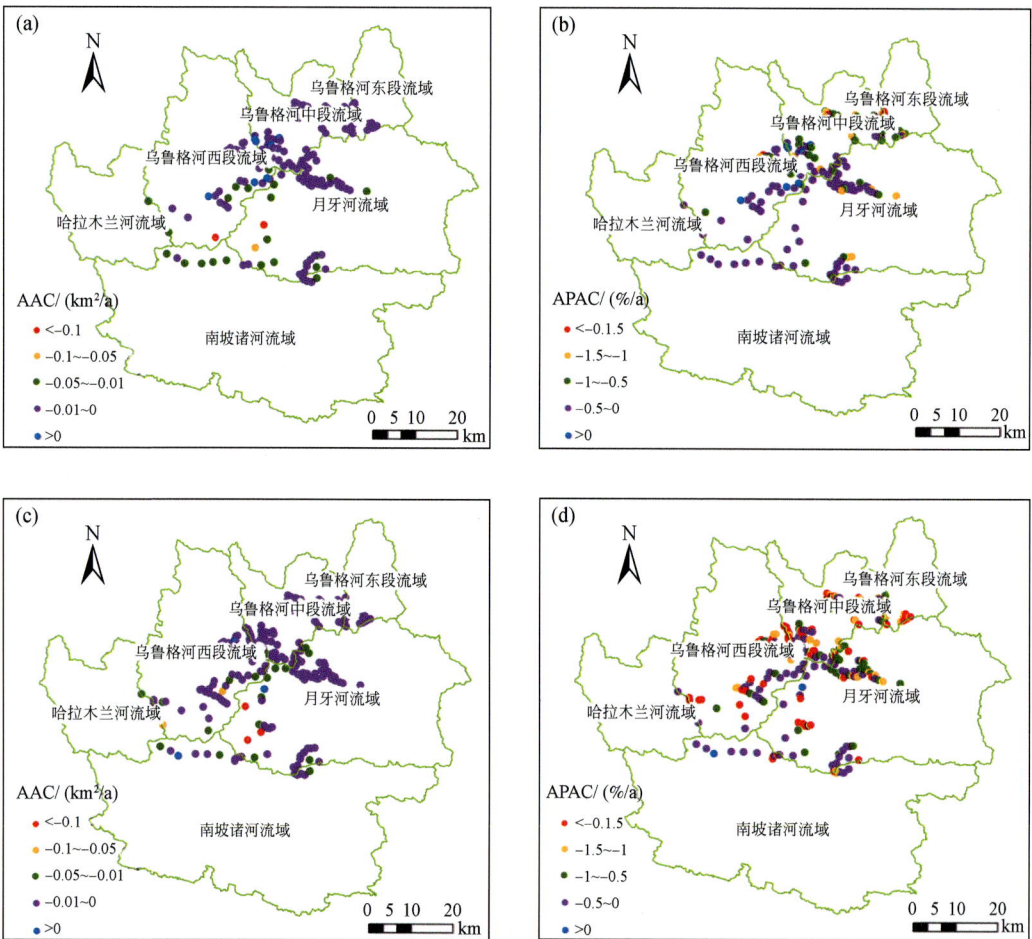

图 3-7　不同时期木孜塔格峰地区冰川面积变化

（a）1972 ~ 2010 年面积绝对变化；（b）1972 ~ 2010 年面积相对变化；（c）2010 ~ 2018 年面积绝对变化；
（d）2010 ~ 2018 年面积相对变化

从第二次冰川编目到第三次冰川编目期间（2010 ~ 2018 年），我们共调查了 214 条冰川，一一对应到第三次冰川编目中为 213 条，表明有 1 条冰川在 2010～2018 年消失，面积为 0.01 km²。由于两期时间间隔较短，未发现冰川分裂现象。此外，约有 0.93%（$n=2$）的冰川面积出现扩张，总面积从 48.24 km² 到 48.58 km²，扩张冰川的面积较大。2010～2018 年，所有被调查的冰川总面积由 662.20 km² 变化为 653.29 km²，面积绝对变化率为 -1.11 km²/a，面积相对变化率为 -0.17 %/a。也就是说，2010～2018 年冰川退缩速率出现了略微的加速趋势。

2. 流域尺度冰川变化时空特征

从不同流域来看，冰川条数、面积和储量变化存在一定的差异（表3-3 和表3-4）。哈拉木兰河流域在 1972～2010 年冰川条数未减少，但面积减少 1.24 km²，冰储量减少 0.15 km³；2010～2018 年，冰川条数不变，面积和体积分别退缩 0.2 km² 和 0.02 km³。乌鲁格河西段流域在 1972～2010 年，增加了 19 条冰川，而面积和体积分别减少了 12.67 km² 和 2.60 km³，这可能主要源于冰川退缩带来的冰川分裂；2010～2018 年，该流域冰川减少 1 条，面积和体积分别减少 2.35 km² 和 0.29 km³。乌鲁格河中段流域在 1972～2010 年，冰川数量增加 9 条，面积和体积分别减少 4.06 km² 和 0.41 km³；2010～2018 年，该流域未减少冰川数量，但面积和储量分别减少 1.15 km² 和 0.05 km³。乌鲁格河东段流域的冰川条数没有变化，整个研究期间，面积和体积变化也较小，分别为 -1.36 km² 和 -0.04 km³。南坡诸河流域在 1972～2010 年，增加了 4 条冰川，面积和体积分别减少了 5.21 km² 和 0.78 km³；2010 年后，该流域内冰川数量不变，面积和体积分别减少 0.60 km² 和 0.08 km³。月牙河流域冰川的绝对变化也相对较大，1972～2010 年冰川数量增加 18 条，面积和体积分别减少 15.22 km² 和 3.48 km³；2010～2018 年，冰川数量不变，面积和体积分别减少 4.34 km² 和 0.22 km³。

从流域尺度来看，乌鲁格河东段流域是该地区冰川退缩速率最高的流域，南坡诸河则相对退缩最慢。同时我们发现，2010～2018 年除了哈拉木河、乌鲁格河西段和南坡诸河流域，其他流域退缩速度都有所加快。

表 3-3　基于中国不同时期冰川编目的木孜塔格峰地区冰川条数、面积和储量变化

项目		哈拉木兰河流域	乌鲁格河西段流域	乌鲁格河中段流域	乌鲁格河东段流域	南坡诸河流域	月牙河流域	合计
1972～2010 年	条数	0	19	9	0	4	18	50
	面积/km²	-1.24	-12.67	-4.06	-1.09	-5.21	-15.22	-39.49
	体积/km³	-0.15	-2.60	-0.41	-0.04	-0.78	-3.48	-7.46
2010～2018 年	条数	0	-1	0	0	0	0	-1
	面积/km²	-0.20	-2.35	-1.15	-2.27	-0.60	-4.34	-8.91
	体积/km³	-0.02	-0.29	-0.05	-0.01	-0.08	-0.22	-0.67
1972～2018 年	条数	0	18	9	0	4	18	49
	面积/km²	-1.44	-15.02	-5.21	-1.36	-5.81	-19.56	-48.40
	体积/km³	-0.17	-2.89	-0.46	-0.05	-0.86	-3.70	-8.13

表 3-4　基于中国三次冰川编目的木孜塔格峰地区流域尺度冰川变化

流域	1972~2010 年		2010~2018 年	
	AAC/(km²/a)	APAC/(%/a)	AAC/(km²/a)	APAC/(%/a)
哈拉木兰河流域	−0.03	−0.29	−0.03	−0.25
乌鲁格河西段流域	−0.33	−0.14	−0.29	−0.13
乌鲁格河中段流域	−0.11	−0.23	−0.14	−0.34
乌鲁格河东段流域	−0.03	−0.70	−0.03	−1.12
南坡诸河流域	−0.14	−0.10	−0.08	−0.06
月牙河流域	−0.40	−0.16	−0.54	−0.23
合计	−1.04	−0.15	−1.11	−0.17

3. 冰川形态和地形对冰川变化的影响

我们进一步分析不同冰川规模、海拔、坡度和坡向冰川变化情况，以期深入认识木孜塔格峰地区冰川形态和地形特征对冰川变化的影响。冰川规模是影响冰川变化幅度的一个重要因素（Su et al.，2022；Zhang C et al.，2023）。一般来说，变暖背景下小冰川退缩速率相对较大，但大冰川绝对萎缩面积大，反之亦然（Jiskoot et al.，2009；Garg et al.，2017）。小的冰川（面积≤1 km²）超出该地区冰川总数的60%，这里进一步将冰川分为6个规模等级：小（<0.2 km²）、较小（0.2~0.5 km²）、中（0.5~1 km²）、较大（1~5 km²）、大（5~10 km²）和超大冰川（≥10 km²）。由图3-8可知，木孜塔格峰地区的冰川相对变化程度与冰川规模呈相反相关变化规律，即规模越小的冰川，其冰川面积相对萎缩程度越大，这主要是因为小冰川对气候变化更敏感，因此其退缩程度比大规模冰川更剧烈（Li et al.，2011；Mehta et al.，2011）。而冰川面积绝对变化率呈相反的态势，冰川规模越大，面积绝对萎缩程度也越大。分析发现，1972~2010 年，该地区所有规模等级的冰川面积均呈减少趋势。其中，小于0.2 km²的冰川的面积相对变化率最大（−0.76 %/a），大于10 km²的冰川的面积相对变化率最小（−0.13 %/a）。

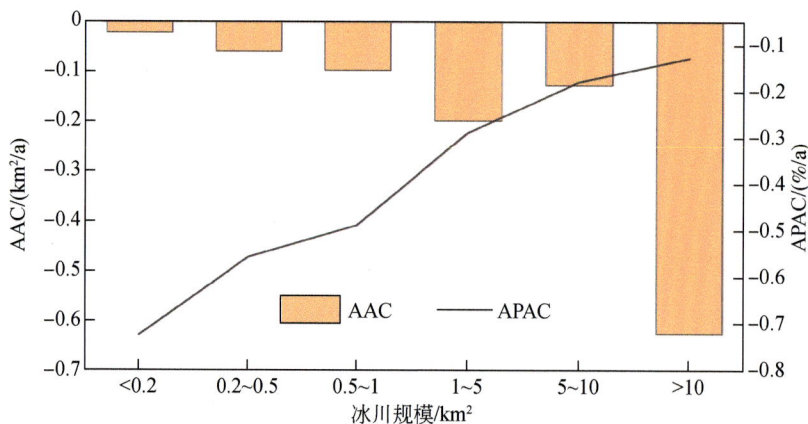

图 3-8　1972~2010 年木孜塔格峰地区不同规模冰川面积的绝对和相对变化

　　木孜塔格峰地区冰川的平均海拔总体由西南向东北递减，平均海拔最高处位于南坡诸河一带，其海拔大于5800 m。这里进一步将冰川海拔分为7个等级：5200~5300 m、5300~5400 m、5400~5500 m、5500~5600 m、5600~5700 m、5700~5800 m、5800 m以上。统计发现木孜塔格峰地区冰川面积变化在不同海拔具有明显的差异性（图3-9）。其变化规律表现为：冰川面积绝对变化率随海拔的升高不断增大，到达一定高度后开始逐渐缩小；而冰川面积相对变化率则随海拔增加而减小。从海拔梯度变化来看，该地区所有海拔梯度上冰川面积均减少，其中，冰川退缩面积最大的海拔梯度位于5600~5800 m，而5200~5400 m海拔梯度的冰川面积变化最小；而冰川面积相对变化率最高的海拔梯度为5200~5400m，此后海拔越高，面积相对变化率越小。

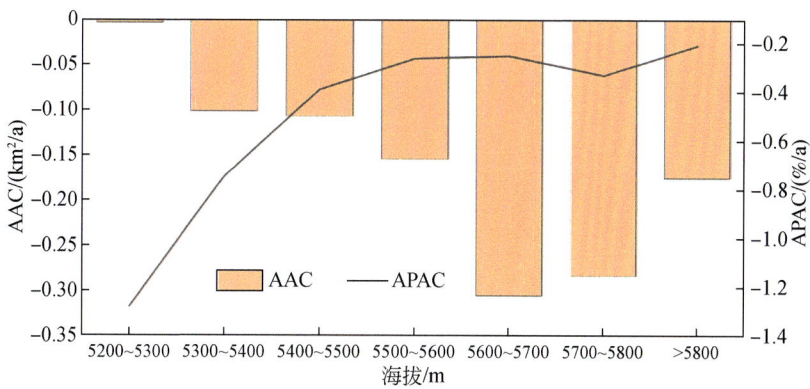

图 3-9　1972~2010年木孜塔格峰地区不同海拔区间冰川面积绝对和相对变化

　　为研究木孜塔格峰地区坡度对冰川变化的影响，我们将冰川坡度以5°为间隔分为6个等级：<10°、10°~15°、15°~20°、20°~25°、25°~30°和>35°。木孜塔格峰地区不同坡度冰川分布存在显著差异，冰川主要分布在较平缓地带（10°~30°），而分布在极平缓地带（<10°）和不平缓地带（>30°）的冰川较少。整体而言，1972~2010年木孜塔格峰地区所有坡度区间冰川面积均有不同程度的萎缩（图3-10），该地区冰川变化率随坡度增加呈现出增加趋势，而冰川绝对变化面积随坡度增加呈现减小趋势。坡度在10°~15°冰川面积绝

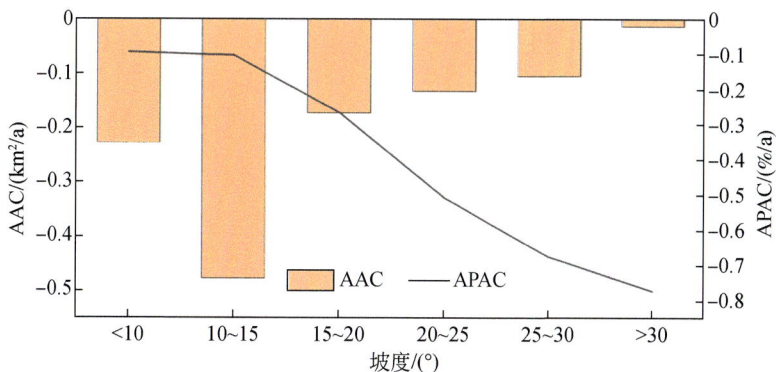

图 3-10　1972~2010年木孜塔格峰地区不同坡度冰川面积的绝对和相对变化

对变化率最大（AAC=-0.48 km²/a），但相对变化率较低（APAC = -0.10%/a）。30°~40°坡度冰川退缩面积最小，但相对变化率最高（AAC=-0.02 km²/a，APAC=-0.77 %/a）。

　　为研究木孜塔格峰地区坡向对冰川变化的影响，将木孜塔格峰地区的冰川方向划分为8个方位，如图 3-11 所示。木孜塔格峰地区绝大多数冰川均朝北分布，朝南的冰川较少。1972~2010 年，不同坡向的冰川面积均有不同程度减少。朝向为北（包括东北、西北、正北）的冰川面积变化率远高于南坡，同时，西北朝向的冰川绝对面积损失最大，朝向为东的冰川损失次之。

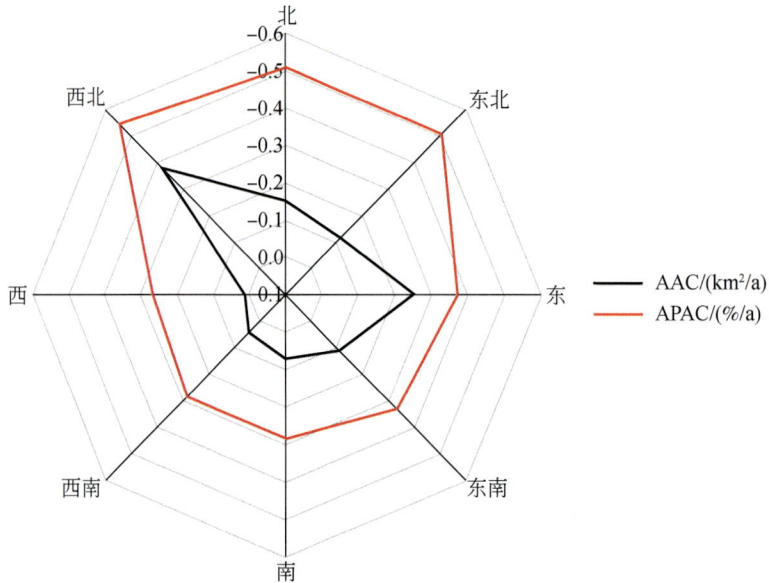

图 3-11　1972~2010 年木孜塔格峰地区不同坡向冰川面积的绝对和相对变化

3.2.2　基于遥感强化观测的 1990~2020 年冰川面积和储量变化

　　木孜塔格峰地区位置偏远，自然环境恶劣，交通可达性差，因此观测难度大，地面资料缺乏。基于 30 m 空间分辨率的 Landsat 系列卫星影像，采用目视解译法，进一步以 5 年为间隔提取了 1990~2020 年木孜塔格峰地区冰川边界范围（图 3-12）。为减少积雪和云层对冰川区的影响，特选取消融季（7~9 月）云覆盖小于 15% 的影像数据。此外，受影像质量和影像缺失的影响，部分年份选用临近消融季的影像。经筛选，最终选用的系列影像包括 Landsat 5/Thematic Mapper（TM）、Landsat 7/Enhanced Thematic Mapper（ETM+）和 Landsat 8/Operational Land Imager（OLI），数据来源于地理空间数据云（http://www.gscloud.cn）及美国地质调查局（United States Geological Survey，USGS）（https://www.usgs.gov/）（表 3-5）。Landsat 7/ETM+的描线校正器（scan line corrector，SLC）自 2003 年开始出现故障，导致影像出现条带，部分数据丢失，本书使用 landsat_gapfill.sav 工具对 Landsat 影像条带进行了修复，该方法在冰川学研究中被广泛使用。此外，在解译冰川范围时，还采用高分辨率的

Google Earth 影像对轮廓边界进行了验证和修订。

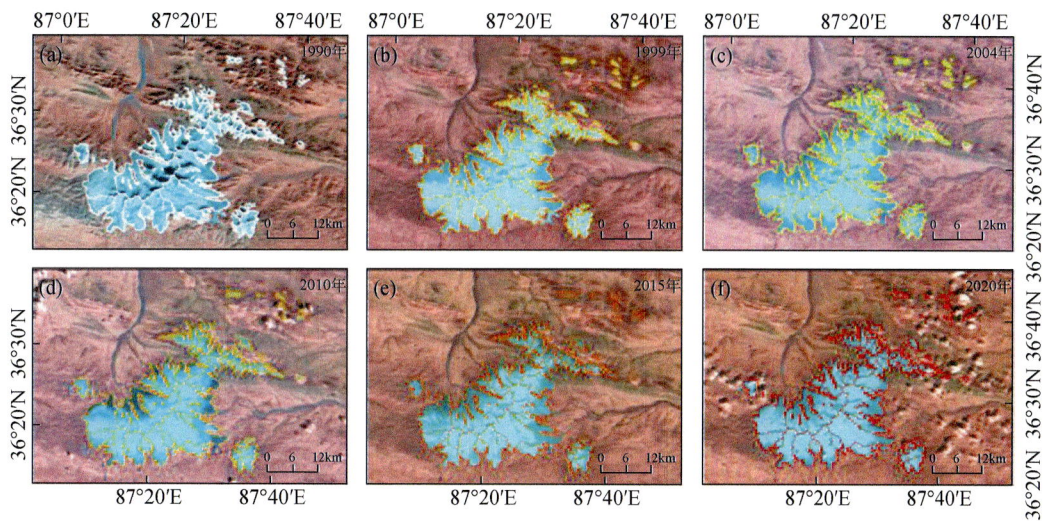

图 3-12　1990～2020 年木孜塔格峰地区冰川空间分布变化

表 3-5　本研究使用的遥感影像信息

序号	数据来源	编号	日期 /（月/日/年）	云覆盖/%
1	Landsat 5 TM	LT05_L1TP_141035_19901205_20200915_02_T1	12/05/1990	4.00
2	Landsat 5 TM	LT51410351992313ISP00	11/08/1992	4.00
3	Landsat 5 TM	LT51410351993203ISP00	07/22/1993	1.00
4	Landsat 5 TM	LT51410351994238ISP00	08/26/1994	17.00
5	Landsat 5 TM	LT05_L1TP_141035_19961002_20200911_02_T1	10/02/1996	17.00
6	Landsat 5 TM	LT05_L1TP_141035_19970903_20200909_02_T1	09/03/1997	2.00
7	Landsat 5 TM	LT51410351998249BIK00	09/06/1998	2.00
8	Landsat 5 TM	LT05_L1TP_141035_19990824_20200908_02_T1	08/24/1999	0.00
9	Landsat 7 ETM+	LE71410352000167SGS00	06/15/2000	1.00
10	Landsat 7 ETM+	LE71410352001201SGS00	07/20/2001	0.49
11	Landsat 7 ETM+	LE71410352002236SGS00	08/24/2002	0.00
12	Landsat 5 TM	LT51410352003263BJC00	09/20/2003	0.00
13	Landsat 7 ETM+	LE71410352004258PFS01	09/14/2004	0.89
14	Landsat 7 ETM+	LE71410352005180ASN00	06/29/2005	5.00

续表

序号	数据来源	编号	日期 /（月/日/年）	云覆盖/%
15	Landsat 7 ETM+	LE71410352006247PFS00	09/04/2006	4.00
16	Landsat 7 ETM+	LE71410352007202ASN00	07/21/2007	0.00
17	Landsat 7 ETM+	LE71410352008221SGS00	08/08/2008	3.00
18	Landsat 7 ETM+	LE71410352009207ASN00	07/26/2009	1.00
19	Landsat 5 TM	LT51410352010218IKR00	08/06/2010	4.00
20	Landsat 5 TM	LT51410352011237KHC01	08/25/2011	0.54
21	Landsat 7 ETM+	LE71410352012248PFS00	09/04/2012	13.00
22	Landsat 8 OLI	LC81410352013210LGN01	07/29/2013	6.41
23	Landsat 7 ETM+	LE71410352014205PFS00	07/24/2014	0.00
24	Landsat 8 OLI	LC81410352015232LGN00	08/20/2015	0.65
25	Landsat 8 OLI	LC81410352016203LGN00	07/21/2016	3.10
26	Landsat 7 ETM+	LE71410352017277NPA00	10/04/2017	1.00
27	Landsat 8 OLI	LC81410352018192LGN00	07/11/2018	5.00
28	Landsat 8 OLI	LC81410352019291LGN00	10/18/2019	10.37
29	Landsat 8 OLI	LC81410352020262LGN00	09/18/2020	1.47

对 1990~2020 年冰川轮廓进行解译，得到不同年份的冰川面积（表3-6）。结果显示，在过去的 30 年里，木孜塔格峰地区冰川条数增加了 1 条，1990 年和 2020 年的冰川总面积分别是 667.57 km² 和 659.53 km²，在 30 年内减少 8.04 km²，并且以每年 0.23 km² 的速率呈现显著地减少趋势（$p<0.0001$）（图3-13）。冰川的年变化率比较平稳且较小。此外，冰川在 2008~2009 年因冰川跃动发生突增，跃动冰川为鱼鳞川冰川。冰川储量计算方法与前文一致。

表 3-6　1990~2020 年木孜塔格峰地区冰川条数、面积和储量变化

指标	1990 年	1994 年	2000 年	2005 年	2010 年	2015 年	2020 年
条数	213	212	211	214	214	214	214
面积/km²	667.57	664.81	663.72	662.44	662.34	660.96	659.53
储量/km³	82.76	82.43	82.13	81.73	81.75	81.55	81.21

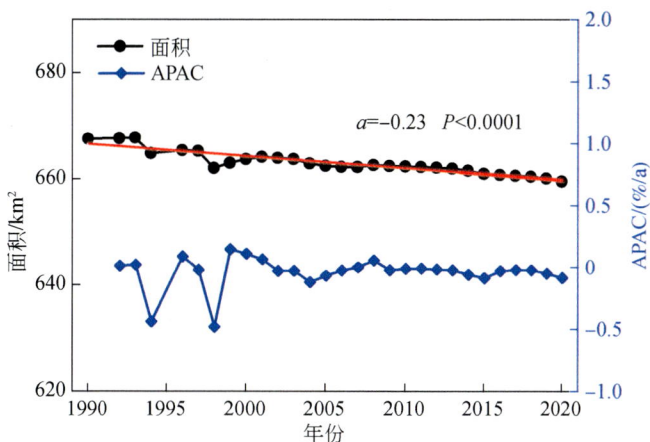

图 3-13 1990～2020 年木孜塔格峰地区冰川面积变化趋势

基于 2000 年 SRTM DEM 数据,提取木孜塔格峰冰川区高程,分析冰川面积随高程的变化(图 3-14)。结果表明,冰川区分布在海拔 5050～6941 m,冰川区跨度约 1900 m,且主要分布在 5350～5950 m,面积为 547.07 km²,占总面积的 82.42%,冰川面积随高程升高先增加后减小。此外,2000～2020 年,冰川面积变化主要发生在海拔 5200～5600 m,该海拔范围内冰川面积减少 8.26 km²,海拔 5600 m 以上的冰川面积保持相对稳定。

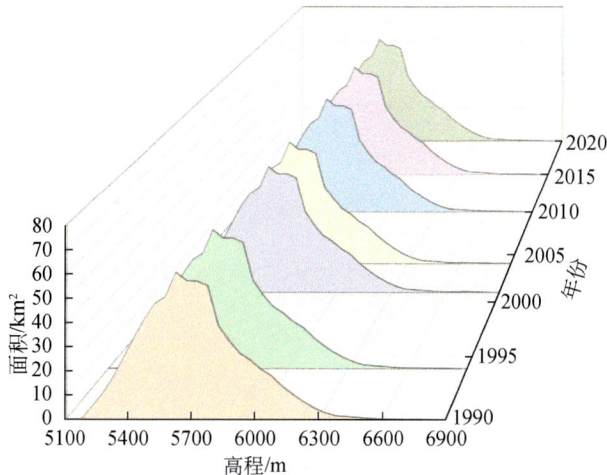

图 3-14 1990～2020 年木孜塔格峰地区不同高程冰川面积变化趋势

3.3 冰川运动速度

冰川或冰盖内部的冰,由于受到重力的驱动作用发生着沿坡向下的位移。此外,冰川还可能发生底部运动,包括在下伏基岩上发生的滑动与底部沉积层变形造成的运动。这两种运动过程构成了冰川运动的主要形式（井哲帆等，2010）。冰川运动与冰川长度、面积、物质平衡、厚度及几何形态的变化息息相关，是认识冰川性质、冰川变化的关键因素，也是冰川动力学与演化模型必不可少的参数之一（管伟瑾等，2020）。通过研究冰川运动，可为研究冰川变化及其动力机制提供科学依据，也对开展冰川灾害预报具有重要意义。

早期冰川运动速度的获取方法主要是在冰川表面布设测杆进行实地观测。从 20 世纪70 年代开始，随着遥感技术的不断发展，通过遥感数据获得高空间和时间分辨率冰川运动信息的方法得到了广泛应用。近年来，基于无人机（unmanned aerial vehicle，UAV）和地基合成孔径雷达的冰川运动速度提取也逐渐得到学者的关注。其中，无人机能够获得小范围内（数平方千米）厘米级分辨率的冰川运动信息，地基合成孔径雷达能够获得更高分辨率（毫米级）的形变信息（管伟瑾等，2020）。

3.3.1　主峰区冰川流速时空变化

冰川流速反映冰川的稳定性，并且冰川的稳定性随冰川流速增大而减小（Zoet and Iverson，2016）。冰川流速通常是指冰川主流线上的流速，小冰川主流线短且受外界因素影响大，对研究冰川的流速变化意义不大。因此，选取木孜塔格峰主峰区面积大于 2 km^2 的 32 条冰川进行流速变化分析（图 3-15）。在提取冰川主流线上的流速时，以每条冰川的最高点为起点，等距离（50 m）提取冰川的流速，在此基础上对冰川流速进行分析。

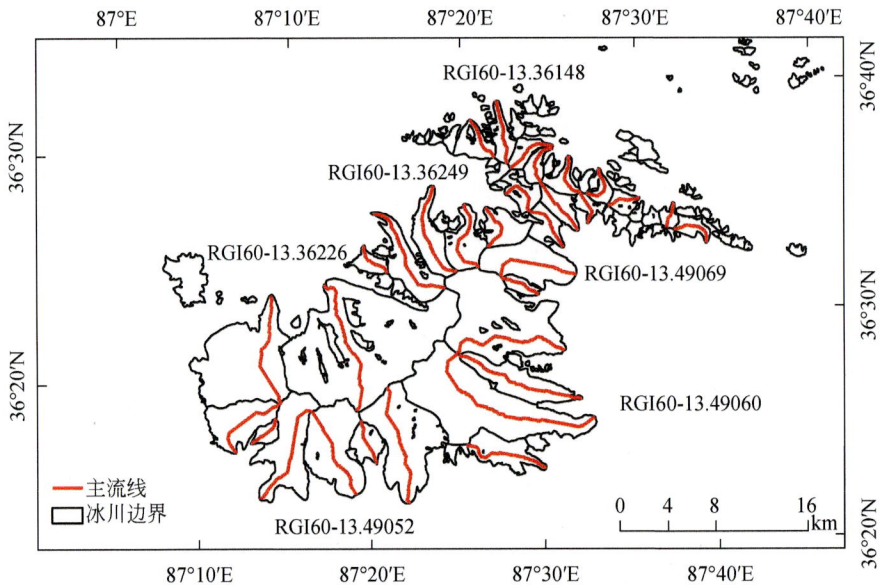

图 3-15　木孜塔格峰主峰区冰川主流线

对主峰区 32 条冰川的平均流速进行分析表明（图 3-16），1987～2018 年主峰区冰川的多年平均流速为 7.08±4.99 m/a，最大流速出现在 1988 年，为 17.01±13.79 m/a，最小流速出现在 2015 年，为 5.2±3.49 m/a，流速变化趋势呈现显著的递减趋势，递减率为

0.12 m/a。值得注意的是，1987～1988 年冰川流速出现激增，从 7.30±4.21 m/a 增至 17.01±13.79 m/a，增加了近 10 m/a，1988～1993 年冰川流速出现急速下降的趋势，变化为−2.26 m/a，之后，冰川流速呈现波动变化。

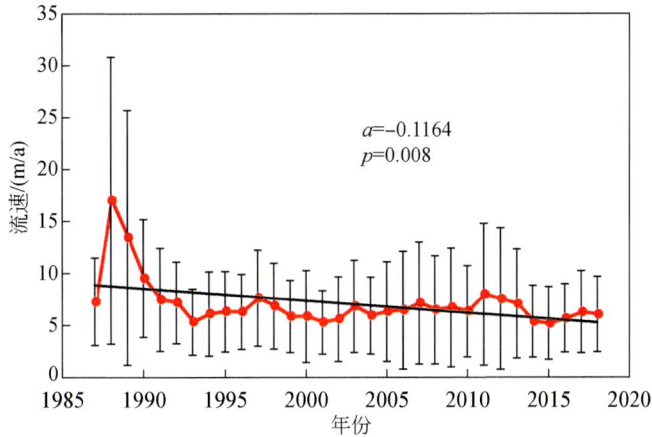

图 3-16　木孜塔格峰主峰区冰川年平均流速变化（误差棒表示标准差）

此外，我们采用热力图对主峰区 32 条冰川的流速变化进行分析（图3-17），左纵轴表示年份，横坐标表示距最高点的距离，右纵轴表示冰川流速。由图 3-17 可知，主峰区一半以上冰川的流速都呈现下降趋势，个别冰川流速呈现上升趋势，此外，以冰川主流线最高点为起点，冰川流速呈现先增大后下降趋势。

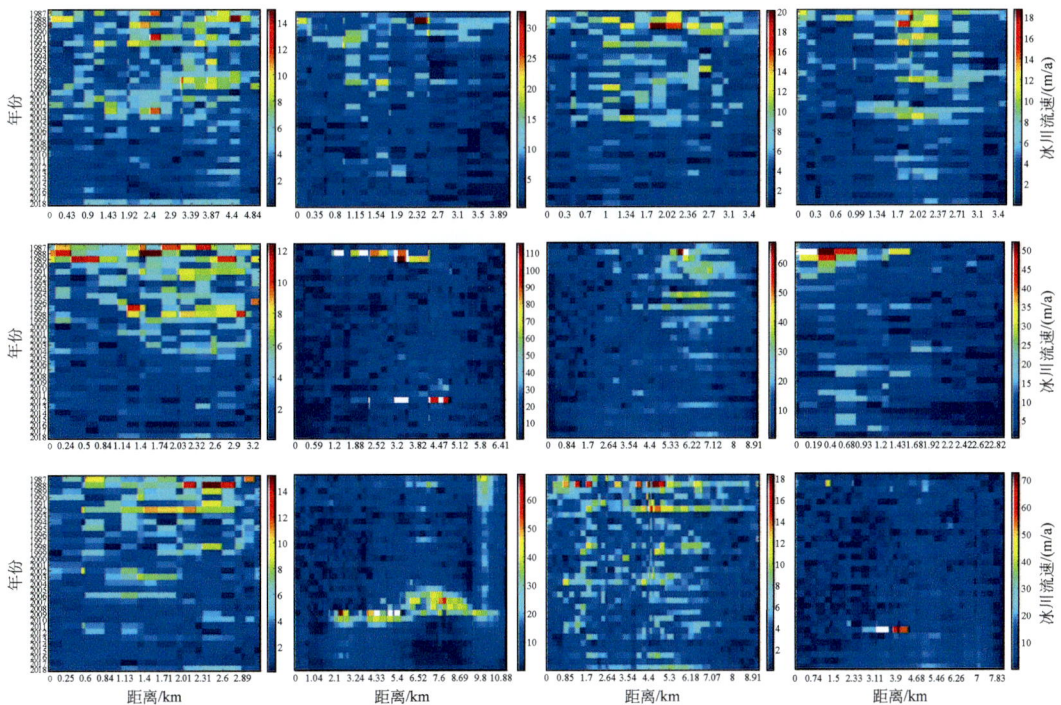

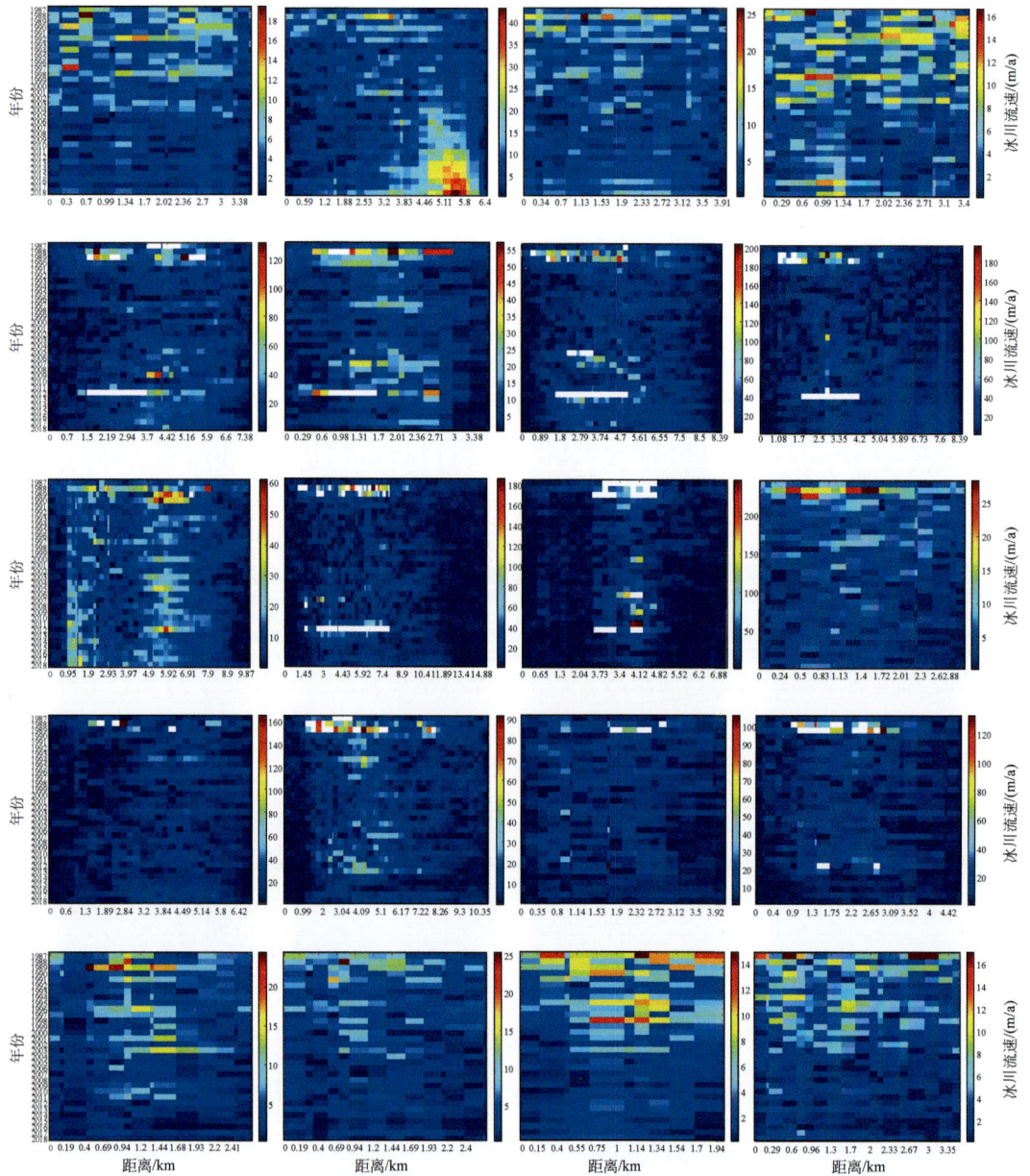

图 3-17　木孜塔格峰主峰区 32 条冰川流速变化

3.3.2　典型冰川流速时空变化

受地形等因素影响，不同冰川的流速差异较大，因此选取主峰区不同方位的 6 条冰川（图 3-16 中标注了冰川编码的冰川）进行进一步的分析（图 3-18）。其中伸舌川冰川（冰川编码为 RGI60-13.36148）位于木孜塔格峰主峰区北坡，2020 年长度为 5.75 km

［图 3-18（a）］，1987~2018 年平均流速为 3.31 m/a，在 1992 年达到最大，为 5.79 m/a，在 2017 年达到最小，为 1.34 m/a，冰川流速呈现出先下降后上升再下降的趋势，冰川流速变化的转折点出现在 1993 年和 2000 年。总体来看，冰川流速呈现显著下降趋势，变化率为-0.097 m/a。

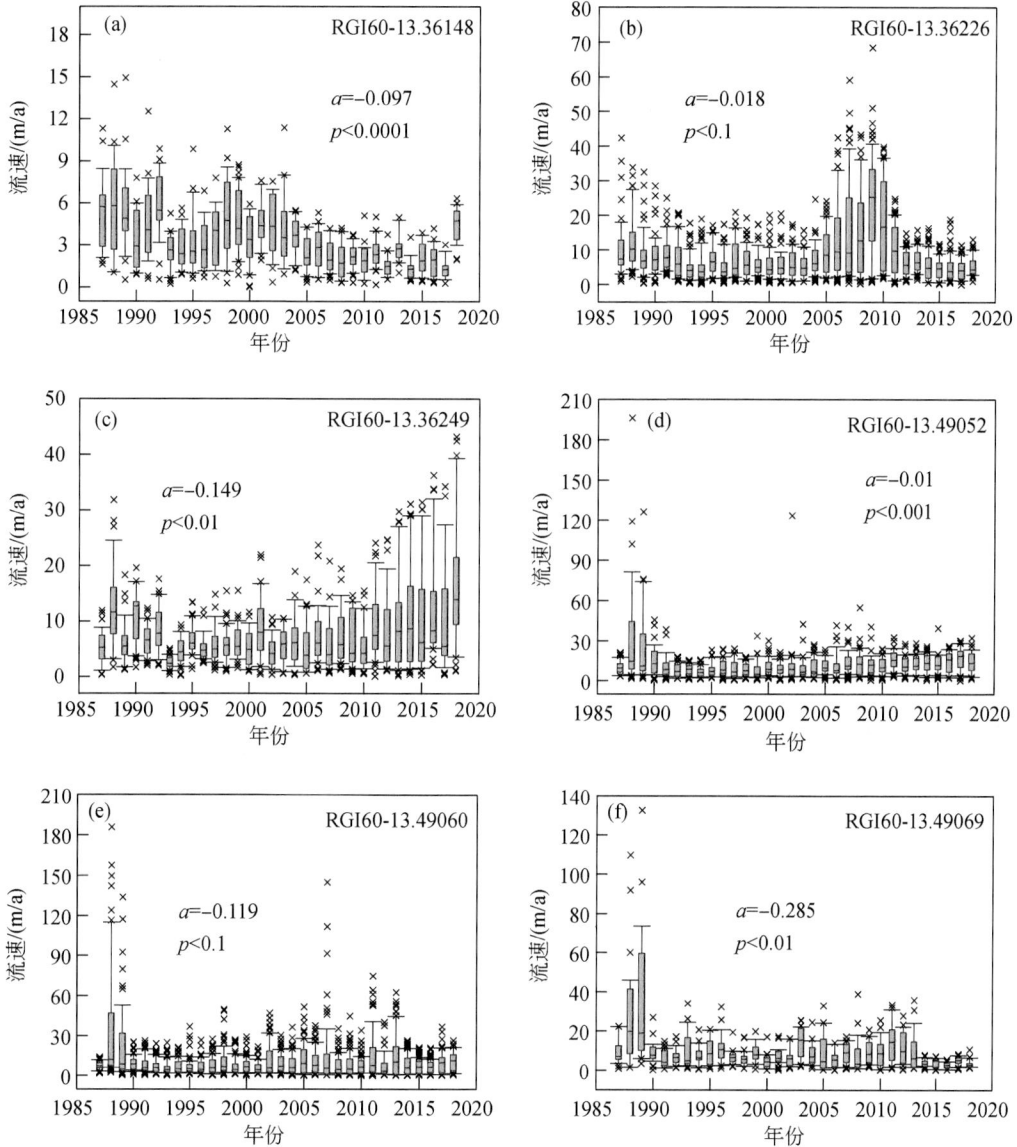

图 3-18　木孜塔格峰典型冰川流速变化

　　鱼鳞川冰川（冰川编码为 RGI60-13.36226）位于木孜塔格峰主峰区的西坡，2020 年长度为 12.56 km［图 3-18（b）］，多年平均流速为 8.43 m/a，冰川流速总体呈现下降趋势，变化率为-0.018 m/a（未通过显著性检验）。值得注意的是，2006~2011 年冰川流速出现突变现象，尤其是 2008~2009 年，平均流速从 15.20 m/a 增至 23.15 m/a，并且冰川流速在 2009 年达到最大，在距离最高点 2.35~2.54 km 处冰川流速更是达到 68.45 m/a。之后开始急速下降，到 2010 年，冰川平均流速为 17.50 m/a。通过其他学者对鱼鳞川冰川的研究以及本书第 4 章冰川边界的确定，可知鱼鳞川冰川在 2008~2009 年左右发生了冰川跃动现象，冰川在 2006~2011 年极不稳定。

位于主峰区西北坡、编码为 RGI60-13.36249 的冰川 [图 3-18 (c)]，2020 年长度为 7.19 km，1987~2018 年平均流速为 7.23 m/a，在 1993 年冰川流速最小，为 2.61 m/a，在 2018 年冰川流速达到最大，为 16.56 m/a，冰川流速呈现显著上升的趋势，变化率为 0.149 m/a，冰川的不稳定性逐年增加，极易导致冰川发生突变。

位于主峰区南坡、编码为 RGI60-13.49052 的冰川 [图 3-18 (d)]，长度为 9.55 km，1987~2018 年平均流速为 12.46 m/a，在 1994 年冰川流速最小，为 6.59 m/a，在 1988 年冰川流速最大，为 33.45 m/a，冰川流速呈现下降的趋势（但未通过显著性检验）。值得注意的是，冰川流速在 1988 年和 1989 年较大，在剩余年份冰川流速比较稳定，可能有两种情况，一是冰川流速确实在 1988 年和 1989 年出现突变；二是该冰川在 1988 年和 1989 年流速数据值出现异常。总体来说，该条冰川是非常稳定的。

位于主峰区东坡的冰鳞川冰川（编码为 RGI60-13.49060），2020 年长度为 16.80 km，该冰川也是木孜塔格峰地区最长的一条冰川 [图 3-18 (e)]，1987~2018 年平均流速为 10.39 m/a，在 1988 年冰川流速达到最大，为 36.87 m/a，在 1993 年最小，为 5.96 m/a，冰川流速呈现缓慢的下降趋势，变化率为 -0.11 m/a，冰川流速变化相对稳定。

冰川编码为 RGI60-13.49069 的冰川 [图 3-18 (f)]，2020 年长度为 5.27 km，1987~2018 年平均流速为 9.27 m/a，2016 年冰川流速最小，为 2.78 m/a，1989 年冰川流速最大，为 31.68 m/a，冰川流速呈现显著下降趋势，变化率为 -0.29 m/a。值得注意的是，该冰川在 2014~2018 年的平均流速为 3.90 m/a，相比多年平均流速低 5.37m/a，表明该冰川越来越稳定。

总体而言，选取的 6 条典型冰川几乎包含了木孜塔格峰地区冰川流速变化的所有类型，主要包括四类：一是与主峰区冰川平均流速变化趋势一致的显著下降型；二是以冰鳞川冰川跃动为代表的冰川流速突变型；三是与主峰区冰川平均流速变化趋势相反的显著上升型，这类冰川的稳定性在下降；四是波动变化且变化较小型冰川，这类冰川处于相对稳定的状态。

3.3.3　伸舌川冰川流速观测

自 2021 年新疆第三次综合科学考察项目启动，研究团队共三次前往木孜塔格峰冰川区进行水文要素调查。考虑到无人区的交通可达性及冰川的典型性，决定将位于主峰区北坡的伸舌川冰川作为木孜塔格峰地区冰川的重点考察对象，对其开展冰川末端位置的确定、花杆点的布设及位置的确定、冰面点的采集及冰川气象数据的采集。2022 年 5 月在伸舌川冰川布设花杆，由于该冰川海拔在 5000 m 以上，空气稀薄，温度低，且冰川末端坡度较大，在冰面行走困难，并且无法长时间在恶劣环境下作业，科考人员需在一天内完成冰面作业并且赶回海拔较低的营地，因此共布设 6 根花杆，相对较少。由于在 2023 年 5

月 A 点花杆被雪覆盖，未能得到 A 点的位置，图 3-19 中只显示 5 个花杆点的位置 [图 3-19（a）]。图 3-19（b）为 2023 年 5 月 18 日拍摄的冰川末端架设的 RTK 高精度测量仪器，用于测量冰川末端和冰面点的位置。

图 3-19　伸舌川冰川花杆实测分布

2023 年 5 月 18 日，对伸舌川冰川的花杆点位置进行 RTK 高精度测量，同年 8 月 20 日对伸舌川冰川花杆点位置再次进行测量，得到两次花杆点的位置 [图 3-19（b）]，计算得出伸舌川冰川的流速，这也是木孜塔格峰地区伸舌川冰川的首次实测数据。2023 年 5 月 18 日~8 月 20 日，共 88 天，五个花杆点平均移动 0.56 m，计算得到日平均流速为 0.006 m，年平均流速为 2.19 m。由于极端环境下的冰川监测工作无法大量获取冰川区的实测资料，遥感监测与实地测量相结合一直以来都是冰川监测工作的重要手段。因此，通过伸舌川冰川的实测资料与遥感数据进行对比，可以验证遥感数据的准确性，获得长时间序列的冰川流速资料。

利用遥感数据提取并计算的多年平均流速为 3.31 m/a，冰川流速呈现显著下降趋势，变化率为 –0.097 m/a（图 3-20）。虽然伸舌川冰川的流速呈现显著下降趋势，但在各个阶段的变化是不同的。将 1987~2018 年分为三个阶段，1987~1999 年平均流速为 4.22 m/a，2000~2009 年平均流速为 3.14 m/a，2010~2018 年平均流速为 2.21 m/a。实测数据计算

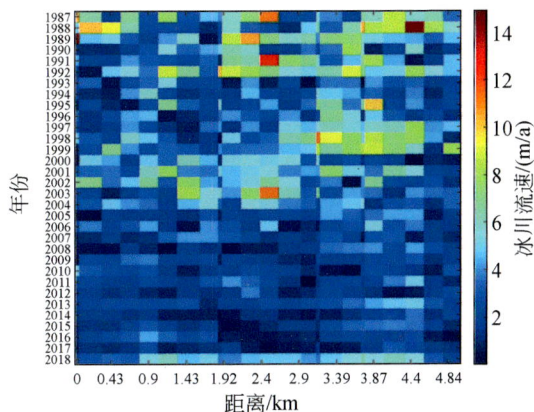

图 3-20　伸舌川冰川流速

得到伸舌川冰川的平均流速为 2.19 m/a，与遥感数据 2010～2018 年的平均流速 2.21 m/a 相近。因此，我们所采用的遥感产品虽然分辨率较粗（120/240 m），但足以用于分析冰川的流速变化规律。此外，以最高点为起点，沿主流线提取的冰川流速得到冰川流速热力变化（图 3-20），再对其每 500 m 的冰川流速进行平均计算，得知，冰川流速呈现先上升后下降的变化趋势，在距离最高点 3.9～4.3 km 处冰川平均流速达到最大（为 4.06 m/a）。

3.4　冰川高程与厚度

3.4.1　冰川高程及其变化

高程（包括雪线）是反映冰川形态的重要属性（刘宗香和谢自楚，1995；王宁练等，2019）。杨惠安（1990）基于第一次冰川编目并结合航空影像判读和分析，研究表明 20 世纪 70 年代木孜塔格峰地区冰川的末端海拔为 5000～5720 m，平均海拔约为 5230 m。冰川末端以规模较大的山谷冰川为最低，悬冰川的末端海拔最高。在山地不同坡向上的末端高度，南坡高于北坡 100～200 m。末端高度平均状况的主要特点表现为自南向北呈逐渐降低的分布趋势（表 3-7），如末端平均海拔在南排主峰区为 5340 m，中排山地为 5250 m，北缘山地则降至 5140 m。

木孜塔格峰地区雪线的分布高度介于海拔 5300～5940 m，平均海拔约为 5530 m。雪线平均状况的分布趋势与冰川末端的高度分布相似，即主峰区雪线南坡最高，北坡最低，主峰与北部山地之间平均相差 180 m（表 3-7）。

表 3-7　冰川末端高度和雪线分布特征

坡向		末端海拔/m		雪线/m	
		范围	平均	范围	平均
主峰	南坡	5280～5600	5450	5820～5940	5890
	东南坡	5230～5480	5320	5500～5700	5630
	西北坡	5120～5720	5280	5420～5640	5520
	合计	5120～5720	5340	5420～5940	5640
中排	南坡	5240～5620	5410	5540～5600	5580
	北坡	5080～5360	5190	5300～5500	5400
	合计	5080～5620	5250	5300～5600	5460
北缘	北坡	5000～5340	5140		
总计		5000～5720	5250	5300～5940	5530

参考文献：杨惠安等（1990）。

冰川高程变化通常使用平衡线高度参数反映，其一般通过冰川学方法观测（Kumar et al.，2020）。但因为逐条冰川物质平衡野外观测需要耗费大量人力、财力和物力，实践中通常使用中值海拔（median elevation of the glacier，MEG，即将冰川面积分为相等两部分的海拔），或直接以冰川所在海拔区间的最大值和最小值的平均值来估算冰川平均平衡线高度（Braithwaite and Raper，2009；Osipov，2004）。此外，还有许多间接方法被用于平衡线高度估算，如 THAR（terminus to headwall altitude）、AAR（accumulation area ratio）、MELM（maximum elevation of lateral moraine）以及 AABR（area altitude balance ratio）（Shukla et al.，2018）。

　　本研究使用中值海拔方法分析两次编目期间冰川高程变化，中值海拔数据可以直接从冰川编目属性数据中获取。中国两次冰川编目期间（1972~2010 年）木孜塔格峰地区冰川高程变化如表 3-8 所示，1972~2010 年，该地区冰川平均中值海拔增加 38.7 m，平均末端海拔增加 71.1 m，冰川末端退缩率为 1.9 m/a；2010~2018 年，该地区冰川平均末端海拔增加 11.8 m，退缩率为 1.5 m/a，表明 20 世纪 70 年代以来木孜塔格峰地区冰川总体处于退缩态势。

表 3-8　中国两次冰川编目期间（1972~2010 年）木孜塔格峰地区冰川高程变化

（单位：m）

编目时间	平均中值海拔	平均末端海拔
第一次冰川编目（1972 年）	5515.4	5276.1
第二次冰川编目（2010 年）	5554.1	5347.2
1972~2010 年海拔变化	38.7	71.1

　　图 3-21 进一步呈现了第一次和第二次冰川编目时期，木孜塔格峰地区逐条冰川中值

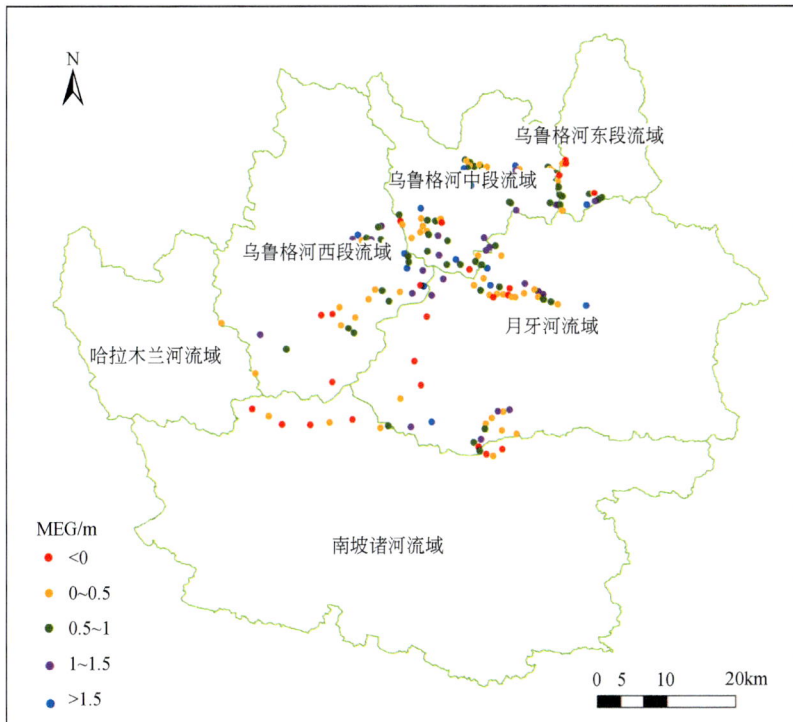

图 3-21　1972~2010 年木孜塔格峰地区冰川中值海拔空间变化

海拔变化的空间分布格局。从空间上看，1972～2010 年中值海拔变化为负的冰川（一定程度上反映了冰川前进）仅占区域冰川总数的 17.90%（$n=29$），主要集中在南坡诸河流域一带，其他大多数冰川中值海拔增加，均处于后退态势。

从流域尺度看（表 3-9），所有子流域冰川平均中值海拔和平均末端海拔均呈现出升高趋势。乌鲁格河西段是该区域内退缩程度最高的流域，1972～2010 年平均中值海拔升高 39.2 m，平均末端海拔升高 99.0 m；其次是乌鲁格河中段流域，其平均中值海拔升高 32.0 m，平均末端海拔升高 53.4 m；而南坡诸河流域的平均中值海拔升高仅 7.3m，但平均末端海拔升高 83.3 m。

表 3-9　1972～2010 年木孜塔格峰地区冰川中值海拔空间变化　　　　（单位：m）

不同流域	哈拉木兰河	乌鲁格河西段	乌鲁格河中段	乌鲁格河东段	南坡诸河	月牙河
1972 年平均中值海拔	5587.1	5577.9	5406.3	5337.5	5786.7	5585.8
2010 年平均中值海拔	5597.2	5617.1	5438.3	5359.8	5794.0	5603.3
1972 年平均末端海拔	5279.4	5302.4	5205.1	5206.9	5430.8	5322.7
2010 年平均末端海拔	5304.8	5401.4	5258.5	5236.7	5514.1	5371.6
1972～2010 年平均中值海拔变化	10.1	39.2	32.0	22.3	7.3	17.5
1972～2010 年平均末端海拔变化	25.4	99.0	53.4	29.8	83.3	48.9

3.4.2　冰川厚度

冰川厚度的探测是研究冰川厚度、冰储量、物质平衡、冰川动力学和冰川数值模拟的基础（怀保娟等，2016）。但在冰川变化研究中，相比物质平衡、长度、面积等参数，冰川厚度较难获取。而直接反映冰川水资源的冰储量，其估算的核心问题就是冰川厚度的精确测量。

探地雷达技术的引入为冰川厚度数据提供了强有力的技术支持，它是一种非破坏性的原位探测技术，具有快速、准确、抗干扰能力强、分辨率高等优点（何茂兵等，2004；王宁练和蒲健辰，2009；吴利华等，2011；朱美林等，2014）。由于冰川冰具有低传导性，探地雷达能够探测到深达几百到上千米的冰层。探地雷达的基本原理是由地面上的发射天线将高频带短脉冲形式的高频电磁波定向送入地下，高频电磁波遇到存在介电性质差异的地下地层或目标体反射后返回地面，由接收天线接收（蒲健辰等，2006）。不同物质介电性质的差异是探地雷达检测目标物的先决条件。高频电磁波在传播时，其路径、电磁场强度与波形将随介质的电性及几何形态而变化，故通过对接收天线接收到的雷达波进行处理和分析，可以获得二维雷达图像，以灰阶或者彩色形式显示地下垂直剖面，进而确定地下界面或地质体的空间位置。由于冰川与岩石介电性质的巨大差异，在探地雷达图像资料中很容易识别冰-岩界面的位置，从而获得测点位置的冰川厚度（王璞玉等，2011）。在冰川厚度测量技术更新换代的同时，也可以通过两期高分辨率 DEM 差值来确定冰川厚度变化。特别是随着遥感技术发展，可使用的高分辨率 DEM 数量也不断增加，为开展冰川厚度研究提供了重要数据基础。

基于全球冰川厚度模拟产品（Farinotti et al., 2019），对木孜塔格峰地区的冰川厚度进行统计分析（图 3-22）。结果表明，该地区 214 条冰川的平均厚度为 35.29 m，其中编号为 RGI60-13.49066 冰川的平均厚度最大（206.04 m），而编号为 RGI60-13.36172 的冰川平均厚度最薄，仅为 7.57 m。此外，各冰川冰面最大厚度介于 8.82 m（RGI60-13.36172）～476.67 m（RGI60-13.49060）。而各冰川冰面最小厚度介于 3.61 m（RGI60-13.36212）～14.59 m（RGI60-13.49060）。总体来看，冰川厚度和面积之间存在较好的一致性。除个别冰川外，面积较大的冰川厚度普遍偏厚，面积较小的冰川厚度普遍偏薄。

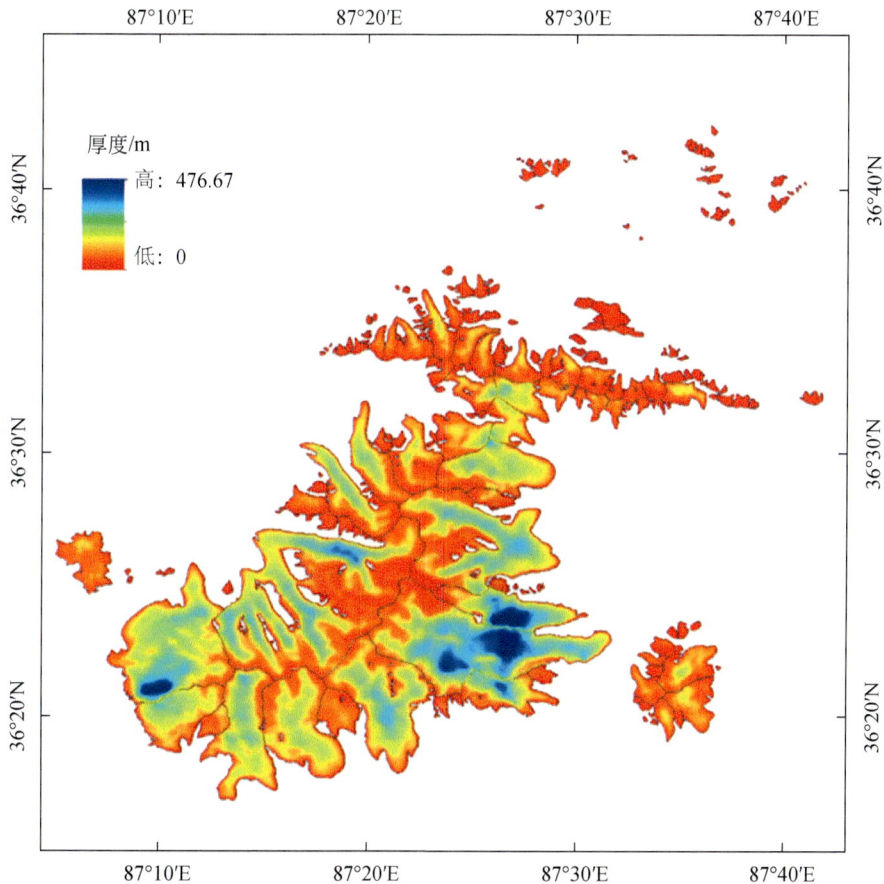

图 3-22 木孜塔格峰冰川厚度分布

为获取伸舌川冰川的厚度数据，本研究团队于 2023 年 5 月利用 IGPR-60 冰川测量探测专用雷达在冰川消融区开展冰川厚度的实地测量。厚度测量的结果在 ZoroyRadar 软件里进行可视化处理，并提取各测点的厚度。主流线厚度观测资料显示（图 3-23），从海拔5094 m 到 5271 m，伸舌川冰川的厚度从 10.91 m 增加到 122.04 m，总体呈线性增加趋势（6.3 m/10 m）。

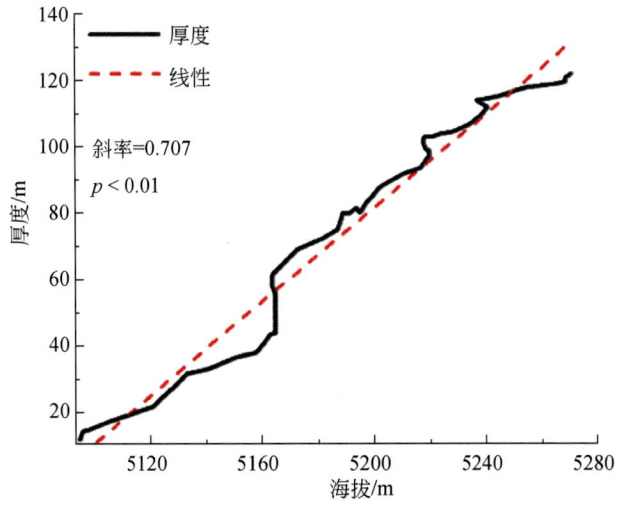

图 3-23　伸舌川冰川主流线冰川厚度随海拔变化

第4章 木孜塔格峰地区冰川物质平衡特征

本章主要是基于伸舌川冰川和月牙河 15 号冰川冰面雪坑及消融花杆观测，考察和研究木孜塔格峰地区典型冰川的成冰作用及物质平衡特征。1988 年 7 月 14 日，月牙河 15 号冰川 5400～5800 m 的雪坑观测表明，5600～5800 m 为附加冰带，附加冰年层的厚度为 20～30 cm，粒雪层的厚度不超过 25 cm，5800 m 处粒雪表面呈融化状态，污化层厚度大，污化强烈，推测未进入完全补给带。2023 年 8 月 20 日，伸舌川冰川 5100～5554 m 的雪坑观测表明，5340～5500 m 为附加冰带，附加冰年层的厚度不超过 10 cm，粒雪层厚度不超过 30 cm；5500 m 以上为渗浸带，5554 m 处粒雪表面污化严重，融水下渗再冻结作用强烈，推测其接近补给带。此外，2022 年 5 月～2023 年 5 月，伸舌川冰面观测点平均年物质平衡为−1.72 m w. e.，日平均物质平衡为−5 mm w. e.。总体而言，1975～2000 年木孜塔格峰地区冰川物质平衡为−3.60 m w. e.，2000～2020 年累积物质平衡为−0.14 m w. e.。2000～2020 年该地区平均物质平衡零平衡线高度为 5514 m。

4.1　冰川成冰作用

4.1.1　昆仑山成冰作用

东昆仑木孜塔格峰积雪深度不深，缺乏冰芯记录，对于理解该区成冰作用的过程有一定的局限性。第二次新疆科考中，对崇测冰川进行了详细的雪坑观测和冰芯研究。因此，本书参考西昆仑崇测冰帽的成冰作用机理，理解木孜塔格峰地区成冰作用过程。

基于第二次新疆科考崇测冰帽考察，整个冰帽自下而上，可分为多个成冰带（Xie and Zhang，1989），如表 4-1 所示。需要说明的是，极少冰川表现出完全的成冰带序列，而且任何冰川，各成冰带的界限每年都因天气状况而不同。

1990～1992 年，中美冰芯联合考察队考察了崇测冰帽以东的中国最大冰帽——古里雅冰帽，通过雪坑和钻孔观测了冰川的地层剖面。研究表明其雪层特点与崇测冰帽相似，冰帽的下部属于附加冰带，上部为冷渗浸带。冰帽顶部（6700 m）一个近 16 m 钻孔表明全为粒雪与冰片夹层的结构，其中冰片所占比例不大，粒雪的密度由 0.37 g/cm³ 增加到 0.64 g/cm³，反映出比崇测冰帽顶部更冷、消融更弱的环境。估计完全成冰深度应在 40 m 以下，这表明该处已经到达冷渗浸带的上部。

表 4-1　西昆仑崇测冰帽成冰带信息

序号	成冰带	高程	特征	备注
1	消融下带	5920 m 以下	分布于冰川区及冰帽边缘，按季节性附加冰发育程度又可分为下带（a1）和上带（a2）	
2	附加冰带	上限约到 6120 m	分布于平衡线以上冰帽的下部，冰川表面粒雪层厚度不超过一个年层，有时裸冰出露，附加冰基本连续发育，但可能有粒雪包裹体，按是否产流可分下带（b1）及上带（b2），后者当年融水完全渗入粒雪层中形成附加冰，无径流产生，从物质平衡状况来说属于完全补给带，关于附加冰上、下带的划分。在这里主要是冰川冷储很大，而冰面地形较平缓所致。据冰川温度计算，这里平衡线附近（5977 m）冰川活动层的冷储达 9358 cal[①]/m³，为祁连山老虎沟 12 号冰川相应部位（4650 m）的 2 倍以上	
3	渗浸带		分布于冰帽的中部，这里出现 1~2 年的粒雪层，按是否产流可分下带（c1）及上带（c2）。这个带与附加冰带的主要区别是粒雪厚度的大小。当积雪较厚时，可能出现剩余粒雪层；当积雪较薄时，则完全成冰。因此，它在冰帽上的实际分布与地形有关，经常与附加冰带交错分布	
4	冷浸带	冰帽的最上部（6300 m 以上）	属于完全补给带，不产生径流，它与中纬常见的冷渗浸带不同之处是年层不厚，含冰量大，受风吹雪的影响，在顶部发现附加冰直接暴露出来而缺失粒雪层的情况（如顶部 6366 m 处的 13 号钻孔），被附加冰上带所代替	

4.1.2　冰川表层特征及成冰作用的观测对比

新疆第二次科考期间，1988 年 7 月 14 日为强烈消融期，科考队员在木孜塔格山东坡月牙河 15 号冰川 5400~5800 m 的雪坑观测表明，5600~5800 m 为附加冰带，附加冰年层的厚度为 20~30 cm，粒雪层的厚度不超过 25 cm，5800 m 处粒雪表面呈融化状态，污化层厚度大，污化强烈，推测未进入完全补给带（图 4-1）。

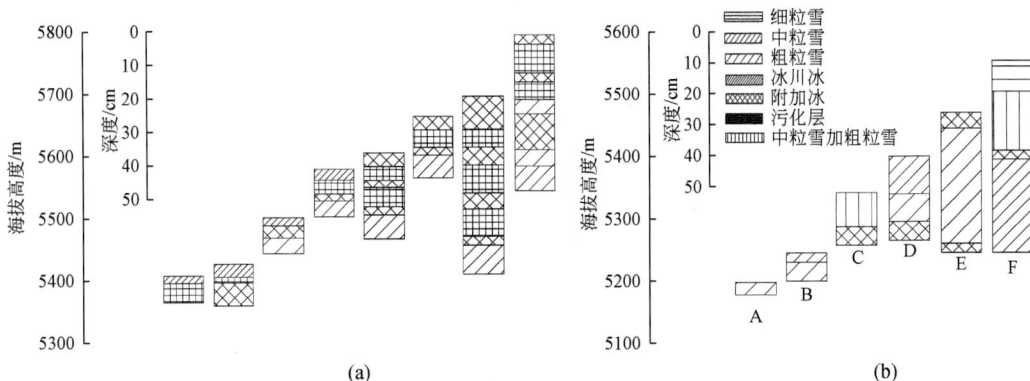

图 4-1　木孜塔格峰月牙河 15 号冰川（a）和乌鲁克苏河伸舌川冰川（b）雪层剖面

---

① 1 cal = 4.18 J。

2023 年 8 月 20 日，基于新疆第三次科考调查，我们在伸舌川冰川上 5100～5554 m 范围进行了雪坑梯度调查。结果表明如下。

1）5198 m 高程，粒雪+融水粗粒，冰面污化程度较高，为消融区（图 4-2）。

图 4-2　5198m 粒雪（$D \sim 3cm$）

2）5245 m 高程，雪深 10 cm，1～3 cm 为中粒；3～10 cm 为粗粒。雪为季节性雪，短期或数日内即融化（图 4-3）。

图 4-3　5245 m 粒雪（中粒+粗粒，$D \sim 10$ cm）

3）5342 m 高程，雪深（D）～16 cm，1～11cm 为中粒+粗粒，11～16 cm 为附加冰。附加冰有明显的气泡，且气泡较多（图 4-4）。

图 4-4 5342 m 粒雪+附加冰（$D \sim 16$ cm）

4）5400 m 高程，$D \sim 28$ cm，$0 \sim 12$ cm 为中粒，表面污化明显；$12 \sim 21$ cm 为粗粒，湿度较大；$21 \sim 28$ cm 为附加冰。消融作用强烈。

5）5470 m 高程，$D \sim 45$ cm，粒雪+少量附加冰。$0 \sim 5$ cm 为中粒，污化明显；$5 \sim 42$ cm 为粗粒，湿度较大；$42 \sim 45$ cm 为附加冰，厚度较薄，气泡相对较少，透明度较好（图 4-5）。

图 4-5 5470 m 粒雪+少量附加冰（$D \sim 45$ cm）

6) 5554 m 高程，$D \sim 60$ cm。0~10 cm，细粒+冰片，冰层厚度不到 1 cm；10~29 cm，中粒+粗粒，冰层为融水下渗形成；29~31 cm，冰层，粒雪消融形成，污化作用明显。31~60 cm，中粒，雪层较为干净，没有明显的污化作用。底部无附加冰，可见该高度已是渗浸带。该雪层应为 2022 年和 2023 年积雪。推测该高度不产流，为补给带（图4-6）。

图 4-6　5554m 细粒+冰片（$D \sim 60$ cm）

综上所述，结合 2023 年 8 月 20 日观测资料，伸舌川冰川 5340~5500 m 为附加冰带，附加冰年层的厚度不超过 10 cm，粒雪层厚度不超过 30 cm；5500 m 以上为渗浸带，5554 m 处粒雪表面污化严重，融水下渗再冻结作用强烈，推测其接近补给带。

4.2　典型冰川积累、消融及物质平衡过程

4.2.1　冰川消融、积累过程的面观测

1. 冰川物质平衡观测

（1）冰川积累区观测

在冬平衡年末，整个冰川被雪覆盖时，必须测量雪深和雪密度，大多数冰川的测量是在 4 月或 5 月进行的。东昆仑地区的冰川基本都在 4 月底或 5 月初作为冬平衡年末的观测时间。通常认为冬平衡年的冰川是纯积累过程，因此雪深数据对冰川的积累至关重要。在冰川消融期，若积累区有雪覆盖时，需要挖雪坑，测量雪深和雪密度；若消积过程强烈时，可以用花杆辅助观测。整个雪坑的密度为各雪层深度和对应雪层雪密度的加权平均值，最后换算成水当量。

（2）冰川消融观测

冰川消融是指由于冰面融化、冰崩、蒸发以及风蚀所引起的冰体损失。山区冰川最主要的是冰面融化部分，风力作用常被忽略，蒸发只有在春季短时间内占主导。蒸发损失的

冰量只是通过冰川融化而损失冰量的一部分。冰川在夏平衡年消融损失的冰量总体称为总消融。通过物质平衡花杆读数得到的是冰川表面的消融，为了保证所有读数的可比性，所有花杆读数都应遵循统一的规则。如果花杆周围有雪覆盖时，花杆的测量应包括测杆读数和雪坑数据。

2. 冰川物质平衡计算方法

（1）单点物质平衡计算

某时段、某点的物质平衡（b）应为雪（粒雪）平衡（b_f）、附加冰平衡（b_{sp}）及冰川冰平衡（b_i）的代数和：

$$b_{(1\sim2)} = b_{f(1\sim2)} + b_{sp(1\sim2)} + b_{i(1\sim2)} \tag{4-1}$$

$$b_{f(1\sim2)} = \rho_{f(2)} h_{f(2)} - \rho_{f(1)} h_{f(1)} \tag{4-2}$$

$$b_{sp(1\sim2)} = \rho_{sp}(h_{sp(2)} - h_{sp(1)}) \tag{4-3}$$

$$b_{g(1\sim2)} = \rho_i \left[(m_1 + h_{f(1)} + h_{sp(1)}) - (m_2 + h_{f(2)} + h_{sp(2)}) \right] \tag{4-4}$$

式中，下标 i、sp、f 分别表示冰川冰、附加冰和雪（粒雪）；1，2 表示观测的顺序；密度（ρ）的单位为 g/cm^3；测杆的读数（m）和雪深厚度（h）的单位为 cm；附加冰的平均密度（ρ_{sp}）可取 $0.85\ g/cm^3$；冰川冰的平均密度（ρ_i）为 $0.9\ g/cm^3$。

（2）整个冰川物质平衡计算

根据花杆和雪坑的观测数据，计算观测位置单点的物质平衡，将数据绘制在大比例尺地形图上，综合计算便可得到观测时段内冰川的物质平衡。在计算整个冰川物质平衡时有多种方法，但应用最广泛的是等值线法和等高线法（谢自楚和刘潮海，2010）。当冰川规模巨大或者冰面监测数据较少时需要寻求其他方法，如零平衡线法。本章冰川物质平衡计算，主要用到等值线法和等高线法，故而在此只介绍等值线法和等高线法。

等值线法：将单点的年净平衡值（b_i）点绘到大比例尺冰川地形图上，进行空间分析（空间插值），绘制整个冰川的年净平衡空间分布图。而整个冰川的年净平衡（b_n）可用式（4-5）计算：

$$b_n = \sum_{i=1}^{n} s_i b_i / S \tag{4-5}$$

式中，s_i 为两相邻等值线之间的投影面积；b_i 为 s_i 的平均净平衡；n 为 s_i 的总个数；S 为冰川的总面积。

等高线法：冰川物质平衡研究中，通常需要确定净平衡随海拔高程的变化关系，且某一高程处的净平衡称为比净平衡。整个冰川的年净平衡则常用式（4-6）计算：

$$b_n = \sum_{i=1}^{n} s_i' b_i' / S \tag{4-6}$$

式中，s_i'、b_i' 分别表示两相邻等高线之间的投影面积和平均净平衡；n 为划分的高程带总数。当 s_i' 中的观测点数量不够多时，可将等值线法和等高线法相结合，即用等值线法中的 b_i 内插得到等高线法间的 b_i'。此外，杨大庆等（1992）在天山乌鲁木齐河源 1 号冰川的实验结果表明，等值线法与等高线法计算得到的物质平衡结果相近。

3. 典型冰川物质平衡

1988 年 7 月，新疆二次综合科考中，科考人员选取木孜塔格峰东坡月牙河 15 号冰川为该地区参照冰川，7 月 9~17 日对其开展了地面观测。新疆第三次科考中，月牙河水量较大，难以到达，故选取木孜塔格峰北坡伸舌川冰川为该地区参照冰川，对其开展冰川定位观测，伸舌川冰川冰面相对月牙河冰川平缓。2022 年 5 月 30 日，科考队在冰面海拔5100~5320 m 布设物质平衡花杆 6 根和 1 个雪坑观测点，用于冰川消融监测和雪坑记录，以便计算冰川物质平衡（图 4-7）。随后科考队分别于 2023 年 5 月 19 日和 2023 年 8 月 19日对伸舌川冰川进行观测。

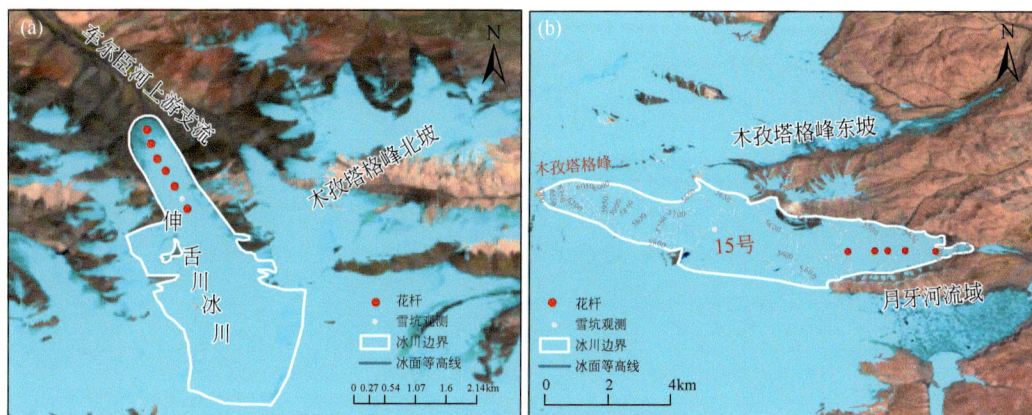

图 4-7　木孜塔格峰伸舌川冰川（a）和月牙河 15 号冰川（b）物质平衡观测点分布

（1）1988~2020 年月牙河 15 号冰川和伸舌川冰川变化

月牙河 15 号冰川，为冰帽-山麓冰川，1988 年长度为 11.7 km，面积为 20.25 km^2，冰舌海拔为 5270 m，雪线约 5700 m。同年 7 月 9~17 日，观测区域位于冰川消融区上段及平衡线附近，冰川平均消融速率为 12.1 mm/d。基于 1990 年和 2020 年 Landsat 遥感影像，该冰川面积分别为 18.24 km^2、17.75 km^2，长度分别为 11.57 km、11.46 km。1988~2020年，面积退缩了 2.5 km^2，年平均退缩率为 0.39%；冰川末端退缩了 240 m，年平均退缩7.5 m。

伸舌川冰川则为冰斗-山谷冰川，具有较长的冰舌，且冰面相对平缓。基于 1990 年和2020 年 Landsat 遥感影像，冰川面积分别为 6.17 km^2、6.04 km^2，长度分别为 5.37 km、5.30 km。1990~2020 年，面积减少了 0.13 km^2，年平均退缩率为 0.07%；冰川末端退缩了 70 m，年平均退缩 2.33 m。

（2）1988 年月牙河 15 号冰川和 2022~2023 年伸舌川冰川物质平衡观测结果

新疆二次科考时，谢自楚、刘时银、苏珍等科考队于 1988 年 7 月 9~17 日在月牙河15 号冰川开展冰川物质平衡观测。冰面观测区位于冰川消融区及平衡线附近，观测点高差在 130 m 范围，观测点消融无明显的随高度变化的规律。7 月 9~17 日，平均消融量为12.1 mm/d，观测人员认为该观测结果可以代表该冰川强烈消融期的消融强度（表 4-2）。冰面消融随海拔升高的规律不是很显著，其变化率为-2.5 mm w.e./100 m，未通过显著性水平检验［图 4-8（a）］。同时，根据雪坑剖面，计算 5500～5800 m 年层含水量变化于 110～245 mm。该冰川物质平衡随高度变化的梯度极小，只有 50 mm w.e./100 m。需注意的是，该观测结果为消融中期观测结果，时间较短，估计到消融期末，梯度可能有所增加，但可以看出，无论是按纯积累量还是物质平衡梯度，中昆仑山冰川与西昆仑山冰川均处于同一量级。

表 4-2　物质平衡观测记录

月牙河 15 号冰川				伸舌川冰川					
1988 年 7 月 9～17 日表面消融量（共 8 天）				2022 年 5 月 30 日～2023 年 5 月 18 日（共 353 天）				2023 年 5 月 18 日～8 月 20 日（共 93 天）	
花杆	高程/m	消融量/mm	消融速率/（mm/d）	花杆	高程/m	物质平衡/mm	消融速率/（mm/d）	物质平衡/mm	日平均消融速率/（mm/d）
1	5410	110	13.8	1	5148	−1892	5	−933	10
2	5470	80	10.0	2	5197	−1654	5	−888	10
3	5490	90	11.3	3	5243	−1799	5	−845	9
4	5510	100	12.5	4	5270	−1399	4	−986	11
5	5540	105	13.1	5	5389	−1636	5	−955	10
				6	5342	−1945	6	−736	8

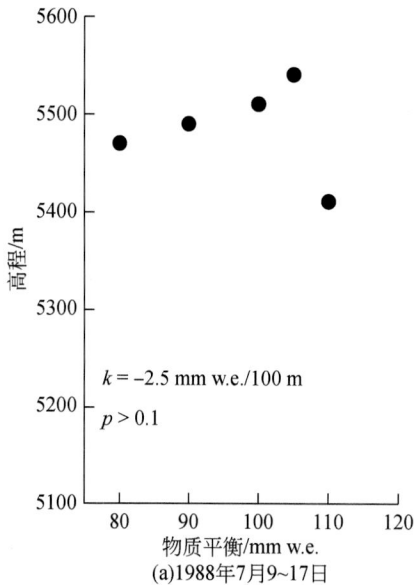

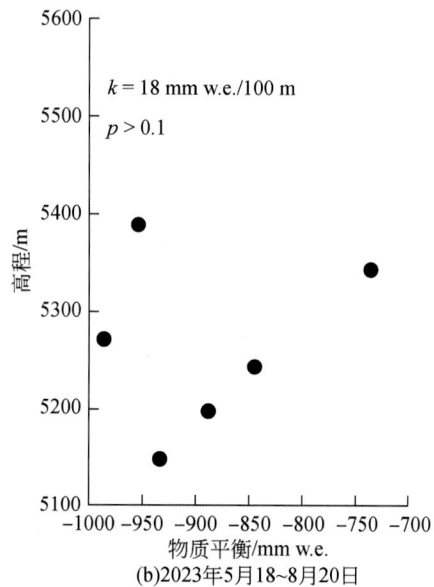

(a)1988年7月9~17日　　　(b)2023年5月18~8月20日

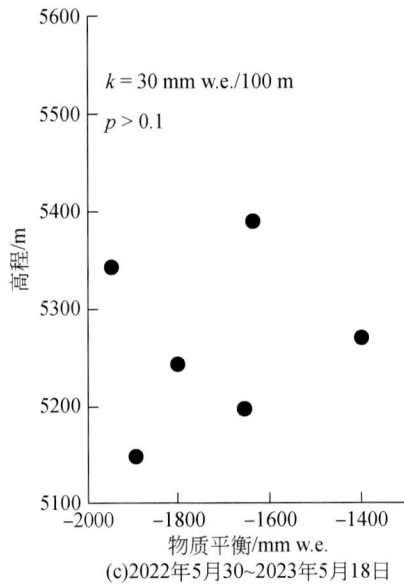

图 4-8　伸舌川冰川和月牙河 15 号冰川物质平衡随高程的变化

2022 年 5 月 30 日，我们在伸舌川冰川消融区布设 6 根花杆和 1 个雪坑，2023 年 5 月 19 日进行第二次观测，时间接近 1 年，可作为年物质平衡参考值。该冰川在 2022 年和 2023 年，消融区冰川物质平衡介于 –1945 ~ –1399 mm w.e.，平均物质平衡为 –1721 mm w.e.。2022 ~ 2023 年，冰川消融区日平均物质平衡介于 –6 ~ –4 mm w.e.，平均日平均物质平衡为 –5 mm w.e.。此外，根据 2022 ~ 2023 年伸舌川冰川物质平衡观测，发现该冰川年物质平衡随高程变化的规律不显著［图 4-8（c）］。

2023 年 8 月 20 日，我们对伸舌川冰川开展消融期末观测，同时新补花杆。观测结果表明，5 月 19 日 ~ 8 月 20 日，该冰川消融量介于 736 ~ 986 mm w.e.，平均消融 891 mm w.e.。夏季，观测点平均日消融量介于 8 ~ 11 mm w.e.，平均日消融 10 mm w.e.。伸舌川观测区冰面高程低于月牙河 15 号冰面，考虑到近 30 多年该区夏季气温变化背景，可知，伸舌川冰川消融相对月牙河 15 号冰川较弱。此外，通过观测结果推算，利用等值线法和等高线法相结合，2022 ~ 2023 年该冰川物质平衡接近平衡状态，其中，2023 年夏季冰川物质平衡为 –0.7 m w.e.。伸舌川冰川夏季物质平衡随高程变化的规律同样不显著，即该冰川消融区冰面消融与海拔梯度的关系不是很显著［图 4-8（b）］。其主要原因可能是花杆点位于消融区，冰面消融区是较为平坦的冰舌。在后期观测中，还需持续观测，通过多年连续观测数据，揭示该冰川表面消融与地形之间的关系。

4.2.2　冰面高程及其物质平衡

利用高精度测量设备（RTK）先后在 2023 年 5 月 18 日和 2023 年 8 月 20 日开展冰川冰面及末端位置的采集，分别采集 104 个、100 个点，如图 4-9（a）所示。对两次采集点以 20m 间隔进行统计分析，其中，由于 8 月采集点的轨迹较分散，空间插值效果良好，因此对 8 月数据进行空间插值再统计。两次统计的结果如图 4-9（b）所示，2023 年 5 月 18 日～8 月 20 日，冰川消融 0.9～1.2 m，平均消融约 1.05 m。

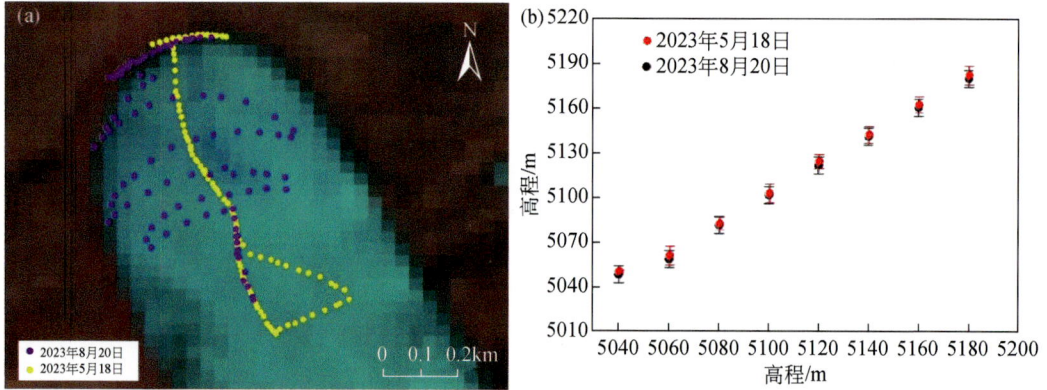

图 4-9　2023 年 5 月和 8 月伸舌川冰川消融区 RTK 测量

4.2.3　冰川表面消融过程的无人机观测

1. 无人机低空飞行测量方法

地面观测主要集中于单点、小范围冰川区，卫星遥感关注于全球尺度冰川，受时间和空间尺度的限制，实际研究中，二者的尺度往往过小或者过大，彼此之间很难融合。近年来，由于无人机技术的发展和完善，使其在不同空间尺度上可以按需连续获取高时空分辨率影像，也被广泛应用于冰川变化研究。因此，我们也尝试利用无人机低空飞行测量技术，获取伸舌川冰川末端形态。2023 年 8 月 20 日，我们利用大疆精灵 4 RTK 多光谱版对伸舌川冰川末端形态进行了试验，本次共飞行 4 个架次：因为该地海拔较高，缺乏经验，第一架次主要感受飞机升力、飞行姿态、高空风速以及飞机高度与山体的视觉高差，避免视觉误差造成飞机撞山、炸机等事件。第二、第三架次按计划飞行，采用正射航测。第四架次根据前面航测效果对个别地区或者特殊地形进行补摄或重摄。需注意：航向重叠一般为 60%～80%，最小不得小于 53%；旁向重叠一般为 15%～60%，最小不得小于 8%。具体工作技术流程如图 4-10 所示。

2. 伸舌川冰川末端高分辨率影像特征

我们获取了 2023 年 8 月 20 日伸舌川冰川末端分辨率为 0.10 m 的正射影像和 DEM 数据。需要说明的是，UAV 获取的是数字地表模型（DSM）数据，航测时冰面无明显遮蔽物，此时 DSM 可作为 DEM 数据。如图 4-11 所示，冰川末端边界清晰，有多条规模较小的冰面河，末端呈扇形，形态均一，坡度较陡。为了进一步评估 UAV 获取影像的准确性，我们在冰川末端布设了地面控制点（ground control points，GCP）12 个，用于影像拼接。冰川末端布设了边界验证点（TGVP）8 个，用于冰川边界验证。末端冰面采集了 31 个点

（IGVP），用于验证 UAV 生成的 DEM 模型。基于 UAV 正射影像获取的冰川边界与 DEM 模型上获取的冰面点高程数据，一致性非常好 ［图 4-11 （c）］。所有 UAV 与 RTK 测量点的冰面高程平均差为 0.08 cm，二者一致性较好，UAV 可用于后期监测伸舌川冰川末端形态演变。

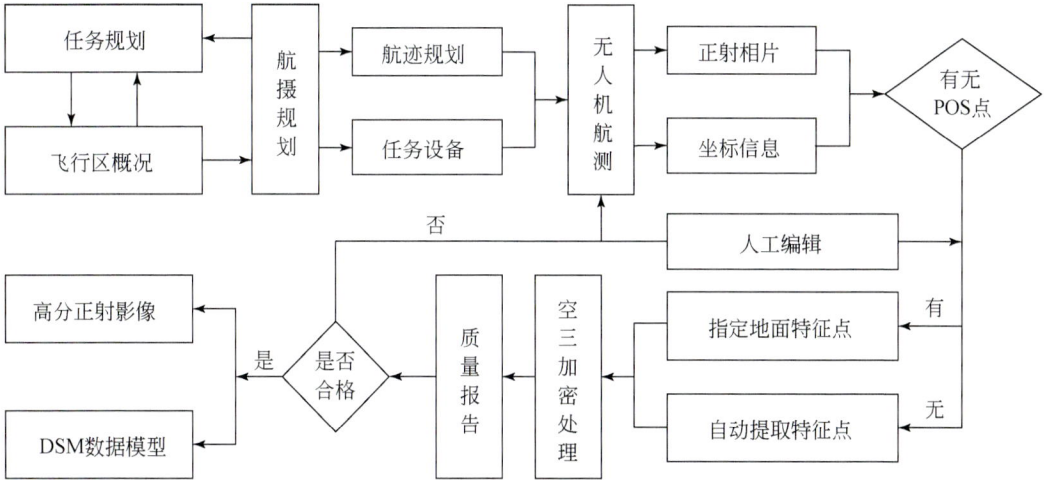

图 4-10　无人机航测与数据处理流程

资料来源：车彦军等（2020）

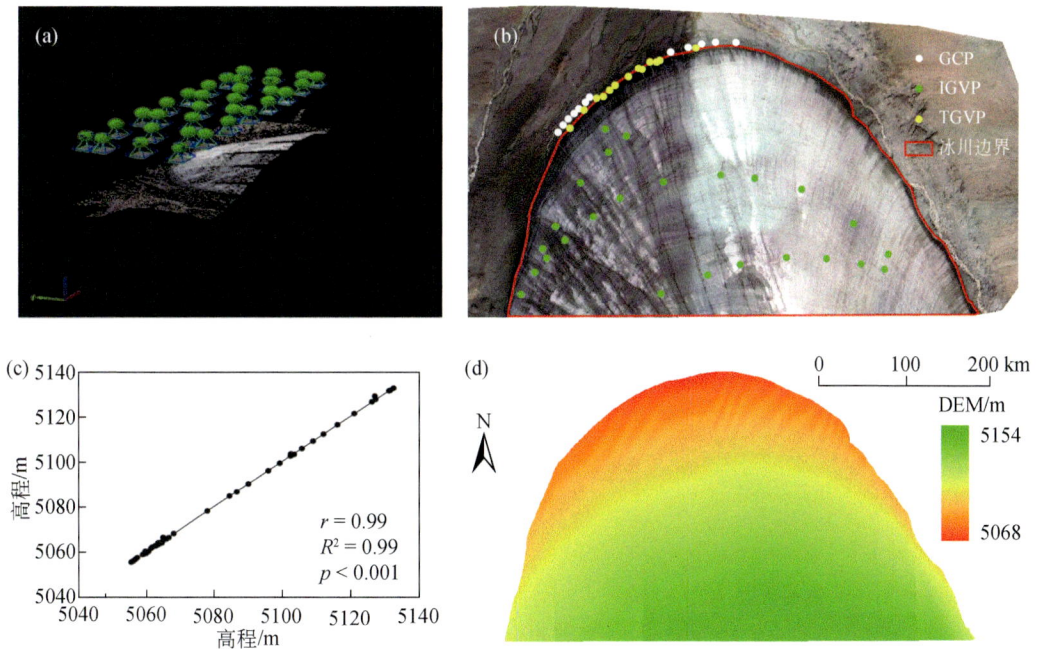

图 4-11　伸舌川冰川末端高分辨率正射影像和 DEM 模型

4.3　木孜塔格峰地区冰川空间物质平衡

4.3.1　基于遥感影像的冰川物质平衡特征

木孜塔格峰地区冰川涉及阿其克库勒湖流域、车尔臣河流域以及南坡羌塘高原内流区，冰川消融空间差异大，地面观测十分有限。借助遥感资料，可以有效认识木孜塔格峰地区冰川的时空特征。

1. 遥感数据

(1) KH-9 与 SRTM 影像

KH 全称 Keyhole，KH-9 是美国用于地图制图和军事侦察的卫星系统之一，属于早期的高分辨率成像系统。1971 ~ 1986 年，美国国家侦察局（National Reconnaissance Office，NRO）共计发射了 20 次 KH-9 任务（编号：1201 ~ 1220）。该卫星的主要载荷是两个焦长为 60 in（1.5 m）的立体相机，可获取 0.6 ~ 1.2 m 分辨率的全色影像。1973 ~ 1980 年（任务编号：1205 ~ 1216），KH-9 卫星搭载了一个焦长为 30.5 cm 的框幅式制图相机（frame mapping camer），所获取的影像分辨率为 6 ~ 9 m（Surazakov and Aizen，2010）。在全球范围内（除南极洲、格陵兰岛以及澳大利亚之外），该相机总共获取了近 29 000 张黑白影像。2002 年，美国政府公开了绝大部分的框幅式制图相机影像，但其设计参数、星历数据等资料以及最高分辨率的影像至今处于保密状态。美国地质勘探局的数据管理中心利用高精度的摄影测量扫描仪将制图相机底片的复印本生成扫描分辨率为 7 μm（3600 dpi）或者 14 μm（1800 dpi）的影像。扫描胶片的尺寸大约为 23 cm×46 cm，对应于地面的影像覆盖范围大约是 125 km×250 km。影像的航向重叠度达到 70%，因此具有立体成像的能力，对应的基线高度比（B/H）大约是 0.4。每张影像中包含 1058 个十字丝，可用于几何校正。利用该影像，可生成 20 世纪 70 年代木孜塔格峰地区高程模型。

航天飞机雷达测图任务（the shuttle radar topography mission，SRTM）是由美国航空航天局（National Aeronautics and Space Administration，NASA）、美国国家地理空间情报局（National Geospatial- intelligence Agency，NGA）、德国宇航局（German Aerospace Center，DLR）以及意大利航天局（Italian Space Agency，ASI）联合设计、组织和实施的一项用于获取全球 80% DEM 的科学计划（Farr et al.，2007）。"奋进号"航天飞机执行此项任务，共历时 11 天（从 2000 年 2 月 11 日开始至 2 月 22 日结束）。合成孔径雷达主要是 C 波段和 X 波段，波长分别是 5.6 cm 和 3.1 cm。其中，C 波段雷达数据由美国喷气推进实验室（Jet Propulsion Laboratory，JPL）处理，X 波段雷达数据由德国宇航局处理并发布。其中，C 波段数据分辨率为 30 m，水平参考和垂直参考分别是 WGS84 椭球和 EGM 1996 大地水准面。X 波段数据的水平参考和垂直参考都是 WGS84 椭球，分辨率大约为 25 m（Ludwig and Schneider，2006）。此外，由于技术的原因，X 波段雷达获取的影像幅宽被限制在 50 km，该数据不能完全覆盖地表，存在数据空洞（Roth et al.，2001）。一般情况下，SRTM DEM 的绝对垂直精度大约为 9 m，但是在地形复杂的山区，其精度会降低

（Rodríguez et al., 2006）。C 波段 SRTM DEM 主要用于 2000 年 DEM 参与冰川厚度变化的研究，而 X 波段 SRTM DEM 则用于估计 C 波段雷达的近似穿透深度。目前，SRTM 基本能满足地表高程模型的运用，也被用于遥感技术评估地面形变的参考数据。

（2）ASTER 立体像对

ASTER 全称 Advanced Spaceborne Thermal Emission and Reflection Radiometer，即高级星载热发射和反射辐射仪，是 NASA 与日本经贸及工业部（METI）合作并由两国的科学界、工业界积极参与的项目。ASTER 是极地轨道环境遥感卫星 Terra（EOS-AM1）上载有的 5 种对地观测仪器之一，平台轨道为太阳同步近极地轨道，轨道高度 705 km，轨道周期98.9 min，地面重访周期为 16 天，最短为 5 天，设计运行时间为 6 年（Fujisada，1994）。其主要科学目标是增进对地球表面或近地表和低层大气的了解，包括陆地表面和大气交界面的动态过程，可以为多个相关的地球环境资源研究领域提供科学、实用的卫星数据。它是第一个能提供整体观察地球变化信息的观测系统，主要用于地表、生物圈、固体地球、大气和海洋的长期全球范围的观测，每景 ASTER 图像覆盖 60 km×60 km 的范围。它提供了可见光/近红外（VNIR）、短波红外（SWIR）和热红外（TIR）3 个通道共 14 个波段的遥感数据，在近红外波段的 3N 和 3B 波段（0.76~0.86 μm）可以进行垂视和后视，进而组成立体像对。ASTER 数据的参数如表 4-3 所示。

表 4-3　ASTER 影像的波段信息

波段序号	波长范围/μm	地面分辨率/m	通道
Band 1	0.52~0.60	15	VNIR
Band 2	0.63~0.69	15	
Band 3N	0.76~0.86	15	
Band 3B	0.76~0.86	15	
Band 4	1.60~1.70	30	SWIR
Band 5	2.145~2.185	30	
Band 6	2.185~2.225	30	
Band 7	2.235~2.285	30	
Band 8	2.295~2.365	30	
Band 9	2.36~2.43	30	
Band 10	8.125~8.475	90	TIR
Band 11	8.475~8.825	90	
Band 12	8.925~9.275	90	
Band 13	10.25~10.95	90	
Band 14	10.95~11.65	90	

立体像对是能否从光学遥感影像中提取地面 DEM 的关键。立体像对的原理实质是传感器在同一时间的两个位置以特定角度对同一地区或地物采集数据，通过处理可以形成立体的影像，如图 4-12 所示。

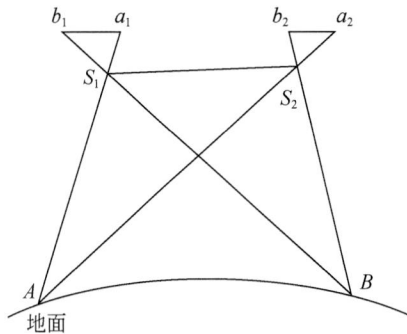

图 4-12　ASTER 立体像对成像示意

S_1、S_2 为两个光学传感器，A、B 分别为两个地面点，a_1、b_1 和 a_2、b_2 分别为 A、B 经 S_1、S_2 后形成的像点。其中 S_1 和 S_2 分布在一条线段的两端，并且都对 AB 这一区域进行拍摄，拍摄时，S_1、S_2 的连线大致与 A、B 的连线大致平行，由此可以分别形成两张影像，再通过处理即可形成立体像对

　　ASTER 第三波段有两个通道 3N 和 3B，其中 3B 可以进行后视，后视角度为 27.6°，3N 和 3B 构成了图 4-12 中的 S_1 和 S_2。卫星沿飞行轨道扫描成像时，3N 和 3B 两个成像仪可以对相同区域以合理的视差和航向重叠进行相差 55 s 的近同步成像。在相差 55 s 的情况下，3N 和 3B 这两幅影像的光照、辐射条件、气象条件是几乎相同的，这样就保证了两幅影像间的相关性和相似性，也提高了后期处理时影像匹配的成功率。ASTER 同轨立体观测得到影像，由此可生成立体像对。

　　从立体像对提取 DEM 的原理是：S_1 和 S_2 在拍摄地面同一地面点 A 时形成 $\angle S_1 A S_2$ 夹角，当 S_1 和 S_2 空间位置确定后，得到 $\angle S_1 A S_2$ 的角度，就可解算出地面点 A 的高程，将地面所有点的高程解算后就得到了数字地面模型（图 4-12）。

　　我们选择 2000~2020 年木孜塔格峰地区云较少的 ASTER 影像（表 4-4），以准确获得冰川表面高程和物质平衡。

表 4-4　本书使用的 ASTER 影像的基本信息

编号	文件名	时间 /（年.月.日）	云覆盖率/%	对应的 DEM
1	AST_L1A_00310282000052253	2000.10.28	10	DEM/2000
2	AST_L1A_00310282000052302	2000.10.28	3	
3	AST_L1A_00311012007050912	2007.11.01	3	DEM/2007
4	AST_L1A_00311172007050902	2007.11.17	9	
5	AST_L1A_00311172007050911	2007.11.17	6	
6	AST_L1A_00311282011050847	2011.11.28	4	DEM/2011
7	AST_L1A_00311282011050856	2011.11.28	2	
8	AST_L1A_00311072015051000	2015.11.07	6	DEM/2015
9	AST_L1A_00311072015051009	2015.11.07	6	

编号	文件名	时间 /（年.月.日）	云覆盖率/%	对应的 DEM
10	AST_L1A_00310122020050316	2020.10.12	2	
11	AST_L1A_00311042020050914	2020.11.04	7	DEM/2020
12	AST_L1A_00311202005050230	2020.11.20	4	

（3）ICESat

ICESat 全称 Ice，Cloud and land Elevation Satellite，即冰、云和陆地高程卫星，有效载荷为地球科学激光测高系统（geoscience laser altimeter system，GLAS），是全球首颗对地观测激光测高卫星，于 2003 年发射，2009 年停止工作，主要任务是测量两极冰原高度和海冰变化，以及地形和植被特征参数等（Zwally et al.，2002）。ICESat/GLAS 测高原理：根据卫星发射器发射和接收脉冲的时间差测定卫星到表面的距离，并对高度进行相应的地形校正。反射面高度（height）是由卫星轨道高度（altitude）、测量值（range）和各种误差（corrections，因仪器、地球物理校正对距离的影响）测定的。

ICESat/GLAS 具有覆盖范围广、垂直分辨率高、采样密集等特点，达到地面的激光脉冲形成直径约为 70 m 的光斑，光斑间距约 172 m，地面垂直分辨率可达 15 cm（Zwally et al.，2002）。ICESat-1 用于校正 ASTER DEM 的垂直误差。

由于测量的不确定性，ICESat-1 很难捕捉到冰盖内部的细微变化。2018 年，NASA 发射了 ICESat-2，以克服 ICESat-1 面临的问题。ICESat-2 搭载先进地形激光测高系统（advanced topographic laser altimeter system，ATLAS），于 2018 年开始工作（Smith et al.，2020）。它以 532 kHz 的高重复率发射波长为 10 nm 的单个激光束，以实现对地面的连续观察。沿轨道的光束间距为 10 m，高程精度为 0.03 m（Markus et al.，2017）。因为 ICESat-2 优秀的精度，可以用于对 ASTER DEM 进行评价，所用的 ICESat-1/2 信息如表 4-5 所示。

表 4-5　用于校准和校准的 ICESat-1/2 信息

编号	类别	轨道号	时间	用途
1	ICESat-1	265	2003～2009 年	校准
2	ICESat-1	1180	2003～2009 年	校准
3	ICESat-1	317	2003～2009 年	校准
4	ICESat-1	1247	2003～2009 年	校准
5	ICESat-2	157	2020 年 10 月 4 日	验证

（4）SPOT5 DEM

SPOT5 卫星于 2002 年 5 月初发射，是由法国国家空间研究中心（CNES）开发的一颗地球观测卫星。此外，SPOT5 卫星的传感器分辨率明显高于其他发射卫星，具有 2.5 m 的全色波段和 10 m 的多光谱波段。DEM 可以由高分辨率立体（high-resolution stereoscopic，HRS）1 和 HRS2 传感器获得的图像生成（Korona et al.，2009）。使用时间接近的 SPOT5

DEM 可以对 ASTER DEM 进行评价，如表 4-6 所示。

表 4-6　用于校准 SPOT5 DEM 信息

编号	文件名	时间	用途
1	004-008_S5_224-277-0_2004-09-13-05-05-30_HRS-1_S_MX_KK	2004 年 9 月 13 日	验证
2	004-008_S5_224-277-0_2004-09-13-05-07-01_HRS-2_S_MX_KK	2004 年 9 月 13 日	
3	002-003_S5_223-277-0_2008-07-18-04-54-43_HRS-1_S_MX_KK	2008 年 7 月 18 日	验证
4	001-003_S5_223-276-7_2008-07-18-04-56-06_HRS-2_S_MX_KK	2008 年 7 月 18 日	

2. 研究方法

ASTER 数据处理的主要流程，包括四个基本步骤：①生成 DEM；②ASTER DEM 的处理；③ASTER DEM 的空间配准；④冰川表面高程与物质平衡的计算。详细说明如下。

（1）生成 DEM

为了准确地从 ASTER-L1A 图像中提取 DEM，我们使用 ENVI 软件手动处理数据，而不是使用自动化方法（Brun et al., 2017; Shean et al., 2020）。首先，利用 GCP 和图像上相应像素的高程值计算卫星姿态，在两个立体对图像中选择同名的连接点（TP）。这些图像由立体像对的 TP 相配准，以计算每个像素的高程。然后，总共使用了 45 个 GCP 和 144 个 TP 来生成 ASTER DEM（San and Suzen, 2005）。此外，在 DEM 生成过程中，光学遥感图像在匹配时容易受到云和视差的影响（Wang and Kaab, 2015）。因此，我们添加了 GCP 来生成 DEM，同时，通过消除异常值消除了云的影响（Deilami et al., 2012; Toutin, 2002）。

（2）ASTER DEM 的处理

生成的 DEM 需要拼接以覆盖整个木孜塔格冰川，因此我们将 DEM 在 ArcGIS 中进行拼接。然后根据 Landsat 提取的边界，按照相应年份裁剪 DEM。根据实际结果，发现面积变化很微小，本书不考虑面积变化。由 Toutin（2002）可知，从光学立体图像派生的 DEM 在陡峭的地形上不太精确，随坡度的增加产生阴影区会影响 DEM 提取精度，为确保 DEM 精度在提取冰川范围的同时剔除坡度大于 45° 的区域，以减小误差。

在 DEM 提取过程中，由于存在阴影，一些像素点的匹配可能会失败，图像带有许多噪声而不清晰，这时就要对生成的 DEM 进行处理。DEM 的处理包括 DEM 的内插、DEM 的滤波、DEM 的平滑。

（3）ASTER DEM 的空间配准

我们采用 Nuth 和 Kääb（2011）提出的三步法框架来评估和修正 DEM 的误差。其配准原理是根据 2 期 DEM 高程偏差 dh 与坡度 α、坡向 φ 存在的三角函数关系进行，即

$$dh/\tan\alpha = a\cos(b-\varphi) + c \tag{4-7}$$

式中，a、b、c 为系数，可通过非冰川区坡度小于 5° 的 $dh/\tan\alpha$ 与 φ 组成的散点图经过回归分析得到。具体的步骤为：首先，应在木孜塔格冰川周围无冰川区建立若干校准区域，将无冰川地区视为高程不发生变化，作为参照依据（Nuimura et al., 2015）；其次，选取

2000 年的 DEM 作为基准,将其他年份的 ASTER DEM 逐个进行配准,消除 ASTER DEM 在空间上的偏移,使得冰川高程结果变得更加精确,这种方法自出现以来就得到了大规模的使用（Berthier et al., 2016；Zhao et al., 2022）。

将 ICESat-1 数据的坐标系与 DEM 的坐标系统一,消除了阈值范围之外的激光点（Sochor et al., 2021）。ASTER DEM 的 WGS84 椭球体与 ICESat-1 的 Topex Poseidon 椭球体之间的高程差为 70~72 cm。ICESat-1 数据将转换为高程基准面,并将 WGS84 椭球体作为参考椭球体:

$$H = h - N - 0.7 \qquad (4-8)$$

式中,H 是激光点相对于 WGS84 参考椭球体的高度;h 是接地点相对于 Topex Poseidon 参考椭球体的高度;N 是大地水准面和参考椭球体之间的差值。

然后从 DEM 中提取相应位置的激光点的高程。误差面是通过 ICESat-1 的高程值减去 DEM 的高程值得到的。通过误差表面校正高程误差（Qin et al., 2020；Shen et al., 2022）:

$$h_{DEM-cor} = h_{DEM} - h_{ICESat-1} \qquad (4-9)$$

$$h_{DEM-ture} = h_{DEM} - h_{DEM-cor} \qquad (4-10)$$

式中,$h_{DEM-cor}$ 表示 DEM 高程校正值;h_{DEM} 表示初始 DEM 高程值;$h_{ICESat-1}$ 表示无冰区域中的 ICESat-1 高程值;$h_{DEM-ture}$ 表示高程校正后的 DEM。

（4）冰川表面高程与表面物质平衡的计算

本书获取了木孜塔格峰地区 2000~2020 年云量 20% 以下的 ASTER 影像,计算冰川变化时,缺少影像的年份用相邻年份的冰川变化的平均值代替,从而拟合出冰川的变化趋势。利用 DEM 差分法将配准的 DEM 相减,并剔除大于 100 m 的区域,以消除云的影响。根据 Zhou 等（2022）可知,排除冰川高程变化大于 3 倍标准差的区域,可以提高结果准确度。选定冰川密度为 850±60 kg/m³,用于计算质量平衡（Huss, 2013）。公式如下:

$$\Delta h = \frac{\sum_{i=1}^{n} s_i \cdot \Delta h_i}{A} \qquad (4-11)$$

式中,Δh 是两个 DEM 相同位置的格网单元的高程差;n 是格网单元的数量;s_i 是格网单元的冰川面积;Δh_i 是格网单元在与两个 DEM 相同位置的高程差;A 是研究区域的冰川面积。

$$\Delta M = \frac{\sum_{i=1}^{n} s_i \cdot \Delta h_i \cdot \rho}{A} \qquad (4-12)$$

其中,ΔM 为质量平衡的变化;n 为格网单元数;s_i 为格网单元的冰川面积;Δh_i 为与两个 DEM 相同位置的格网单元的高程差;ρ 为冰川体积质量换算的密度;A 为研究区域的冰川面积。

需要说明的是,KH-9 和 SRTM 用于计算 1975~2000 年的冰川物质平衡。KH-9 影像预处理是生成 KH-9 DEM 的关键步骤。由于 KH-9 影像是历史数据,其受几何畸变的影响比较严重。同时由于影像成像参数尚未解密,影像中原始的框标点不可用。因此,需要采用"梯度法"来识别可用于后续影像几何校正的十字丝,然后采用"先分幅校正再拼接"

的策略实现影像的初步处理（Zhou et al.，2018）。生成 KH-9 DEM 后，KH-9 DEM 与
SRTM 的配准等与 ASTER 的方法大致相同，并且均基于 DEM 差分法来实现。

3. 冰面高程与物质平衡时空特征

（1）木孜塔格峰地区冰面 DEM 结果精度

为了验证 ASTER 影像生成的冰川表面 DEM 的准确性，将结果与 ICESat-2 和 SPOT5
DEM 进行了比较。提取了 2020 年 10 月 4 日 ICESat-2 激光点位置的冰川表面高程值，并与
2020 年 11 月 4 日的 ASTER DEM 进行了比较。如图 4-13（a）所示，两种产品的拟合决定
系数 r 接近 1.00，$p<0.0001$。其次，绘制了 SPOT5 DEM 和 ASTER DEM 同一区域的高程剖
面；它们的轮廓线非常相似［图 4-13（b）］。根据 2004~2008 年的 SPOT5 DEM，冰川表
面高程变化为 0.09±1.54 m/a，而根据 2000~2007 年的 ASTER DEM 数据，冰川表面高程
变化为 0.07±1.57 m/a。也就是说，可以用 ASTER 立体像对生成冰面 DEM，并进行该区
冰川变化的评估。KH-9 DEM 与 SRTM DEM 进行 DEM 差分法的相关结果验证见 Zhou 等
（2018，2019）。

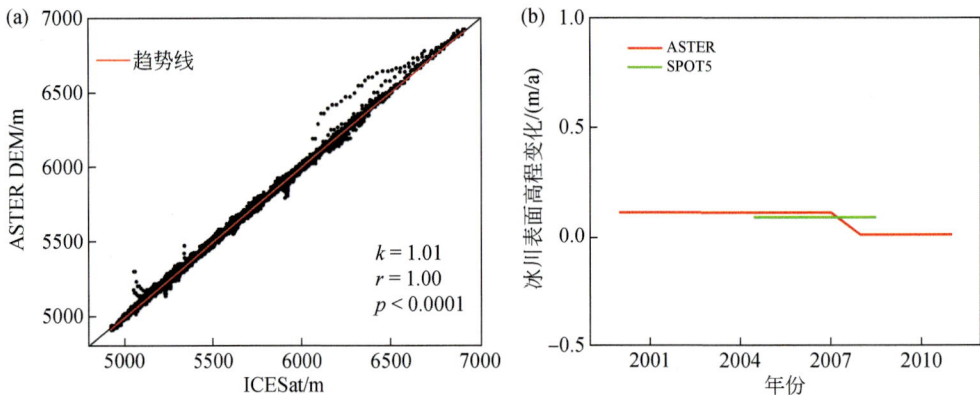

图 4-13　木孜塔格峰地区不同产品 DEM 精度对比

（2）1975~2020 年木孜塔格峰地区冰川物质平衡空间特征

1975~2020 年划分出的五个时间区间里，北部和西部的冰川融化明显，而南部的冰川
消融的更少。此外，冰川物质平衡的积累发生在中部高海拔地区，在四周低海拔地区冰川
是消融的，这是由高程因素引导的冰川物质平衡变化趋势（图 4-14）。

对木孜塔格峰地区冰川按坡向进行物质平衡统计（图 4-15）。东坡和西北坡冰川面积
最大，分别占该地区总面积的 25.19% 和 21.25%。1975~2000 年各个坡向的冰川均处于
消融状态，并且北坡的冰川消融强于南坡，北坡的物质平衡为 -4.71±11.13 m w.e.，而南
坡的物质平衡为 -2.35±10.28 m w.e.。2000~2020 年，东、南、东南坡冰川物质平衡呈
积累状态，其余坡向的冰川均处于消融状态。西北坡冰川物质损失最为严重，2000~2020
年累计损失为 -7.13±12.35 m w.e.。

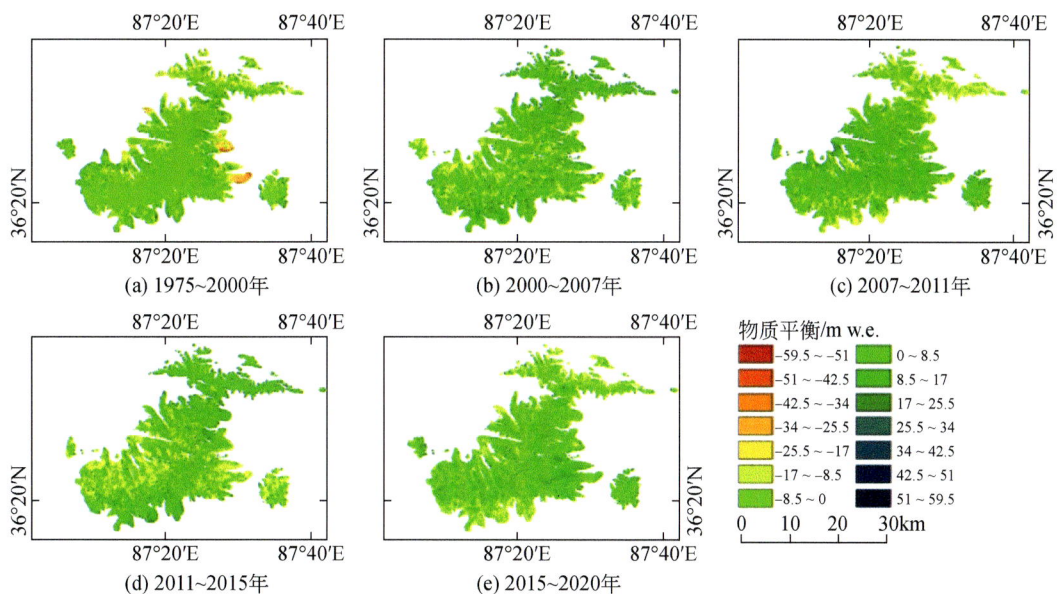

图 4-14　木孜塔格峰地区冰川物质平衡时空特征

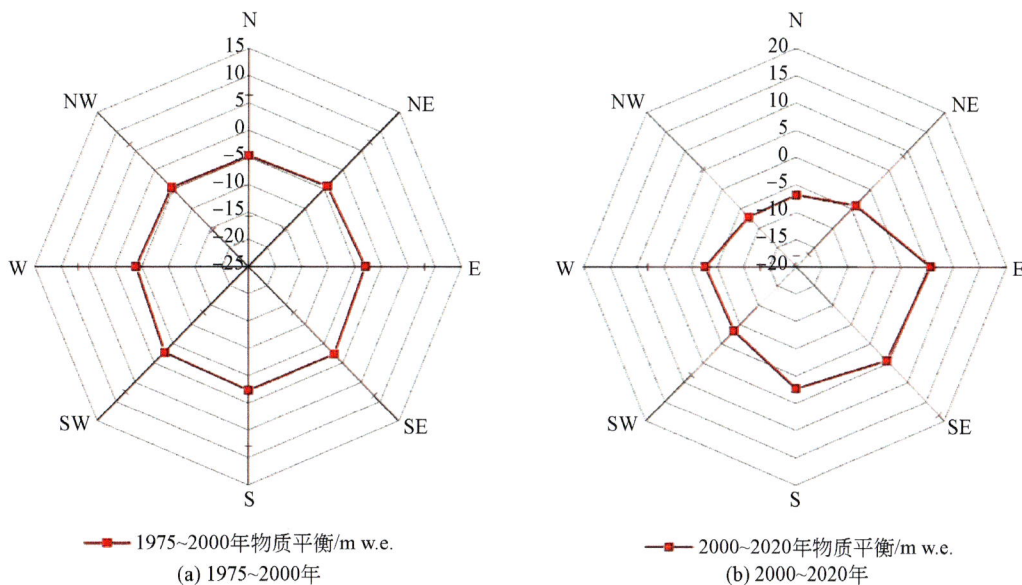

图 4-15　1975～2000 年和 2000～2020 年木孜塔格峰地区不同坡向冰川物质平衡

4. 冰川表面高程变化与物质平衡

木孜塔格峰地区冰川 1975～2000 年表面高程变化如图 4-16（a）所示，表面高程平均下降了 -4.23±12.85 m。1975～2000 年冰川物质平衡为 -3.60±10.92 m w.e.［图 4-16（b）］。2000～2020 年表面高程变化如图 4-16（c）所示，冰川表面高程总体呈下降趋势，累计海拔变化为-0.17±10.74 m。其间，冰川表面高程年变化范围为-0.13±2.94 m 至 0.07± 1.57 m，平均变化为-0.0085±0.54 m/a。此外，冰川物质平衡范围为-0.11±2.50 m w.e. 至 0.06±1.33 m w.e.，在此期间平均物质平衡为-0.0072±0.46 m w.e./a。冰川表面物质平衡从 2000 年到 2011 年是累积的，累积物质平衡为 0.64±9.22 m w.e.。冰川从 2011 年到 2020 年开始质量损失，累积物质平衡为-0.78±9.04 m w.e.。从 2000 年到 2020 年冰川的物质平衡总体呈下降趋势，累积物质平衡为-0.14±9.13 m w.e.［图 4-16（d）］。

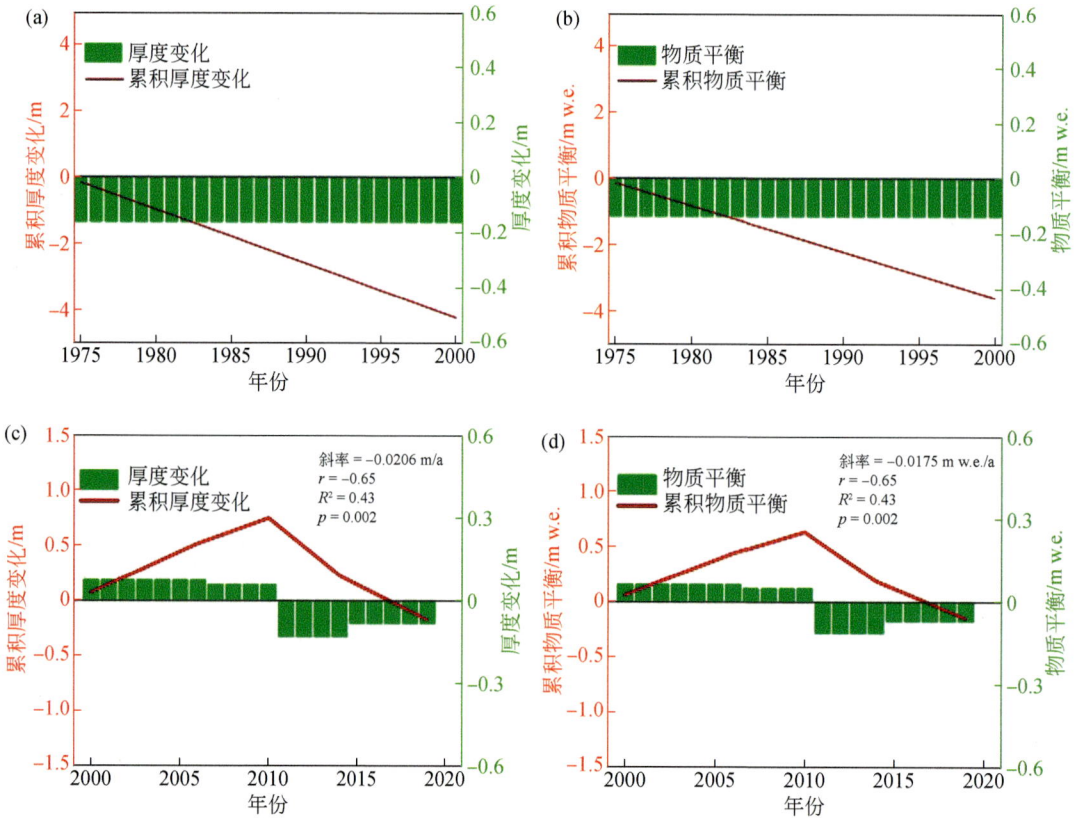

图 4-16　（a）1975～2000 年木孜塔格地区冰川表面高程的变化及其回归分析；（b）1975～2000 年木孜塔格地区冰川表面物质平衡的变化及其回归分析；（c）2000～2020 年木孜塔格地区冰川表面高程的变化及其回归分析；（d）2000～2020 年木孜塔格地区冰川表面物质平衡的变化及其回归分析

4.3.2　冰川物质平衡零平衡线特征

将 DEM 按 100 m 间隔生成等高线，在海拔 4950～6950 m 范围内，按照等高线将木孜塔格冰川表面物质平衡变化进行分类，统计出 2000～2020 年不同海拔梯度下冰川表面高程变化平均数，从多维度获取木孜塔格冰川变化的规律，结果如图 4-17 所示。总的来说，2000～2020 年冰川表面高程变化随着海拔的升高而降低，即呈现正相关。冰川积累区和消融区的分界线，也就是物质平衡等于 0 的冰面高程，称为"零平衡线或平衡线"

（equilibrium line）（黄茂桓，1992）。通过空间物质平衡变化零平衡线，提取物质平衡线高度变化。木孜塔格峰地区物质平衡零平衡线在 2000～2007 年为 5460 m，2007～2011 年为 5452 m，2011～2015 年为 5523 m，2015～2020 年为 5537 m。2000～2020 年平均物质平衡零平衡线为 5514 m。

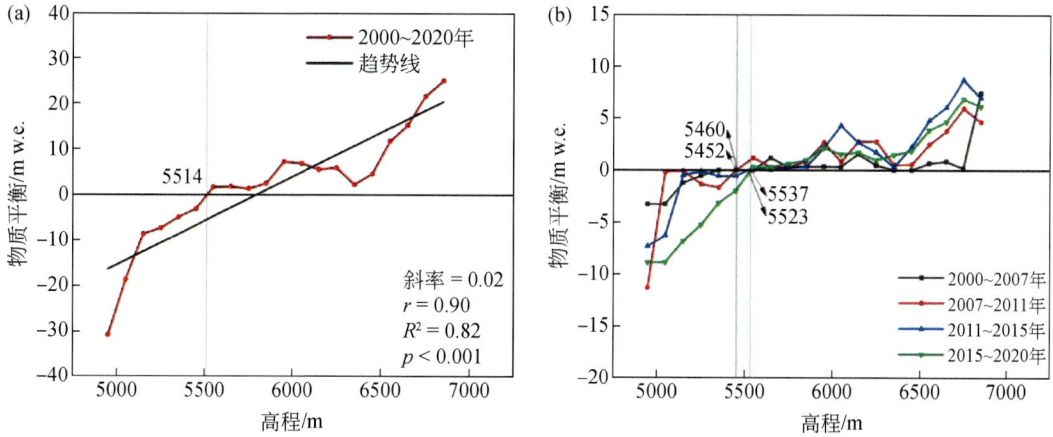

图 4-17　（a）2000～2020 年木孜塔格地区冰川表面高程变化与海拔的关系；
　　　　　（b）不同时期冰川物质平衡平衡线高度变化

第5章 木孜塔格峰地区冰川理化性质与微生物特征

　　冰川的发育受到水热条件的制约，不同的冰川因其气候条件不同，往往具有不同的物理性质，主要表现在冰川表面反照率、冰川温度、冰川运动速度等方面。冰川的主体是固态的冰，其根本的物质来源是大气降水的输入，伴随着干湿沉降。冰川的化学性质反映了不同尺度的大气环流过程，包括主要化学离子、氢氧稳定同位素、碳质气溶胶等在内的指标记录了丰富的环境信息。冰川同样也构成了以微生物为主要生命形式的生态系统，不同的微生物具有不同的适宜生存温度、盐度和酸度，冰川微生物是连接古代与现代环境的重要纽带。因此，研究冰川的理化性质和微生物特征，对于深入认识冰川有重要价值，本章通过多年以来对木孜塔格峰地区的冰川野外观测工作对其进行总结。研究表明，夏季冰川表面反照率较低，8 月平均值低至 60% 以下，在冰川区随着海拔升高，反照率逐渐升高，二者呈指数函数关系；根据地表水样本，阳离子中 NH_4^+ 和 Mg^{2+} 是主要离子，阴离子中 Cl^- 和 SO_4^{2-} 是主要离子；冰川的可培养细菌具有较广的温度适应性，生长温度范围在 0 ~ 35 ℃。

5.1 物 理 性 质

　　虽然冰川的核心物质是冰，但是不同冰川的形成发育条件存在差异，这使得冰川的物理性质不尽相同，并体现在力学、热学、光学和电学等方面（Cuffey and Paterson，2010；秦大河，2018；任贾文，2020）。首先，在力学方面，冰本身的力学性质就很复杂，冰有黏性流体特征，也有弹性塑体特征，还有刚性和脆性，高温、小荷载、小应变和低应变率下表现为韧性，低温、大荷载、大应变和高应变率下表现为脆性。在重力作用下，冰体会向下游运动，通常暖季或者较暖时期的运动速度比冷季或者较冷时期大，冰川在运动过程中的速度也受到局部地形的影响。其次，在热学方面，冰的比热、导热率、热扩散系数都会随温度和压力变化而变化。地表能量平衡方程在冰冻圈各要素表面是通用的，从表面向内部的热量传递可由连续介质热传递方程描述，冰川从表面向内部温度变化的幅度越来越小，周期越来越短，除热传导以外融水和冰雪运动也会影响冰川温度。再次，在光学方面，没有气泡和其他杂质的冰晶粒透光性好，较厚的冰体可能呈蓝色或深绿色，现实中的冰川一般都含有气泡和杂质，这使得透光性随之减弱。对冰川学来说，最受关注的光学参数是反照率，反照率的大小也与冰川的洁净程度密切相关。最后，在电学方面，冰的高频介电常数和静态介电常数都随温度降低而有所增加，由于冰与液态水乃至岩土的介电常数不同，冰的介电性能已成为冰川雷达探测的基础。冰的电导率也受到温度、电场、冰组构和冰内杂质的影响，特别是杂质的作用明显，借助电导率可以判定杂质成分。

本节主要从冰川表面反照率和冰川温度两方面对木孜塔格峰地区的冰川物理性质进行介绍。

5.1.1　冰川表面反照率

反照率是指从非发光体表面反射的辐射与入射到该表面的总辐射之比，反射率与反照率之间的区别在于，前者一般针对特定的波长，后者是反射率在全波段上的积分。相对于其他陆地表面，冰雪面对太阳辐射具有较高的反照率，这使得入射的太阳辐射能量只有很少一部分被冰雪面吸收，一些新雪面的反照率甚至可达 0.9 以上。地表反照率的变化会影响地球表层系统的能量平衡，冰雪反照率影响辐射是冰冻圈与大气圈相互作用的典型例子，在升温的背景下冰雪面消融增强，使得反照率降低，辐射加热增强，进一步促进地表增温和冰川消融（蒋熹，2006；秦大河，2018；Zhang Y et al.，2021）。如果冰川表面完全被新雪覆盖，则反照率的空间变化较小，但是现实中受到雪冰类型、杂质类型和含量等因素影响，加之局地地表形态差异，冰川表面往往存在反照率的时空差异。

（1）冰川表面反照率的年内变化

冰川表面反照率作为影响辐射收支最为敏感的要素，其波动变化直接影响冰川能量-物质平衡的变化。由于高海拔地区实测数据点稀少且分布不均，选择使用遥感数据来分析反照率空间的变化情况。MOD10A1 是美国 NASA 陆地产品组研制的三级逐日积雪数据产品，空间分辨率为 500 m，基于 2015 年 1 月 ~ 2020 年 12 月的 MOD10A1 影像数据，经过投影转换并按冰川边界掩模提取，可以得到木孜塔格峰地区的地表反照率变化情况。

根据 2015 ~ 2020 年资料，在木孜塔格冰川，冰川表面反照率存在明显的年内变化（图 5-1），夏季的冰川表面反照率一般低于其他季节，全年大部分月份的平均值都在 60% ~ 70%，而 8 月的平均值则低至 60% 以下。秋季初期，气温降低，冰川消融活动减弱，新雪导致冰川表面反照率较高，随着冬春季降雪次数的减少，冰川表面积雪逐渐密实化，粒径

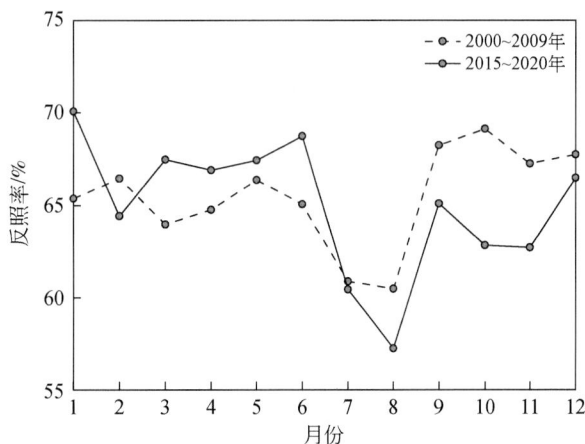

图 5-1　2015 ~ 2020 年与 2000 ~ 2009 年木孜塔格峰地区冰川表面反照率月平均值变化

变大，反照率随之减小。从春季到夏季，降雪频率逐渐增加，初期气温不高，冰川表面反照率短期回升，随着气温不断升高，消融增强，反照率平均值下降，至 8 月达到最低，但是新雪的频繁出现也使得夏季冰川表面反照率不稳定。与 2000 ~ 2009 年的结果（毛瑞娟等，2013）相比，冰川表面反照率的年内变化规律是一致的。

需要注意的是，木孜塔格峰地区距离亚洲中部粉尘源区近，春季常有沙尘暴天气发生，沙尘暴的发生也会导致冰川表面反照率降低或波动。2012 年 4 月，有研究人员在木孜塔格峰地区使用 ASD 地物光谱仪测量冰川区和非冰川区积雪表面光谱反射率，通过窄宽波段转换公式将其转换为反照率，并用库尔特微粒分析仪测量表面 2 cm 厚雪样中粒径在 2 ~ 60 μm 的微粒数（毛瑞娟等，2013）。结果表明，木孜塔格峰地区的冰川表面反照率与微粒数呈显著的负相关关系（$R^2 = 0.441$，$p < 0.01$）（图 5-2），所含微粒数多的样品其对应的实测反照率也较低。

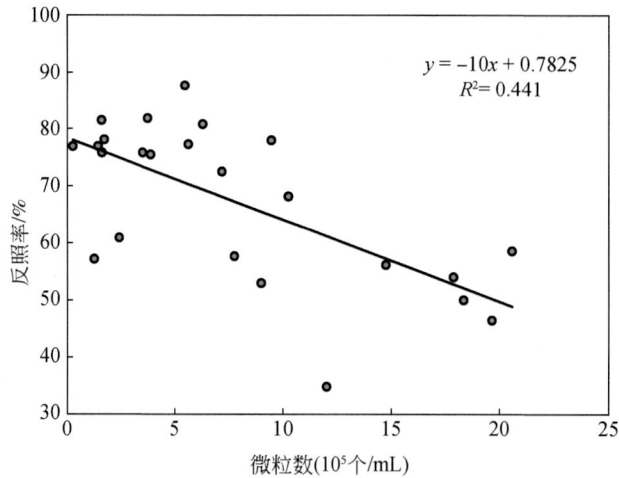

图 5-2　2012 年 4 月 15 ~ 25 日木孜塔格冰川表面反照率与微粒数的相关性

资料来源：毛瑞娟等（2013）

（2）冰川表面反照率的空间变化

木孜塔格峰地区的冰川表面反照率明显高于其周边非冰川区，反映了冰雪下垫面的光学特性（图 5-3）。在冰川区，总体呈现出冰川末端反照率偏低的现象。从各月的反照率空间变化（图 5-4）也可以看出，1 月和 12 月的反照率最大值可达到 98% 以上，夏季最大值则低于 80%，各月的空间分布规律也与年均值一致。

在冰川边界内部（图 5-5），随着海拔升高，冰川表面反照率逐渐升高，二者呈指数函数关系（$R^2 = 0.47$），尤其是高海拔地区，反照率显著偏高。在低海拔位置，冰川以消融区为主，冰川融水导致杂质、粉尘更容易富集到冰川表面，积雪的出现频率比积累区要低，对应的反照率较低。相比之下，在高海拔位置，温度降低，消融减弱，积雪保存时间长，反照率总体较大。此外，各月的海拔与反照率也都呈现出指数函数关系（图 5-6），决定系数（R^2）在 6 ~ 11 月普遍在 0.5 以上，其中 7 月和 8 月决定系数最高，为 0.74。

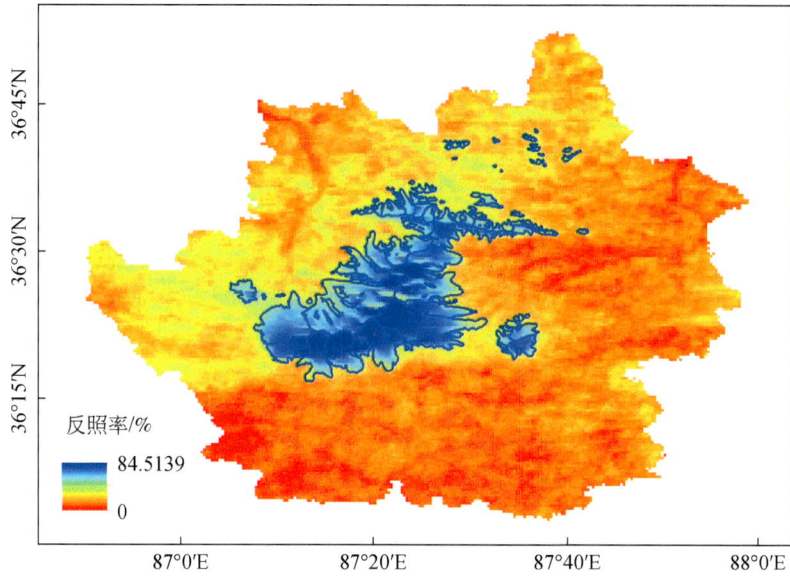

图 5-3　2015～2020 年木孜塔格峰地区地表反照率年均值的空间分布

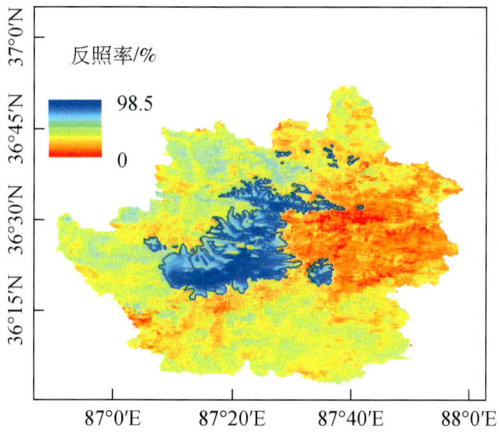

(a) 1 月

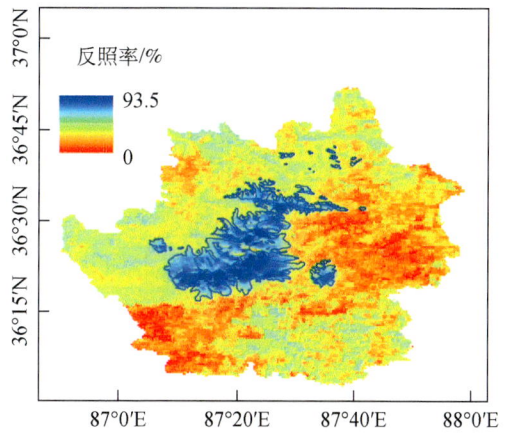

(b) 2 月

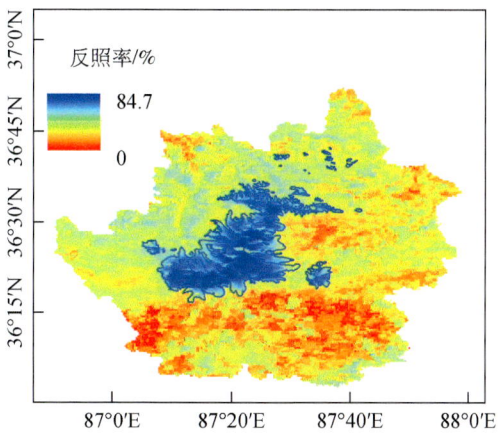

(c) 3 月

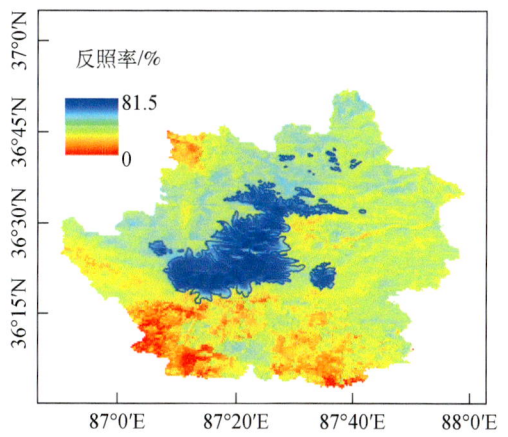

(d) 4 月

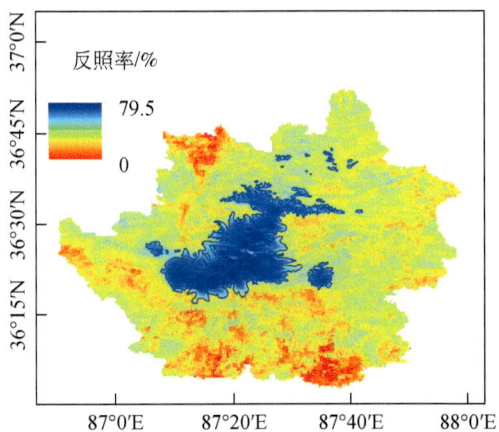

(e) 5月

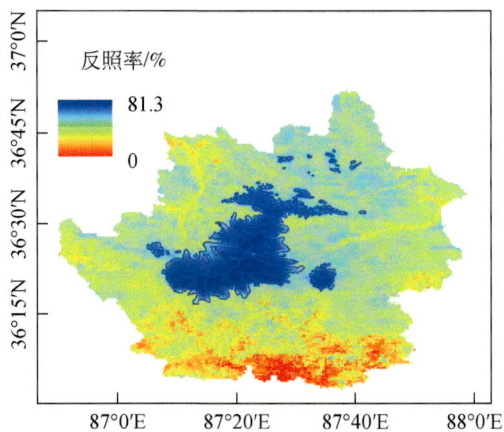

(f) 6月

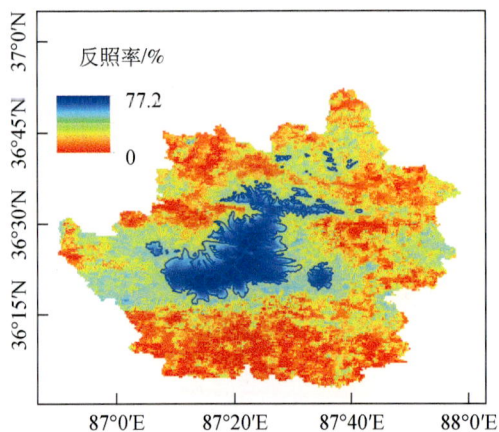

(g) 7月

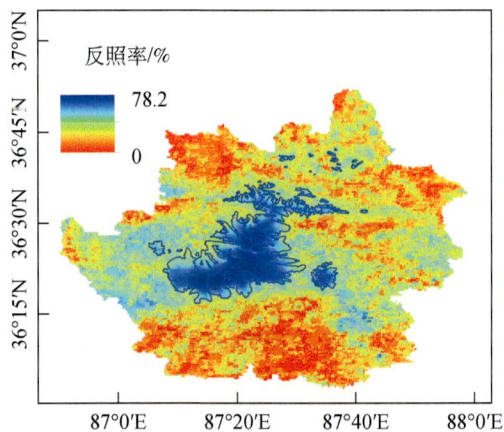

(h) 8月

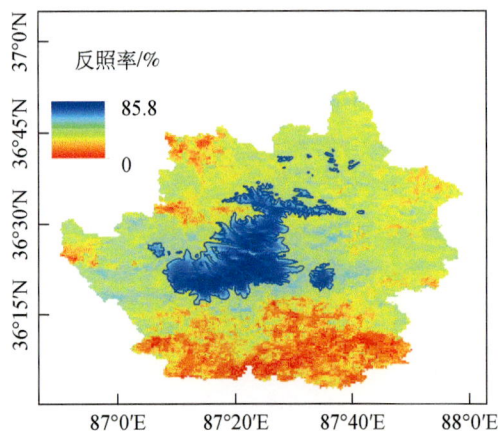

(i) 9月

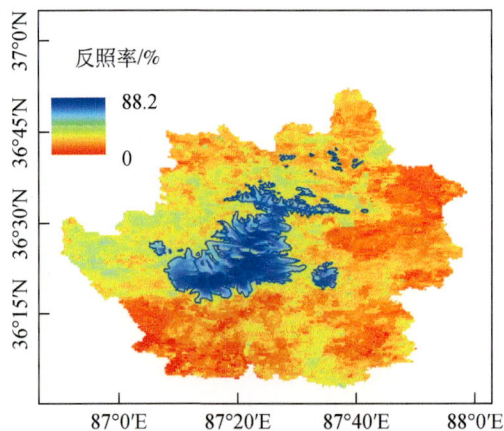

(j) 10月

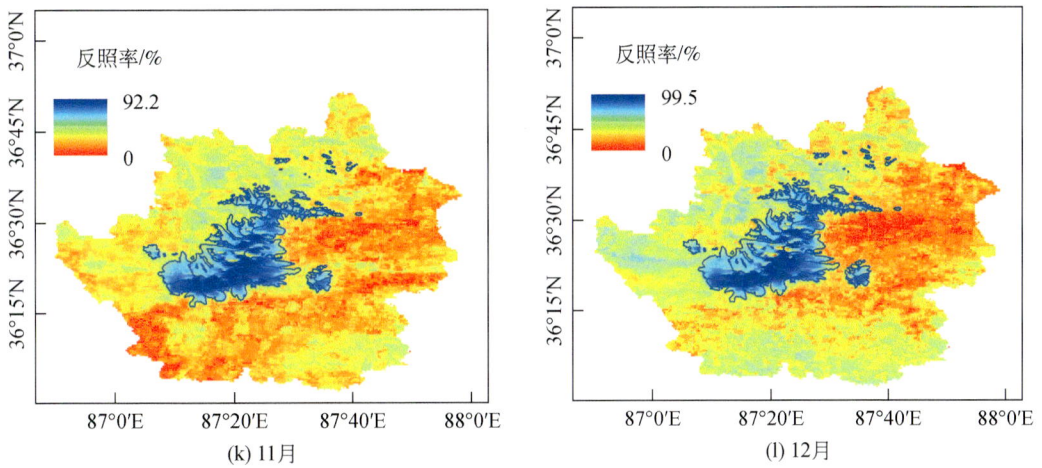

(k) 11月　　(l) 12月

图 5-4　2015～2020 年木孜塔格峰地区的地表反照率月平均值空间分布

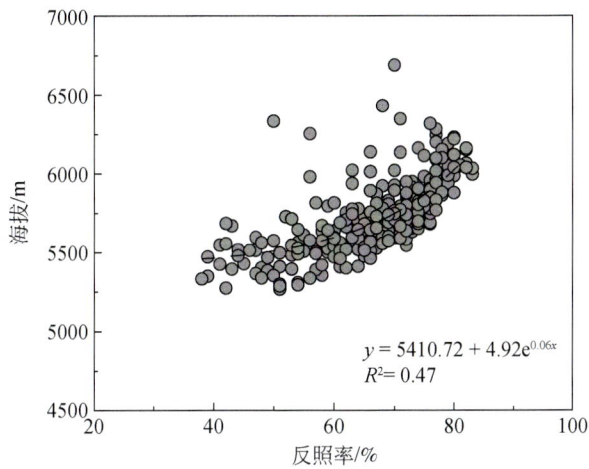

$$y = 5410.72 + 4.92e^{0.06x}$$
$$R^2 = 0.47$$

图 5-5　2015～2020 年木孜塔格峰地区冰川年均反照率与海拔的关系

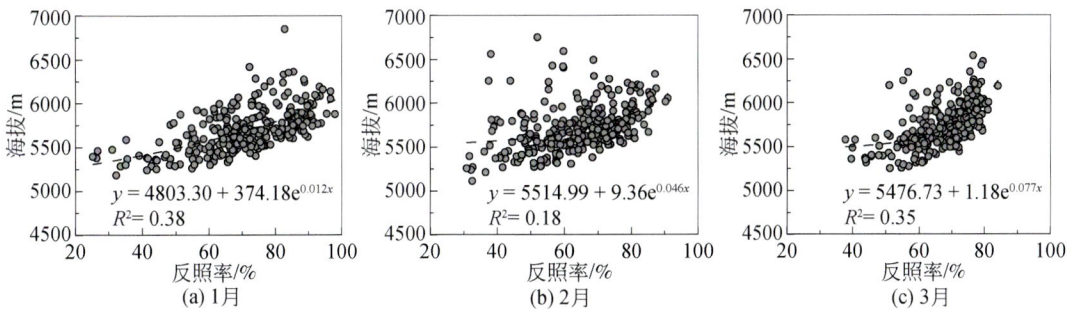

$y = 4803.30 + 374.18e^{0.012x}$
$R^2 = 0.38$
(a) 1月

$y = 5514.99 + 9.36e^{0.046x}$
$R^2 = 0.18$
(b) 2月

$y = 5476.73 + 1.18e^{0.077x}$
$R^2 = 0.35$
(c) 3月

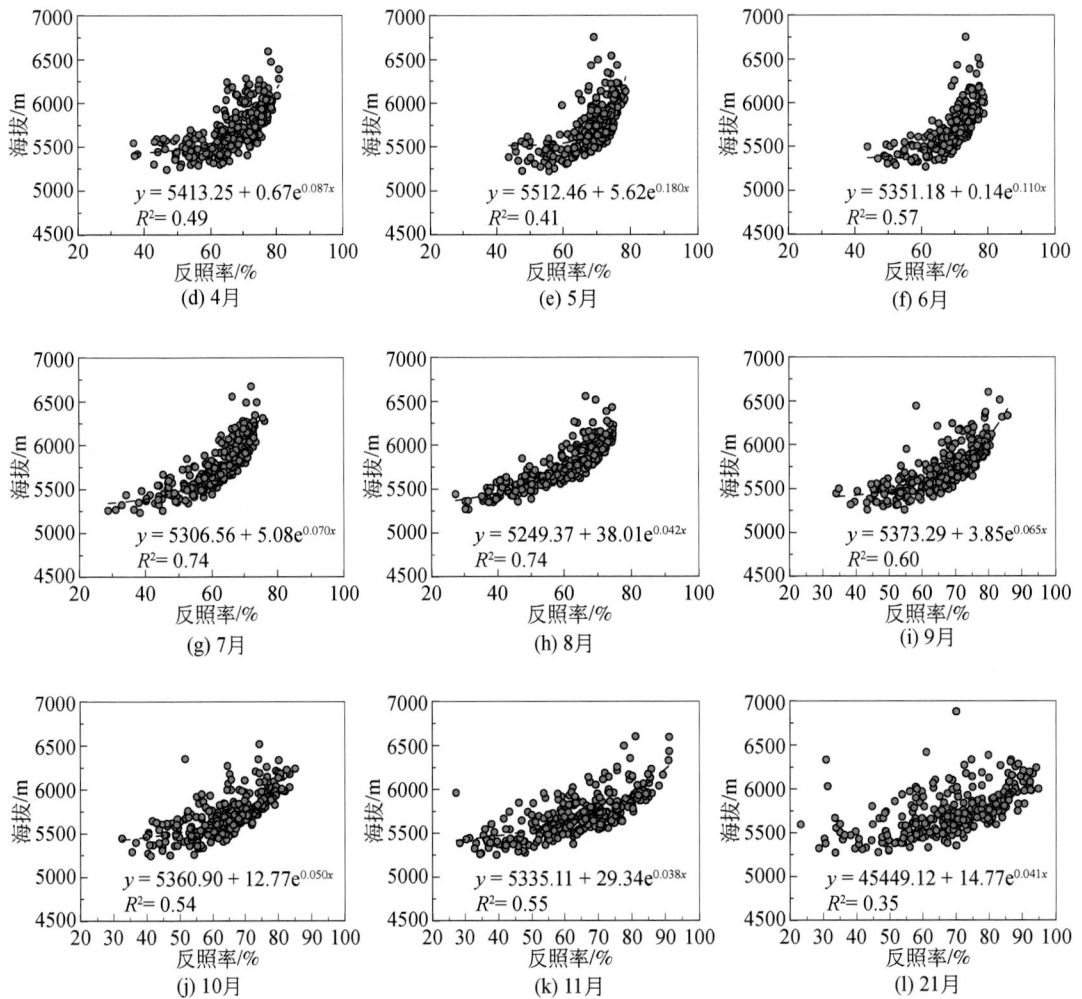

图 5-6　2015～2020 年木孜塔格峰地区冰川各月平均反照率与海拔的关系

5.1.2　冰川温度

冰川温度是冰川的基本物理特征，反映了冰川发育的水热条件和运动条件，冰川温度剖面观测的意义体现在多方面。首先，冰川温度决定了冰川的属性和类型，温冰川与冷冰川的提法就是以冰川温度为依据的；其次，冰川温度与冰川许多其他物理性质密切相关，如成冰作用类型与冰川温度对应，运动速度直接与冰川温度有关，温度也决定了冰内水体的相态；最后，与冰川有关的防灾减灾工程应用往往需要明确冰川温度，在预测冰川进退乃至致灾性冰川跃动以及冰湖溃决洪水（glacier lake outburst flood，GLOF）时更是如此（谢自楚和刘潮海，2010）。在冰川的表层，冰温受气温季节变化的影响显著，存在以年为周期的温度波动，也称为活动层，影响活动层温度的主要气候因素是冰川表面的气温、太阳辐射、固体降水及融水的渗浸作用等，在热量交换过程中，一部分热量随融水带走，一部分在冰体内逐渐传导，冰川活动层的温度变化一般会滞后于气温变化。在活动层的上部，热传导方向在冬春季自下而上，在夏秋季自上而下，而在活动层的下部，各季节冰温变化不明显，温度梯度的符号不变。

本节根据 1988 年 7 月在木孜塔格峰东坡的月牙河 15 号冰川消融区（36°25′N，87°26′E）海拔 5470 m（钻孔深度 13 m）和 5540 m（钻孔深度 18 m）处开展的观测（苏珍等，1998），对木孜塔格峰地区的冰川温度进行分析。月牙河 15 号冰川观测（图 5-7）表明，在活动层内，夏季冰温首先随着深度的增加而递减，达到一定深度后达到温度最低值，之后又随深度变幅较小，冰川活动层上部的冰温递减率大于下部的冰温递增率。具体说来，在海拔 5470 m 的冰舌中部孔位，最低冰温为−7.2℃，出现在 7 m 深度处，冰层 20 m 处的温度约为−6.5℃。在海拔 5540 m 的冰舌中上部孔位，最低冰温为−8.2℃，出现在 8 m 深度处，冰层 20 m 处的温度约为−6.9℃。据此推算，在海拔 5700 m 的雪线附近，最低冰温约为−10.2℃，冰层 20 m 处的低冰温约为−8.9℃。结合同时期整个昆仑山地区雪线附近的冰川温度观测结果（表 5-1），大致呈现出自南向北和自东向西的降低趋势，西昆仑山的冰温较低，东昆仑山的冰温较高（苏珍等，1998）。

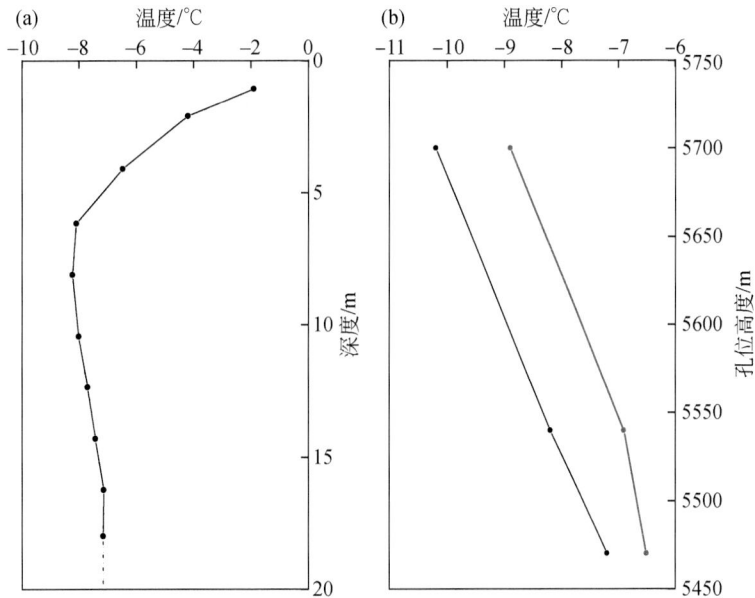

图 5-7 木孜塔格峰月牙河 15 号冰川 5540 m 的冰层温度变化
（a）及不同孔位高度的最低冰温与冰层 20 m 处温度（b）
资料来源：苏珍等（1998）

绝大多数情况下，冰川的冰层温度随海拔的增加而降低，但是其递减率并不完全一致，这和冰川的地理位置和冰川类型等因素有关。在月牙河 15 号冰川（图 5-7），冰舌中部（5470 m）至中上部（5540 m）的活动层冰温递减率是−0.85℃／（100 m），这一递减率比哈龙冰川冰舌末端至雪线、乔戈里冰川冰舌下段至雪线、古里雅冰帽雪线至顶部的递减率要更为明显，与崇测冰帽雪线至积累区的递减率接近，但不及郭扎冰川冰舌至崇测冰帽冰舌以及崇测冰帽冰舌至雪线附近的递减率。从整个昆仑山地区来看（表5-2），冰川温度随海拔的递减率在西昆仑山更大，而在东昆仑山较小（苏珍等，1998）。

表5-1　喀喇昆仑山—昆仑山区冰川活动层冰温比较

山脉	冰川	海拔/m	位置	冰温/℃		最低冰温深度/m
				最低	20 m 处	
西昆仑山	崇测冰帽	5800	冰舌前端	−10.2	−9.5	10
		5974	雪线附近	−13.7	−13.0	9
		6327	冰层积累区	−16.4	−15.8	8
	古里雅冰帽	6200	雪线以上	−15.5	−13.5	10
		6700	冰帽顶部	−19.6	−17.0	4
	郭扎冰川	5700	冰舌中下部	−6.3	−5.9	—
中昆仑山	月牙河15号冰川	5470	冰舌中部	−7.2	−6.5	7
		5540	冰舌中上部	−8.2	−6.9	8
		5700	雪线附近	−10.2	−8.9	8
东昆仑山	哈龙冰川	4500	冰舌末端	−6.5	−3.8	8
		4900	雪线附近	−7.2	−4.2	7
	煤矿冰川	5100	雪线附近	−7.0	−6.9	9
喀喇昆仑山	特拉木坎力冰川	4580	冰舌中下部	−1.8	−0.6	8
		5390	雪线附近	−7.0	—	8

数据来源：苏珍等（1998）。

表5-2　喀喇昆仑山—昆仑山区冰川活动层冰温随海拔的变化率

山脉	冰川	海拔/m	冰川类型及位置	变化率/（℃/100 m）
西昆仑山	崇测冰帽	5700~5800	郭扎冰川冰舌至冰帽冰舌	−3.7
		5800~5974	崇测冰帽冰舌至雪线附近	−2
		5974~6327	崇测冰帽雪线至积累区	−0.82
	古里雅冰帽	6200~6700	冰帽雪线至顶部	−0.60
中昆仑山	月牙河15号冰川	5470~5540	山谷冰川冰舌中部至中上部	−0.85
东昆仑山	哈龙冰川	4500~4900	山谷冰川冰舌末端至雪线	−0.18
喀喇昆仑山	乔戈里冰川	4400~5300	山谷冰川冰舌下段至雪线	−0.67

资料来源：苏珍等（1998）。

5.2　化学性质

冰川是大气降水的产物，冰川中的各种化学成分主要来自大气的干湿沉降，这使得雪冰成为大气成分的天然档案库。干沉降是在无降水发生时化学成分向冰川表面的输送，湿沉降则是化学成分随雨雪等降水一起沉降的过程。冰川的化学成分对气候系统有复杂的影响，并通过地球表层辐射平衡和圈层间物质交换等途径来实现。例如，当冰川表面的黑炭、粉尘等吸光性物质浓度升高时，反照率会明显降低，即冰川化学特征通过反照率反馈影响气候系统；冰雪融化也可以通过淋溶作用影响水体化学成分，使得河水出现离子脉冲现象。因此，认识冰川化学特征是冰川研究中的重要内容之一。冰川化学特征的时间变化和空间格局，有助于理解现代大气环流乃至水岩作用，也可以利用冰芯记录恢复过去的古气候、古环境信息，对揭示冰冻圈在全球生物地球化学循环中的作用和未来冰冻圈变化的环境效应方面具有独特意义（秦大河，2018；康世昌和黄杰，2021）。

冰川中的化学成分种类繁多，不同的物质具有不同的环境意义，测试分析技术的革新还在进一步拓展冰川化学特征的内涵。例如，通过冰芯中夹杂的小气泡，可以获得关于过去大气中二氧化碳、甲烷等温室气体的信息，有助于认识温室效应；通过雪冰中氢氧稳定同位素比率与温度的关系，可以重建过去的气温变化，也可以辨析水汽来源与输送过程变化；通过雪冰中的不溶微粒，可以揭示大气粉尘活动和火山喷发等自然环境变迁；根据化学离子、痕量金属、碳质气溶胶、持久性有机污染物等指标，可以分析自然和人类活动对环境的影响；利用雪冰中的放射性物质，可以评估核利用与核试验对环境的影响程度。

本节主要从可溶性无机离子、氢氧稳定同位素和有机物三方面对木孜塔格峰地区的冰川化学性质进行介绍。

5.2.1　可溶性无机离子

雪冰中的离子除了火山喷发、沙尘暴、海浪、雷电、动植物排放、外太空尘埃等自然来源外，还包括人类工农业生产等活动的各类排放。雪冰中可溶性无机离子浓度的时空分布格局，可以揭示自然源和人为源对冰川环境的影响过程。例如，青藏高原北部冰川中主要离子浓度在全球冰川中偏高，化学离子以 Ca^{2+}、Mg^{2+} 等陆源性离子为主，就反映了亚洲粉尘源区的影响。冰川融水中的化学离子继承了雪冰中的化学离子特征，但是受到淋溶作用的强烈影响。有冰川融水参与下的地表水、地下水等其他水体中的化学离子更多地反映了地质因素的影响，矿物纯度、岩石结构、暴露时间等都会影响流过岩石的水分化学组成。

根据 2011 年 6 月在木孜塔格峰北侧采集的冰雪融水（36°36′35″N，87°15′25″E，4877 m）及乌鲁克苏河河水（36°48′25″N，87°27′42″E，4621 m）样品测试结果（程艳等，2011）（表 5-3），冰雪融水的矿化度（0.432 g/L）略低于河水（0.507 g/L），冰雪融水的总硬度（160.2 g/L）也低于河水（195.2 g/L），但是相较于周边湖泊水、沼泽水、泉水等其他水体而言，冰雪融水的矿化度和总硬度均较低，呈现出海拔越高，矿化度和总硬度都越低的特点；冰雪融水和河水的 pH 分别为 7.87 和 8.30，以微碱性为主；阳离子以 Ca^{2+} 为主，阴离子以 HCO_3^- 为主，水化学类型均为 HCO_3^-—Ca^{2+} 型，即重碳酸盐类钙组水。2014 年 8 月在木孜塔格冰川（36°35′N，87°30′E，5700 m）（Li et al.，2021）采集的积雪样本也表明，阳离子以 Ca^{2+} 为主，其浓度明显高于其他阳离子（Na^+、K^+、Mg^{2+}、NH_4^+），阴离子以 SO_4^{2-} 为主（高于 Cl^-、NO_3^-），并且 Cl^-/Na^+、Na^+/Cl^-、Mg^{2+}/Na^+、SO_4^{2-}/Na^+、$SO_4^{2-}/$

Cl⁻的当量浓度比分别为 0.78、1.28、2.52、13.19、16.92。

表 5-3　2011 年 6 月木孜塔格地区冰雪融水与河水的部分化学指标

指标		木孜塔格峰北侧	乌鲁克苏河
类型		冰雪融水	河水
流量/（L/s）		2 000	5 000
矿化度/（g/L）		0.432	0.507
总硬度（$CaCO_3$ 计）/（g/L）		160.2	195.2
pH		7.87	8.30
离子浓度/（g/L）	CO_3^{2-}	—	0.001 48
	HCO_3^-	0.097 78	0.144 64
	Cl^-	0.022 54	0.029 89
	SO_4^{2-}	0.076 84	0.091 25
	Ca^{2+}	0.128 31	0.118 71
	Mg^{2+}	0.037 0	0.047 4
	K^+ 和 Na^+	0.030 19	0.031 74

数据来源：程艳等（2011）。

这里以近年来的地表水为例，通过不同时段多次取样，分析其中的可溶性无机离子基本特征。在 2022 年 5 月、2023 年 5 月和 2023 年 8 月三个时段，对木孜塔格峰地区开展了地表水样本的采集，并对主要可溶性阳离子（Ca^{2+}、Na^+、K^+、Mg^{2+}、NH_4^+）和阴离子（F^-、Cl^-、SO_4^{2-}、NO_3^-）的浓度进行了分析（图 5-8）。结果显示，在阳离子中，NH_4^+ 和

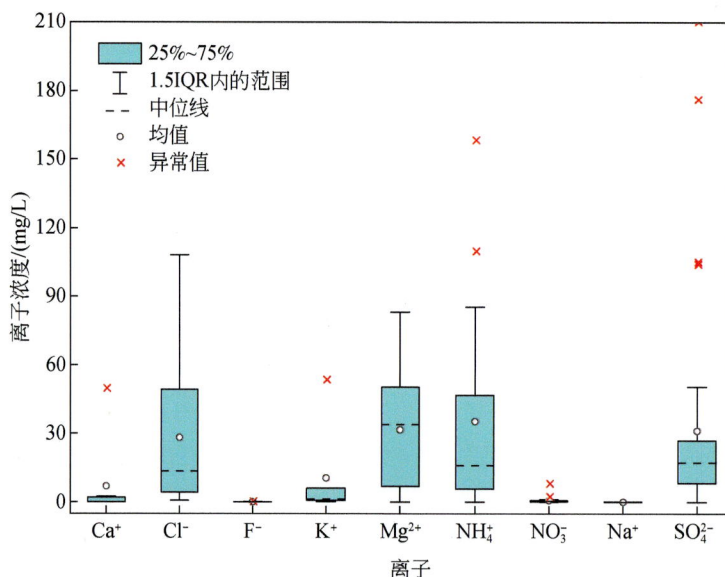

图 5-8　2022 ~ 2023 年地表水主要无机离子的浓度变化
IQR = Q3 − Q1，Q1 和 Q3 分别为第 25 百分位和第 75 百分位数

Mg^{2+} 是主要离子，平均浓度分别达到了 31.07 mg/L 和 31.38 mg/L，而 Na^+、K^+ 和 Ca^{2+} 的浓度含量相对较低，浓度分别为 0.11mg/L、7.54 mg/L 和 17.03mg/L。在阴离子中，Cl^- 和 SO_4^{2-} 是主要离子，平均浓度分别为 26.73 mg/L 和 32.69 mg/L，相比之下 F^- 和 NO_3^- 的浓度较低，分别为 0.14 mg/L 和 0.97 mg/L。与上述 2011 年 6 月采集的冰雪融水或河水（程艳等，2011）相比，近年来主要无机离子浓度的数量级是相符的。

需要注意，各月的地表水离子浓度排序结果与全年平均值存在一定差异（表 5-4）。例如，对 NH_4^+ 而言，2022 年 5 月、2023 年 5 月和 2023 年 8 月的浓度分别为 32.27 mg/L、15.64 mg/L 和 45.29 mg/L，不同月份的差异达到数倍之多。相应地，2022 年 5 月、2023 年 5 月和 2023 年 8 月的 Ca^{2+} 浓度分别为 1.11 mg/L、49.88 mg/L 和 0.10 mg/L，Mg^{2+} 浓度分别为 21.30 mg/L、39.16 mg/L 和 33.68 mg/L。也就是说，2023 年 5 月的样品中 Ca^{2+} 占阳离子中的主导地位。与阳离子相比，各月阴离子浓度的波动略小。以主要的阴离子 Cl^- 为例，2022 年 5 月、2023 年 5 月和 2023 年 8 月的浓度分为 36.78 mg/L、24.47 mg/L 和 18.95 mg/L。而 SO_4^{2-} 离子的浓度在 2022 年 5 月、2023 年 5 月和 2023 年 8 月分别为 28.31 mg/L、38.40 mg/L 和 31.37 mg/L。

表 5-4　2022～2023 年地表水主要无机离子平均浓度变化情况　（单位：mg/L）

时间	浓度								
	Na^+	NH_4^+	K^+	Ca^{2+}	Mg^{2+}	F^-	Cl^-	SO_4^{2-}	NO_3^-
2022 年 5 月	0.04	32.27	18.79	1.11	21.30	0.11	36.78	28.31	0.58
2023 年 5 月	0.14	15.64	0.66	49.88	39.16	0.17	24.47	38.40	1.80
2023 年 8 月	0.14	45.29	3.18	0.10	33.68	0.14	18.95	31.37	0.53
均值	0.11	31.07	7.54	17.03	31.38	0.14	26.73	32.69	0.97

5.2.2　氢氧稳定同位素

氢氧稳定同位素是水循环的天然示踪剂，在水文气候研究中得到了广泛的应用（Bowen et al.，2019）。在中高纬度地区，降水中的氢氧稳定同位素比率（$\delta^2 H$ 和 $\delta^{18} O$）一般会与气温呈正相关关系，这为重建过去的气温提供了有效的方法，通过冰芯中氢氧稳定同位素的时间序列即可恢复得到过去的气温状况。大气降水中的氢氧稳定同位素常具有明显的年内变化周期，因此在冰芯定年时也可以参考氢氧稳定同位素比率的季节变化辅助判断。大气降水中的同位素比率反映了关于水汽蒸发、输送、混合、冷凝在内的水循环信息，因而在现代天气气候研究中也得到重视，特别是在解析水汽来源、局地再循环过程等方面都有应用。

木孜塔格峰地区尚无大气降水中氢氧稳定同位素比率的直接观测，但是结合新疆昆仑山北坡的绿洲城市以及青藏高原北部的其他高海拔站点观测结果（Yao et al.，2013；宋洋等，2022），木孜塔格峰地区大气降水中的氢氧稳定同位素比率应表现为夏季富集，冬季贫化，也就是呈现出明显的温度效应，气温偏高的夏季对应着降水同位素的富集，气温偏低的冬季对应着降水同位素的贫化。这与青藏高原南部降水同位素出现的降水量效应不同，高原南部受到西南季风水汽影响同位素多在春季富集，夏季贫化。根据 C-Isoscape 中国降水同位素景观图谱（Wang S et al., 2022），选取木孜塔格峰地区邻近的格点进行分析，也可以印证该区域存在明显的温度效应，δ^{18}O 的多年各月平均值在 –27.2‰（12 月）～ –7.4‰（6 月）波动。一些降水同位素产品也刻画了研究区大气降水同位素的空间变化基本格局，本节采用 3 种广泛使用的大气降水氢氧稳定同位素模拟数据集（OIPC、RCWIP 和 C-Isoscape）对研究区进行分析。结果表明，这三种数据集的空间格局具有相似性，δ^{18}O（图 5-9）和 δ^2H（图 5-10）平均值整体上均呈现出从东南向西北递增的趋势，即南疆塔里木盆地的降水同位素更为富集，而昆仑山区的降水同位素更为贫化。对于三种数据集，在木孜塔格峰地区 δ^{18}O 在 –18‰～ –12‰波动，δ^2H 的波动范围在 –120‰～ –90‰。

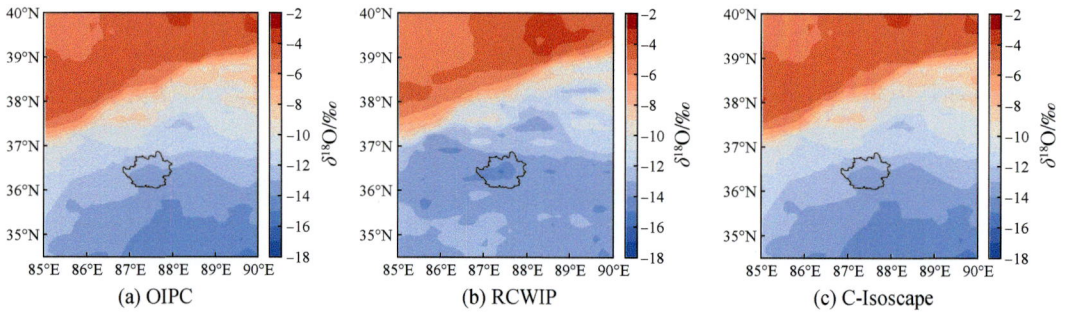

图 5-9　木孜塔格峰地区降水氧同位素年加权平均值的空间分布

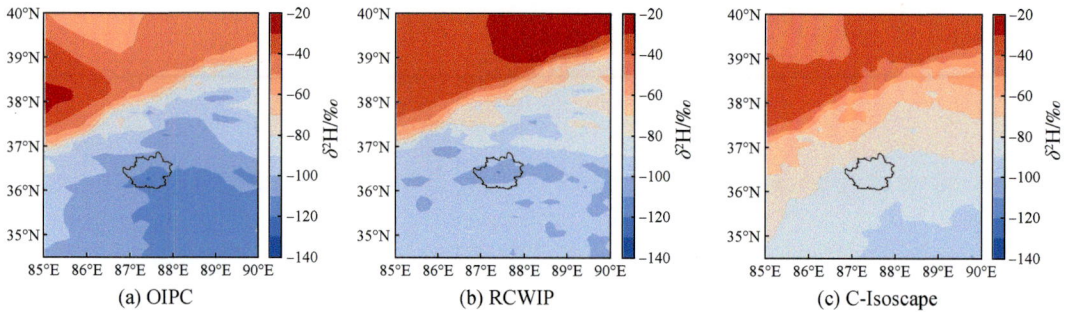

图 5-10　木孜塔格峰地区降水氢同位素年加权平均值的空间分布

2011 年 5 月 31 日在木孜塔格冰川积累区（36°21′41″N，87°08′45″E，5708 m）采集的雪坑剖面（Wang et al., 2015），积雪中 δ^{18}O 在 –18.7‰～ –8.7‰波动，在 40 m 范围内呈现出随深度加深氧同位素逐渐贫化的趋势，与 C-Isoscape 数据集中木孜塔格峰处的各月多年平均值基本相符（表 5-5）。该雪坑在深度 20～30 cm 处出现的 β 活化度峰值被认为反映了 2011 年春季日本福岛核事故释放的放射性物质可以通过大气环流传输至青藏高原北部，β 活化度最大值 1541 dph[①]/kg 相当于最小值的 5.5 倍。

———————————

① 1 dph = 1 h^{-1} =（1/3600）Bq。

表 5-5　2011 年 5 月 31 日木孜塔格地区冰川积雪氧稳定同位素与 β 活化度

深度/cm	类型	$\delta^{18}O/‰$	β 活化度/（dph/kg）
1～10	细粒雪	-8.7	435.7
10～20	细粒雪	-11.1	467.9
20～30	中粒雪	-10.1	1541.2
30～40	粗粒雪	-18.7	281.2

数据来源：Wang 等（2015）。

　　根据 2022 年 6～7 月在昆仑山区的玉苏普阿勒克站（38.09°N，89.28°E）采集的大气降水样品［图 5-11（a）］，$\delta^{18}O$ 在 -2.5‰～0.63‰ 波动，δ^2H 在 -23.8‰～10.1‰ 波动。根据这些样品，得到该时段的大气降水线方程为 $\delta^2H = 10.6\delta^{18}O + 6.3$（$R^2 = 0.90$）。大气降水斜率大于全球平均值（8）和新疆平均值（7.23），明显高于新疆天山山区巴音布鲁克、后峡等地的报道（Wang et al.，2018），这表明夏季水汽再循环在昆仑山地区可能十分显著。对同期的地表水同位素也进行了氢氧稳定同位素分析。2022 年 5 月［图 5-11（b）］，$\delta^{18}O$ 在

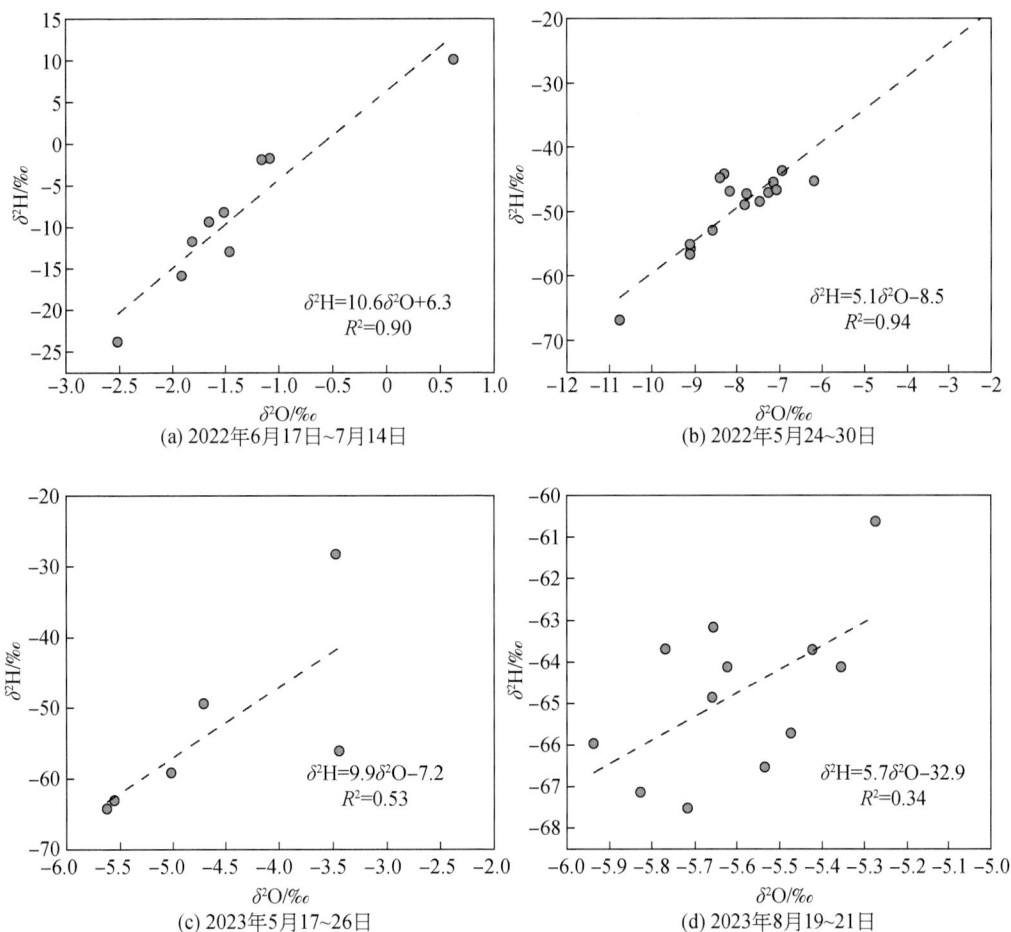

(a) 2022年6月17日～7月14日
$\delta^2H = 10.6\delta^2O + 6.3$
$R^2 = 0.90$

(b) 2022年5月24～30日
$\delta^2H = 5.1\delta^2O - 8.5$
$R^2 = 0.94$

(c) 2023年5月17～26日
$\delta^2H = 9.9\delta^2O - 7.2$
$R^2 = 0.53$

(d) 2023年8月19～21日
$\delta^2H = 5.7\delta^2O - 32.9$
$R^2 = 0.34$

图 5-11　2022 年玉苏普大气降水线（a）和 2022～2023 年木孜塔格峰地区地表水线（b～d）

-10.8‰ ~ -6.2‰波动，$\delta^2 H$ 在 -66.9‰ ~ -43.7‰波动，地表水线方程为 $\delta^2 H = 5.1\delta^{18} O - 8.5$（$R^2 = 0.94$）。2023 年 5 月 ［图 5-11（c）］，$\delta^{18} O$ 在 -5.6‰ ~ -3.4‰波动，$\delta^2 H$ 在 -64.2‰ ~ -28.3‰波动，得到地表水线方程为 $\delta^2 H = 9.9\delta^{18} O - 7.2$（$R^2 = 0.53$）。2023 年 8 月 ［图 5-11（d）］，$\delta^{18} O$ 在 -5.9‰ ~ -5.3‰波动，$\delta^2 H$ 在 -67.5‰ ~ -60.6‰波动，地表水线方程为 $\delta^2 H = 5.7\delta^{18} O - 32.9$（$R^2 = 0.34$）。2023 年 5 月和 8 月得到的地表水线方程斜率差异较大，但是 2023 年 8 月地表水线斜率与 2022 年 5 月差异不大，反映了木孜塔格地区水文气候条件的复杂性，即通过短期的野外采样得到的地表水线可能需要考虑其水文气候的代表性。

5.2.3　有机物

冰川中的微量有机物大致有两方面来源，即自然源与人为源，这些有机物既可以提供关于气候变化和生物活动的信息，也可以用来指示人类影响下的环境变化（李全莲和武小波，2008；游超等，2014）。例如，雪冰中理化性质相对稳定的多环芳烃等持久性有机污染物是表征人类活动的重要指示剂，可以从空间分布和时间变化上解析人类污染物排放的强度和影响过程；生物质燃烧过程会释放左旋葡聚糖及其立体异构体甘露聚糖、半乳聚糖，当森林火灾或秸秆焚烧时，大量的左旋葡聚糖释放出来并在大气环境中稳定存在，通过聚糖物质的组成比例可以判断大气颗粒物中不同生物质燃烧源的类型和比例，结合左旋葡聚糖与有机碳的关系还可以识别生物质燃烧的远距离输送过程。

根据 2014 年 5 ~ 6 月在木孜塔格冰川（36°35′N，87°30′E，5780 m）采集的 30 cm 雪坑剖面（Li et al., 2018），该冰川的溶解性有机碳（dissolved organic carbon，DOC）含量为 1.04±0.15 mg/L，左旋葡聚糖含量为 0.75±0.43 ng/mL。与同期采集的七一冰川、冬克玛底冰川、煤矿冰川、玉珠峰冰川、古仁河口冰川、玉龙雪山冰川等青藏高原其他冰川相比，木孜塔格冰川的溶解性有机碳含量偏高。在青藏高原北部，溶解性有机碳含量与左旋葡聚糖正相关（$R^2 = 0.47$）。2014 年 8 月木孜塔格冰川海拔 5700 m 附近（Li Y et al., 2021）的雪样中，测得甲磺酸含量的中位数为 15.95 ng/mL，高于同期采集的老虎沟 12 号冰川和玉龙雪山冰川，低于天山乌鲁木齐河源 1 号冰川、冬克玛底冰川和煤矿冰川。

一些研究还对木孜塔格峰地区的冰尘有机物进行了研究。2014 年夏季，在木孜塔格冰川不同海拔梯度（5560 m、5633 m 和 5687 m）的冰尘样本表明，冰尘中的总有机碳含量分别为 0.12%、0.10% 和 0.14%，明显低于玉龙雪山冰川、冬克玛底冰川、玉珠峰冰川、七一冰川、老虎沟 12 号冰川和天山乌鲁木齐河源 1 号冰川；在海拔 5560 m 处，冰尘中左旋葡聚糖、甘露聚糖和惹烯的浓度分别为 59.8 ng/g、4.8 ng/g 和 0.4 ng/g，海拔 5633 m 和 5687 m 处的惹烯浓度为 0.5 ng/g 和 0.3 ng/g（Li et al., 2019）。冰尘颗粒组成中，砂土、粉土、黏土比例为 39.67%、52.73% 和 7.60%，平均粒度为 128.43±36.18 μm；冰尘中 15 种多环芳烃的总浓度为 8.38±2.02 ng/g，属于美国国家环境保护局优先控制的 12 种多环芳烃浓度为 7.93±1.95 ng/g，毒性当量为 1.34 ng/g，普遍低于青藏高原的其他冰川（表 5-6）（Li et al., 2017）。

表 5-6　2014 年 7 ~ 8 月木孜塔格冰川冰尘的多环芳烃毒性当量系数和浓度

名称	毒性当量系数	浓度/ (ng/g)	名称	毒性当量系数	浓度/ (ng/g)
Phe	0.001	0.37	BbF	0.1	1.44
Ant	0.01	0.2	BkF	0.1	0.26
Flu	0.001	1.72	BaP	1	0.99
Pyr	0.001	1.08	InP	0.1	0.09
BaA	0.1	0.34	DbA	1	0.12
Chry	0.01	1.31	BgP	0.01	0.01

资料来源：Li 等 (2017)。

5.3　微生物特征

冰川因其独特的低温环境，构成了以嗜冷和耐冷微生物为主要生命形式的生态系统，这些随着大气环流沉降到冰川表面的微生物种类广泛，涉及细菌域、古菌域和真核域。冰川生态系统中的微生物群落能很好地适应冰川环境，在全球碳固定与释放、氮固定与转化等方面发挥了重要的生态作用，在生物地球化学循环中不可或缺，在促进冰川退缩迹地演替早期的土壤发育和植物定居中也有贡献。在全球变暖的背景下，研究冰川微生物特征对于开发冰川特殊微生物资源、认识极端环境下微生物介导的生物地球化学循环过程、维持冰川冰缘生态系统平衡具有重要意义 (胡扬等，2022；陈拓和张威，2022；Liu et al.，2022)。

相较于前文所述的冰川物理特征和化学特征，冰川微生物特征研究受到取样和培养等因素的制约，起步相对较晚。在冰川内部区域，微生物的营养类型主要有化能无机自养型和化能有机异养型，前者如产甲烷菌、硝化细菌、铁氧化细菌，后者如酵母真菌；在冰川表面区域，则主要包括光能无机自养型 (如雪藻、硅藻、蓝细菌)、光能有机异养型 (如紫色硫细菌) 和化能有机异养型 (如真菌和微型动物) (胡扬等，2022)。在木孜塔格峰地区，目前开展的工作主要集中在细菌，对其他微生物关注尚少。

本节根据 2012 年在木孜塔格冰川钻取的冰芯 (邢婷婷等，2016)，对可培养细菌在不同温度、盐度和酸度条件下的适应性进行分析。

5.3.1　生长温度

木孜塔格冰川的可培养细菌具有较广的温度适应性 (表 5-7)，生长温度范围在 0 ~ 35℃，其最低值一般在 0 ~ 15℃，最高值在 15 ~ 35℃。具体来说，最低生长温度为 0℃、10℃和 15℃的菌株比例分别占 38%、48%和 14%，最高生长温度为 15℃、20℃、25℃、30℃和 35℃的菌株比例分别占 10%、29%、38%、19%和 5%。细菌生长最适温度分布在 5 ~ 25℃，以 15℃的占比最高，最适温度为 5℃、10℃、15℃、20℃和 25℃的菌株比例分别占 5%、14%、48%、19%和 14% (图 5-12)。

表 5-7　木孜塔格冰川可培养细菌的生长温度、盐度和酸度范围

门	属	编号	深度/m	温度/℃		盐度/%		pH	
				范围	最适	范围	最适	范围	最适
放线菌门	*Agreia*	B685	36.46	10~20	15	0~4	1	7~9	8
	Chryseoglobus	B33	1.68	0~25	5	0~6	3	8~10	9
变形菌门 *	*Aureimonas*	B5	0.25	10~30	15	0~6	2	5~10	6
		B191	9.98	10~25	25	0~5	4	5~10	6
		B307	16.00	10~25	15	0~4	1	6~10	8
		B625	33.16	15~25	25	0~4	1	5~9	6
		B722	38.45	0~30	20	0~6	2	5~10	5
		B182	9.51	10~30	20	0~6	2	5~10	6
	Microvirga	B2974	159.96	10~35	25	0	0	5~9	8
	Polymorphobacter	B555	29.45	0~15	10	0	0	5~7	7
		B1472	79.25	0~25	10	0	0	5~9	5
	Massilia	B528	27.98	0~25	15	0	0	5~10	7
		B1100	59.00	0~20	15	0	0	5~10	7
		B1555	83.76	0~25	15	0	0	6~8	7
	Polaromonas	B231	11.98	10~20	15	0	0	7~11	7
		B717	38.19	15~20	15	0~2	1	7~9	7
		B898	47.99	15~25	15	0~1	1	7~9	7
	Janthinobacterium	B448	23.69	10~20	20	0	0	7~11	7
	Flavobacterium	B287	14.96	0~20	15	0	0	7~9	7
拟杆菌门	*Hymenobacter*	B1789	96.21	10~15	15	0	0	6~8	6
		B1909	102.97	10~30	20	0	0	6~9	6

＊ *Aureimonas*、*Microvirga* 和 *Polymorphobacter* 为 α-变形菌纲，*Massilia*、*Polaromonas*、*Janthinobacterium* 和 *Flavobacterium* 为 β-变形菌纲。

资料来源：邢婷婷等（2016）。

在低温环境中的细菌大致有两类，即嗜冷菌和耐冷菌，前者在 0℃下能够生长，在 15℃左右生长最适，后者能在低温下生长，但最适生长温度为 20~40℃。在木孜塔格冰川，实验菌株为耐冷菌，细菌从常温环境输送并储存在冰川后，细菌会降低最低生长温度和最适生长温度，进化适应冰川的寒冷环境，但这些细菌仍然保留了常温环境下生长的能力，耐冷菌在低温环境中具有更强的竞争力，冰川微生物是环境选择和生物适应的结果。木孜塔格冰芯中可培养细菌的最适生长温度与深度并无明显的相关性 ［图 5-12（b）］，造成生长温度差异的主要因素是细菌属类，不同属类细菌结构存在差异，适应环境能力不同，这使得不同深度相同属的细菌具有更为接近的生长温度范围和最适温度。一般来说，冰川细菌相较于常温环境的细菌具有更低的最适生长温度和最低生长温度。例如，表 5-7 中变形菌门 *Massilia* 的 3 株细菌（即 B528、B1100 和 B1555）生长温度范围分别是 0~25℃、0~20℃ 和 0~25℃，最适生长温度分别是 15℃、10℃ 和 15℃，但分离于空气、土

壤、水或者其他环境的 *Massilia* 细菌的温度生长范围为 4～55℃，最适生长温度为 28～30℃，最低生长温度为 4℃。与此类似，分离于常温环境的变形菌门 *Polaromonas* 细菌的最适生长温度为 20℃左右，而分离冰雪的 *Polaromonas* 细菌的最适生长温度为 15℃。

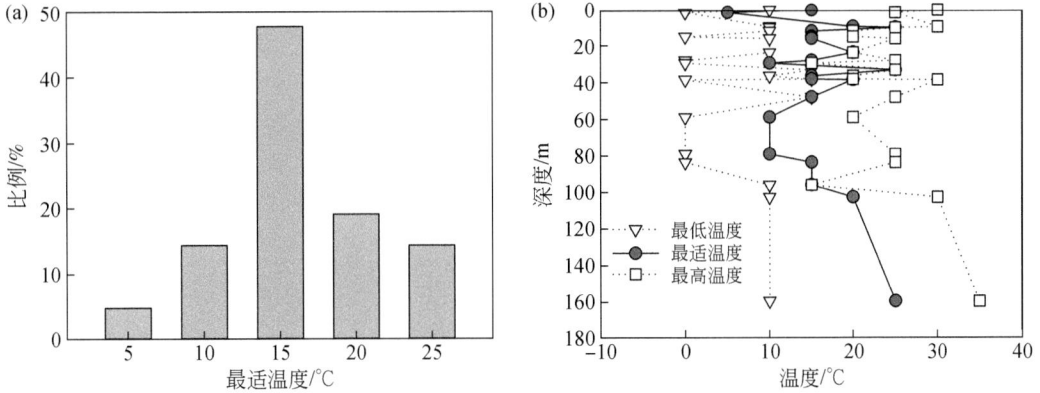

图 5-12　木孜塔格冰芯细菌最适生长温度的概率分布及其与深度的关系

资料来源：邢婷婷等，2016

5.3.2　生长盐度

在木孜塔格冰川，不耐盐的菌株比例为 52%，即这些细菌仅在盐度为 0 的环境下可以生长，生长盐度范围在 2% 以下的菌株比例达 62%。其余 38% 的菌株可以适应的盐度最大值能够达到 6%，主要是放线菌门 *Agreia* 和 *Chryseoglobus* 以及变形菌门 *Aureimonas*。从最适盐度来看，有 52% 的菌株最适盐度为 0，38% 的菌株最适盐度为 1%～2%，仅有 10% 的菌株最适盐度在 3%～4%。随着盐度的升高，冰川中可培养细菌的生物多样性在降低，不同属类的菌株存在明显的耐盐度差异，反映了细菌对盐度渗透压的适应能力差异，氯化钠主要通过影响细胞的渗透压以及营养盐的吸收，盐度异常的环境可能导致细胞过度收缩或舒张使得细胞死亡。

5.3.3　生长酸度

在木孜塔格冰川，弱酸性和弱碱性环境都适宜冰川细菌的生长，生长 pH 范围的最小值在 5～7，最大值在 7～11。仅在碱性环境下生长的菌株所占比例为 33%，仅在酸性环境下生长的菌株占 5%，62% 的细菌在弱酸或弱碱环境下都可以生长。最适 pH 在 5～9 波动，相同属类的细菌具有相近的 pH 生长范围和最适值。例如，变形菌门 *Polaromonas* 的菌株（即 B231、B717 和 B898）生长 pH 范围均可覆盖 7～9，最适生长 pH 都为 7。一般而言，酸度会从多方面对细菌的生长产生促进或抑制作用，一方面可以通过影响生物大分子的电荷改变生物活性，另一方面可以通过细胞膜电荷变化来影响微生物吸收营养物质的能力。

第6章 木孜塔格峰地区冰川对气候变化响应模拟

本章旨在探讨木孜塔格峰地区冰川与气候变化的相互作用，着重介绍物质平衡模型的发展过程，论述气候变化对冰川物质平衡的影响。基于木孜塔格峰地区冰川物质平衡观测资料，利用气象观测资料驱动能量平衡模型，对伸舌川冰川的物质平衡过程进行模拟和分析。同时，模拟了冰川物质平衡对不同气象要素的敏感性。研究结果显示，当气温在 $0 \sim 2℃$ 的范围内上升时，冰川物质亏损量逐渐加剧，气温每上升 $0.5℃$，导致冰川物质平衡亏损平均增加 0.19 m w. e. 左右；当降水量在 $10\% \sim 40\%$ 范围内增加时，冰川物质平衡呈现上升趋势，即冰川物质亏损减少，降水平均每增加 10%，对应冰川物质平衡平均增加 0.32 m w. e. 左右。此外，模拟结果还表明，为了抵消当前气候情景下气温升高 $2℃$ 所带来的冰川物质亏损，需要增加约 26% 的降水量。

6.1 冰川与气候作用概述

冰川作为气候变化的产物，其对气候变化高度敏感，是反映气候变化的天然指示器。冰川形态变化是对气候变化的直接响应，同时冰川也会反作用于自然环境，是气候变化的重要驱动因素。一方面，冰川直接影响地球的能量平衡；另一方面，它对气候的形成、过程和变化产生深刻影响（谢自楚和刘潮海，2010）。冰川物质平衡是表征冰川积累和消融量值的关键参数，是连接气候和冰川变化的纽带。与其他冰川学参数（如长度、面积等）相比，冰川物质平衡对所在地区的气候变化具有直接且无滞后的响应，是冰川学中的传统观测项目和重要研究内容。因此，冰川物质平衡研究是揭示冰川与气候作用过程与机理的主要手段和关键环节。

随着冰川物质平衡研究的不断深入，Hock 等学者基于物质平衡和冰川区气象资料，先后研发了分布式温度指数模型（Hock and Noetzli，1997；Hock，2003）和分布式能量平衡模型（Hock and Holmgren，2005；Hock et al.，2005），以解释冰川与气候之间的相互作用。其中，分布式能量平衡模型能够详细描述冰川消融过程中各分量变化（Hock et al.，2005）。Gabbi 等（2014）在对罗纳（Rhonegletscher）冰川的研究中评估了目前使用较广泛的五类物质平衡模型：度日模型、Hock 温度指数模型、增强型温度指数模型、简化的能量平衡模型以及全分量的能量平衡模型。结果表明，各模型均能较好地模拟冰川物质平衡，但随着模拟时间的延长，模型间的差异性愈发明显。此外，还发现温度指数模型对温度的依赖性过高，随着模拟时间的增长，温度指数模型的误差会逐渐变大，而能量平衡模型的模拟输出更为稳定。

20 世纪 30 年代，北欧的学者率先开展了冰面与大气之间的能量交换研究。Hock 等（2005）曾系统回顾了雪冰消融模式的发展与演化，其中 20 世纪 20 年代，Ahlmann

（1936，1948）首次通过入射辐射、风速和气温计算了冰川消融量。Sverdrup 于 1934 年在西斯皮次卑尔根岛的研究为后续冰川和积雪能量迁移研究奠定了基础（Sverdrup，1935，1936），但其研究主要集中在湍流热通量方面，并首次将梯度通量技术应用到雪冰消融计算中。1948 年，奥地利奥茨塔阿尔卑斯山的多条冰川上开展了关于水、冰和能量收支的全面研究；随后在 20 世纪 50 年代的"国际水文十年"期间，该研究得到了极大推动（Hoinkes and Steinacker，1952；Hoinkes，1955）。同时，长期的冰川物质平衡研究也逐步开展（Hoinkes and Steinacker，1975；Reinwarth and Escher-Vetter，1999）。

　　20 世纪 60 年代，最早的积累和消融模拟研究逐步开展（Anderson，1972；Crawford，1972）。该时段的冰川物质平衡模型考虑了积雪，旨在为流域模型提供水量输入。随后，耦合积雪内部过程的复杂能量平衡模型不断涌现（Brun et al.，1989）。随着温室气体和海平面上升，以及冰川融水在水资源利用方面的重要性日益凸显，相关研究开始重点围绕于冰川和冰盖的消融模拟（Oerlemans，1992；Braithwaite and Zhang，2000）。Male 和 Granger（1981）详细描述了能量平衡模型中冰、雪表面辐射和湍流热交换过程。近年来，随着冰川区观测技术和遥感技术的不断发展，能量平衡模型的时空分辨率也逐步提升，在全球范围内应用更为广泛（Oerlemans and Klok，2002；Sicart et al.，2011；Oerlemans et al.，2022）。

　　中国在冰川能量-物质平衡模型领域的最早研究是 1980 年施雅风在巴托拉冰川进行的辐射及热量平衡研究，首次探讨了冰/雪表面能量平衡特性。1994 年，康尔泗计算了天山冰川的消融参数和能量平衡模型。继而，多位学者分别在七一冰川（蒋熹，2008）、老虎沟 12 号冰川（孙维君，2012）、扎当冰川（张国帅，2013）以及藏东南及帕米尔高原地区的典型监测冰川（Yang et al.，2013；Zhu et al.，2018）均开展了系统的能量-物质平衡研究。此外，Che 等（2019）基于能量平衡模型，对天山乌鲁木齐河源 1 号冰川首次开展了系统的模拟研究，该模型中包含降水热通量。本章基于 Che 等（2019）在乌鲁木齐河源 1 号冰川采用的模型开展能量平衡模拟研究，并对其改进与应用。

6.2　冰川物质平衡模型

6.2.1　冰川物质平衡指数模型

　　气温指数模型是基于冰川消融量与气温之间线性关系进行模拟的一类统计模型，由 Finsterwalder（1887）提出，后该模型及各类改进版本广泛应用于冰川物质平衡、冰川/积雪融水径流模拟等研究中（Braithwaite and Zhang，2000；Hock，2003）。同时该类模型基于阈值温度对冰面降水类型进行分割，仅将固态降水作为冰川的物质收入项。

　　经典的气温指数模型通过正积温（$T>0℃$）与消融因子（$MF_{snow/ice}$）的乘积计算雪/冰消融量，同时将固态降水作为冰川物质平衡的收入项（Braithwaite and Zhang，2000）。

$$M=\begin{cases}MF_{snow/ice}\times T, & T>0 \\ 0, & T<0\end{cases} \quad\quad (6\text{-}1)$$

由于度日模型算法过于简化，参与计算的参数较少，缺乏对冰雪表面消融状况空间差异的精细考量，因此在后续研究中多位学者对该模型进行了改进与完善，以强化该模型对物理过程的描述，提高模拟精度（Hock，1999；Pellicciotti et al.，2005）。其中 Hock（1999）提出的改进版气温指数模型，在模型中引入辐射因子，考虑了阴影、坡度、坡向等地形因子对冰川消融的影响，同时考虑了晴空条件下云量的影响：

$$M = (\mathrm{MF} + \alpha_{\mathrm{snow/ice}} \times \mathrm{DIRECT}) \times T \tag{6-2}$$

式中，$\alpha_{\mathrm{snow/ice}}$ 为雪冰反照率；DIRECT 为晴空下的直接辐射（W/m^2）。而另一种算法 [式（6-2）] 中引入了总辐射（Glob），借助总辐射比例量化太阳辐射的影响。Glob/DIRECT 的数值越小，表明云量越高。

$$M = (\mathrm{MF} + \alpha_{\mathrm{snow/ice}} \times \mathrm{DIRECT} \times \mathrm{Glob/DIRECT}) \times T \tag{6-3}$$

以上两类算法中同样以固态降水作为冰川积累量。

Pellicciotti 等（2005）提出的改进版模型中，引入了入射晴空太阳辐射、反照率和大气透射率。

$$M = \begin{cases} \mathrm{MF}_{\mathrm{ice/snow}} \times T + \mathrm{SRF}(1 - \alpha_{\mathrm{snow/ice}}) \mathrm{IPOT} \times C_f, & T > 1\,℃ \\ 0, & T < 1\,℃ \end{cases} \tag{6-4}$$

式中，SRF 为短波辐射因子 [m^3 w. e. / (W·d)]；IPOT 为入射潜在太阳辐射（W/m^2）；C_f 为云量透射率。基于以上模型，后又提出了新的气温指数模型：

$$M = \mathrm{MF}_{\mathrm{ice/snow}} T + \mathrm{IF}_{\mathrm{ice/snow}} \mathrm{IPOT} \tag{6-5}$$

式中，$\mathrm{IF}_{\mathrm{ice/snow}}$ 为雪冰辐射因子 [m^3 w. e. / (W·d)]。

总体上该类模型对驱动数据需求偏低，适用范围较广，但该类模型缺乏对于冰川消融过程中物理意义系统描述，且模拟精度不能随时间分辨率的提高而提高，因此在冰川物质平衡过程揭示方面仍存在不足。模型应用方面，气温指数模型在极地及全球各山地冰川发育区域均有大量应用。De Woul 和 Hock（2005）应用气温指数模型评估了北极 43 条冰川和 60°N 以北冰盖物质平衡的敏感性。Vaughan 等（2006）基于度日模型估算了南极半岛的冰川消融及其对冰盖物质平衡和海平面上升的影响。Gharehchah 等（2021）借助气温指数模型分析了瑞典阿尔卑斯山冰川物质平衡变化及其对大尺度海洋和环流模式的响应。Engelhardt 等（2013）运用气温指数模型估算挪威区域内的整体冰川物质平衡。Bravo 等（2017）同样基于该方法评估了智利安第斯山中部区域冰川融水对河流的贡献比。该类方法在全球尺度的研究中也有大量应用，Radić 等（2014）基于气温指数模型对全球和区域冰川物质平衡进行了估算，发现加拿大和俄罗斯北极地区、阿拉斯加地区以及南极和格陵兰冰盖周边的冰川对海平面上升的贡献最大。Bliss 等（2014）同样通过气温指数模型模拟并预估了全球 19 个冰川区冰川物质平衡及径流的未来变化。

此类气温指数模型在亚洲高山区同样应用广泛。Farinotti 等（2015）通过气温指数模型估算了天山山脉冰川物质平衡的时序变化。Armstrong 等（2019）通过气温指数模型量化并区分了亚洲高山区主要流域（恒河、雅鲁藏布江、印度河、阿姆河和锡尔河）中季节性雪与冰川融化的占比。Litt 等（2019）在尼泊尔喜马拉雅山冰川消融研究中同样应用了气温指数模型。同时该区域大量监测冰川也均采用气温指数模型开展相关的研究，如天山乌鲁木齐河源 1 号冰川（Wu et al.，2011）、354 号冰川（Kronenberg et al.，2016）、奎屯河哈希勒根 51 号冰川（Zhang H et al.，2018）、祁连山七一冰川（王盛等，2011）、十一冰川（Zhang H et al.，2021）和老虎沟 12 号冰川（张佳佳，2020），以及青藏高原的扎当冰川（吴倩如等，2010）等。

6.2.2　冰川物质平衡物理过程模型

能量平衡模型通过精细刻画冰川的积累与消融物理过程，综合分析净辐射项、湍流交换项、降水挟带的热量以及冰下热传导通量，从而模拟和解析冰川消融与积累过程中的能量及物质收支。相比于气温指数模型，该模型对冰面和冰下水热传导过程的考虑更为全面，但也导致模型所需的气象驱动数据偏多。通常情况下，观测人员需在冰面开展高时间分辨率（多为小时尺度）的辐射观测及综合气象要素观测，因此该模型的空间推广难度大。但大量研究表明，该模型的模拟精度总体上要优于气温指数模型。

能量平衡模型中假定冰面温度高于冰雪融点时，剩余能量会导致冰雪发生消融，其公式表达如下：

$$Q_{\mathrm{M}} = S_{\mathrm{in}} + S_{\mathrm{out}} + L_{\mathrm{in}} + L_{\mathrm{out}} + Q_{\mathrm{H}} + Q_{\mathrm{L}} + Q_{\mathrm{G}} + Q_{\mathrm{P}} \tag{6-6}$$

式中 Q_{M} 为冰川消融耗热（$\mathrm{W/m^2}$）；S_{in} 为入射短波辐射（$\mathrm{W/m^2}$）；S_{out} 为出射短波辐射（$\mathrm{W/m^2}$）；L_{in} 为入射长波辐射（$\mathrm{W/m^2}$）；L_{out} 为出射长波辐射（$\mathrm{W/m^2}$）；Q_{H} 为感热通量（$\mathrm{W/m^2}$）；Q_{L} 潜热通量（$\mathrm{W/m^2}$）；Q_{G} 为冰面向下传导热量（$\mathrm{W/m^2}$）；Q_{P} 为降水挟带的热量（$\mathrm{W/m^2}$）。

$$\mathrm{MB} = \int \left(\frac{Q_{\mathrm{M}}}{L_{\mathrm{m}}} (1-f) + \frac{Q_{\mathrm{L}}}{L} + P_{\mathrm{snow}} \right) dt \tag{6-7}$$

式中，MB 为冰川的物质平衡（mm w.e.）；Q_{L} 为雪冰升华/蒸发潜热；L 为升华（L_{s}）或蒸发潜热（L_{e}），其中 $L_{\mathrm{s}} = 2.84 \times 10^6$ J/kg，$L_{\mathrm{e}} = 2.5 \times 10^6$ J/kg；L_{m} 为融冰融雪潜热；融雪潜热为 $L_{\mathrm{snow}} = c \times \rho_{\mathrm{snow}} \times L_{\mathrm{ice}}$；$P_{\mathrm{snow}}$ 为降雪量（mm）；Q_{M} 为冰川消融耗热，可由冰川表面的能量平衡方程进行推算；f 为冰面滞留融水的百分比。由于净短波辐射也可以表示为向下的短波辐射与冰面反照率（α）的乘积，消融潜热（Q_{M}）也可以表示为

$$Q_{\mathrm{M}} = S_{\mathrm{in}} (1-\alpha) + L_{\mathrm{in}} + L_{\mathrm{out}} + Q_{\mathrm{H}} + Q_{\mathrm{L}} + Q_{\mathrm{G}} + Q_{\mathrm{P}} \tag{6-8}$$

当消融耗热小于 0 时，冰面不发生融冰/融雪过程；反之，当消融耗热大于 0 时，则即刻发生消融。

1. 反照率

本研究在反照率参数化方案的实施过程中，参考 Oerlemans 和 Klok（1998）提出的新雪反照率计算及积雪老化方案。若某一时刻有新降雪过程，需要考虑新雪对表面反照率的影响。若无新雪降落，则需要考虑积雪老化对表面反照率的影响。采用如下公式：

$$\alpha_{\mathrm{s}} = \alpha_{\mathrm{firn}} + (\alpha_{\mathrm{frs}} - \alpha_{\mathrm{firn}}) \exp\left(\frac{s-i}{t^*} \right) \tag{6-9}$$

式中，α_{firn}、α_{frs} 分别为 i 时刻的冰川区粒雪、新雪的日均反照率；t^* 表示从新雪反照率下降后接近与粗粒雪反照率所需时间；s 表示距离上次降雪的天数。

当积雪深度 d 逐渐减薄接近 0 时，利用式（6-10）进行从积雪反照率向裸冰反照率的

平滑过渡模拟：

$$\alpha = \alpha_s + \alpha_i - \alpha_s \exp\left(-\frac{d}{d^*}\right) \qquad (6\text{-}10)$$

式中，α_i 为裸冰反照率；d 为雪深；d^* 为 i 时的雪深。

2. 短波辐射

短波辐射是冰川消融的重要能量来源。入射到冰川上的短波辐射能量的一部分被冰川表面反射，冰川表面实际吸收的辐射能量等于入射辐射能量减去反射辐射能量，冰川表面自身的热辐射可忽略不计。因此冰川表面反照率的变化对净短波辐射的影响较大，反照率的小幅变化会引起上行短波辐射的较大变化。本章中，入射短波辐射通过伸舌川冰川末端气象观测场实地观测获取，上行的短波辐射则基于冰川表面的反照率计算获取。

3. 长波辐射

冰面接收太阳的短波辐射的同时，也会向外发射长波辐射能量（L_{out}），而大气逆反射的长波辐射能量（L_{in}）也会影响冰川表面的热通量。因此净长波辐射等于大气向下的长波辐射与冰川表面向上的长波辐射之差。对于长波辐射的参数化，根据斯特藩-玻尔兹曼定律（假设地表为黑体，符合任何物体辐射能量的大小与物体表面温度呈函数关系）。因此，向下的大气逆长波辐射表示为（Konzelmann et al., 1994）：

$$L_{in} = \varepsilon_a \sigma T^4 \qquad (6\text{-}11)$$

式中，T 为气温（K）；σ 为玻尔兹曼系数 [5.67×10^{-8} W/（$m^2 \cdot K^4$）]；ε_a 为云量因子，通过以下参数化方案（Sedlar and Hock, 2009）计算：

$$\varepsilon_a = \varepsilon_{cs} + 0.2176(-1.873\tau^{3.239} + 1)^{1.5} \qquad (6\text{-}12)$$

$$\varepsilon_{cs} = 0.23 + 0.4393(e_a/T)^{1/7} \qquad (6\text{-}13)$$

$$e_a = 6.1078 \times e^{17.08085T/(234.175+T)} \times RH \qquad (6\text{-}14)$$

式中，RH 为相对湿度，通过气象站观测获取；τ 为大气透过率，本章取 0.75。冰面接受向下的长波辐射同时，也向外辐射长波辐射 L_{out}，即向上的出射长波辐射，可通过以下公式计算获取：

$$L_{out} = \varepsilon_s \sigma T'^4 \qquad (6\text{-}15)$$

式中，ε_s 为冰面透射率，设定为 1；σ 为玻尔兹曼系数。T' 为冰川表面辐射温度（K），若冰面能量收支为正，冰面发生消融，温度设为 0；若冰面能量收支为负，冰面温度通过气温迭代至冰面，步长为 0.25 K。

4. 湍流热通量

大气湍流热通量包括感热通量和潜热通量。感热通量（Q_H）和潜热通量（Q_L）利用以下参数化方案计算（Andreas, 2002），公式如下：

$$Q_H = c_p k^2 \frac{\rho_0 P}{P_0} \times \frac{\mu_2 T_2}{\ln(z/z_{0w}) \times \ln(z/z_{0T})} \qquad (6\text{-}16)$$

式中，c_p 为大气比热 [1005 J/（kg·K）]；k 为冯-卡尔曼系数（0.41）；P 为气压；P_0

为标准大气压（101 325 Pa）；ρ_0 为大气密度（1.29 kg/m³）；z 为仪器观测高度（m）；μ_2 为 2 m 处风速；T_2 为 2 m 处气温；z_{0w} 和 z_{0T} 分别为风–温度对数曲线的粗糙度参数。

潜热通量（Q_L）计算公式如下：

$$Q_L = 0.623 \times L \times k^2 \frac{\rho_0}{P_0} \times \frac{\mu_2 \times (e_2 - e_0)}{\ln(z/z_{0w}) \times \ln(z/z_{0e})} \tag{6-17}$$

式中，L 蒸散发热系数；蒸发潜热为 2 514 000 J/kg；凝结潜热为 2 849 000 J/kg；e_2 为 2 m 高度气压；e_0 冰面消融时水汽压（611 Pa）；z_{0e} 为水汽压对数曲线的粗糙度参数。

5. 降水热通量

降水感热通量（Q_R）采用湿度和风速的关系进行计算，公式如下：

$$Q_R = c_w R \times (T_r - T_s) \tag{6-18}$$

式中，c_w 为水体比热 [J/（kg·K）]；R 是降水率（mm/h）；T_r 是降水温度（℃）；T_s 是表面温度（℃）。

固态和液态降水的区分是决定冰川积累量的关键因素。本节模拟中，参照已有研究，固液态降水类型通过温度阈值划分。当气温 $T < T_s = 1℃$ 或者 $T \geq T_L = 3℃$，即气温低于固态降水（降雪）温度或者高于液态降水温度时，$P_s = P$ 或者 $P_s = 0$；当温度介于 T_s 和 T_L 之间，降雪根据以下公式计算：

$$P_s = \begin{cases} P, & T \leq T_s \\ \dfrac{T_L - T}{T_L - T_s} P, & T_s < T < T_L \\ 0, & T \geq T_L \end{cases} \tag{6-19}$$

式中，P_s 为固态降水（mm）；P 为降水（mm）；T 为观测气温（℃），T_s 为降雪气温阈值，T_L 为液态降水阈值。

6.3　冰川物质平衡对气候变化的响应

6.3.1　典型冰川物质平衡模型的率定与验证

1. 能量平衡模型驱动数据

能量平衡模型的驱动数据主要包括气象、地形因子以及冰面特征数据。其中，地形因子涉及模拟区域的 DEM、冰川 DEM、坡度和坡向，而冰面特征数据则包括雪深和冰面类型等信息。气象数据涵盖气温、降水、风速、湿度和辐射等关键参数，这些参数以小时为单位，通过冰川末端的气象观测场进行观测与记录。

伸舌川冰川末端气象观测场自 2022 年 5 月 30 日建立并投入使用。次年 5 月 18 日，进行了第二次考察并对仪器进行升级和维护。2023 年 8 月 20 日，又进行第三次冰川考察和气象观测设备的维护。因此，本章使用气象数据的覆盖时段为 2022 年 5 月 30 日～2023 年 8 月 20 日，共计收集 6 万多条小时气象数记录。在该观测期间，木孜塔格峰伸舌川冰川末端的小时气温记录显示，温度范围在−28.92 ~ 17.81℃。极端最低气温为−28.92℃，记录于 2023 年 1 月 17 日 10 时；而极端最高气温为 17.81℃，记录于 2022 年 7 月 6 日 16 时（图 6-1）。此外，平均小时气温为−6℃。降水观测数据表明，该时段内小时降水的最大值为 5.6 mm，而平均小时降水量为 0.07 mm。需要注意的是，2022 年 5 月 30 日 ~ 2023 年 5 月 18 日的降水数据由集成式雨量计（型号 6466）记录，之后的数据则由雨雪量计 T200B 记录。相对湿度的观测结果显示，最大值为 97%，最小值为 14%，分别出现在 2022 年 7 月 16 日 11 时和 2023 年 4 月 10 日 16 时，平均相对湿度为 57.8%。至于风速，最大小时风速记录为 5.8 m/s，发生在 2023 年 4 月 3 日 20 时，而平均小时风速为 1.4 m/s。太阳辐射作为能量平衡的关键因素，其最大小时值为 1237 W/m²，平均小时太阳辐射为 207 W/m²。观测数据还揭示了气温和太阳辐射具有明显的日变化和季节性特征。

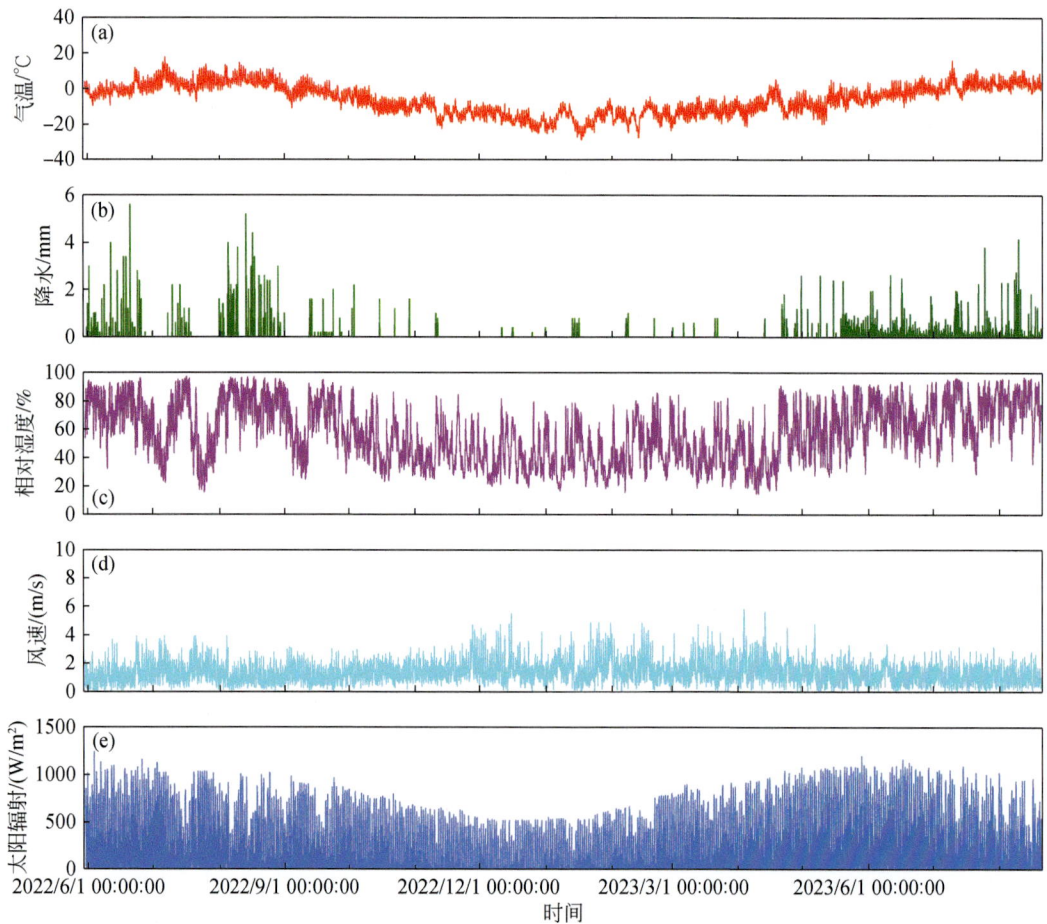

图 6-1　伸舌川冰川末端 2022 年 5 月 30 日 ~ 2023 年 8 月 20 日气象记录

2. 关键参数率定

伸舌川冰川能量平衡模拟基于 Hock 等（2005）的冰川能量与物质平衡理论开展研究。

模型中涉及的关键参数，首先根据天山乌鲁木齐河源 1 号冰川模拟（Che et al., 2019）的经验，取初始值，然后逐个率定。率定后的关键参数分别取值如下：气温变率为 0.65℃/100 m，降水变率为 20%/100 m，第一最大降水量带的海拔为 5514 m，新雪反照率为 0.88，粒雪反照率为 0.6，冰面反照率为 0.3，降水类型的阈值温度介于 1~3℃。

6.3.2　冰川物质平衡模拟

为了深入探究伸舌川冰川的物质平衡变化，我们在消融区域设置 6 个观测站点，进行冰川的消融和积累观测。通过反复的模型模拟和参数优化，逐步调整模拟结果，直至其与观测数据的均方根误差最小，以此确保模型的可靠性。基于 2022~2023 年的观测资料，模拟得到伸舌川冰川物质平衡为轻微正值，约为 0.1 m w.e.，与实际值基本一致。图 6-2 展示了 2022 年夏季物质平衡模拟的空间分布模式。消融区的最大物质平衡值为 -1.44 m w.e.，且随着海拔的升高，消融区的物质亏损逐渐转变为积累，形成冰川积累区。地形对冰川表面物质平衡变化的影响显著，模拟结果较好地反映了冰川物质平衡的海拔梯度效应。物质亏损最严重的区域位于海拔 5150~5200 m，达 -1.3 m w.e.。平衡线高度约位于 5565 m，此海拔以上的区域为积累区，与观测结果总体一致。因此，该分布式能量平衡模型在模拟伸舌川冰川能量和物质平衡动态方面展现出良好的性能，证明其适用于分析冰川物质平衡对气候变化的响应。然而，必须指出的是，本模拟是基于有限时间段内的观测数据进行的，这可能引入了相应的不确定性。为了提高模型的准确性和普适性，未来的研究应当包括更长时间的观测数据，并据此对模型进行持续的校准和优化。

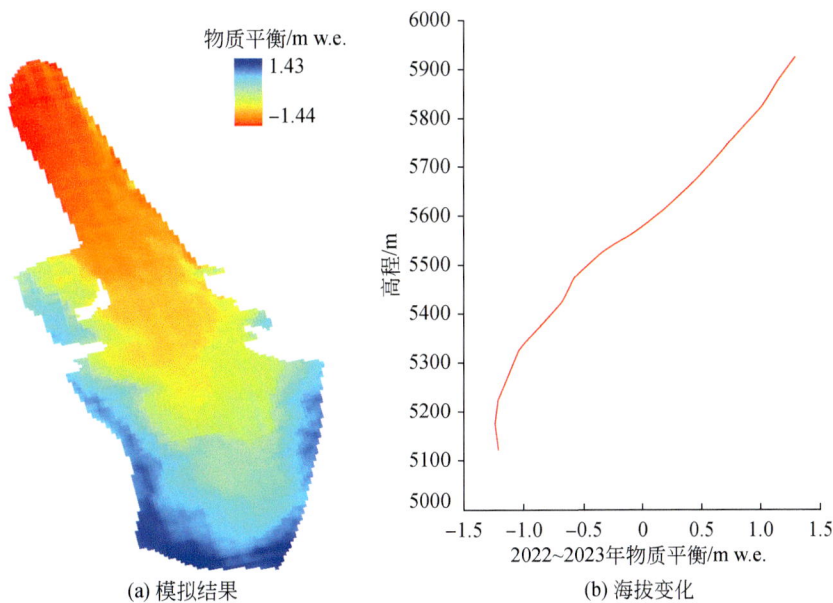

(a) 模拟结果　　　　　　　　(b) 海拔变化

图 6-2　伸舌川冰川物质平衡空间模拟结果和海拔变化

6.3.3　冰川消融对不同气象要素的响应

气温和降水是控制冰川消融与积累过程的主要因素。在本节中，我们通过调整气温和降水的输入值，模拟冰川物质平衡的变化量。模拟实验共设计了三种情景：①仅改变气温，每次调整 0.5℃，而保持降水量不变；②仅改变降水量，每次增减 10%，气温保持恒定；③同时调整气温和降水量，旨在模拟当气温升高 2℃ 时，需要增加多少降水量才能补偿由此升温导致的冰川物质损失。

当气温在 0 ~ 2℃ 的范围内上升时，每增加 0.5℃，冰川物质亏损量逐渐加剧，亏损量从 0.17 m w.e. 增至 0.21 m w.e.，显示出亏损加剧的趋势。平均每上升 0.5℃，物质亏损量的增加平均为 0.19 m w.e.。相反，当气温在 -2 ~ 0℃ 的范围内下降时，每降低 0.5℃，冰川物质平衡开始增加，增加量从 0.15 m w.e. 减少至 0.12 m w.e.，呈现逐步稳定的趋势。总体而言，冰川物质平衡对气温变化的响应呈现出非线性特征，表现为两种相反的效应：随着气温的持续升高，冰川物质亏损持续加剧；而随着气温的持续降低，冰川物质增加量逐渐趋于稳定，直至不再随气温变化而变化（图 6-3）。

当降水量在 10% ~ 40% 的范围内增加时，冰川物质平衡呈现上升趋势，其增加量从 0.35 m w.e. 逐渐减少至 0.3 m w.e.，仍呈现逐步稳定的趋势。在这一变化过程中，平均每增加 10% 的降水量，冰川物质平衡的增加量平均为 0.32 m w.e.。相反，当降水量在 -40% ~ -10% 的范围内减少时，每减少 10% 的降水，冰川物质亏损量从 0.37 m w.e. 增加至 0.42 m w.e.，呈现出亏损量逐步加剧的趋势，直至降水量降为 0，此时冰川不再受降水变化的影响，而主要受气温变化的影响。总体上，冰川物质平衡对降水变化的响应同样具有非线性特征，并表现出两种不同的效应模式：随着降水量的不断增加，冰川物质的增加量逐渐减少，直至降水变化对冰川物质平衡的影响可忽略不计；而随着降水量的不断减少，冰川物质亏损量不断加剧，直至降水量为 0。

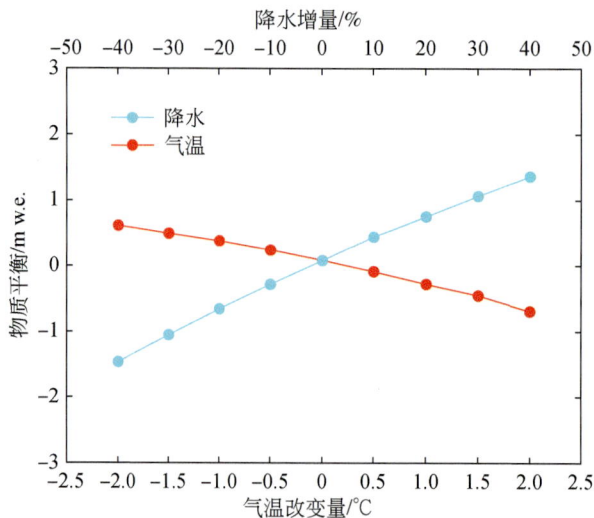

图 6-3　冰川物质平衡对气温和降水响应过程的模拟

综合上述分析可得，冰川物质平衡对气温和降水变化的响应具有明显的非线性特征。在气温和降水同时正向增加的情况下，冰川物质平衡的变化呈现出两种不同的模式。此外，当我们同时改变气温和降水量进行模拟时，结果表明，为了抵消气温升高2℃所带来的冰川物质亏损，需要增加约26%的降水量。

第 7 章　木孜塔格峰地区冰川水文特征与冰川水资源

为深入了解木孜塔格峰地区冰川水文及冰川水资源状况，我们于 2022 年 5 月 ~2023 年 5 月对东昆仑山北坡的木孜塔格峰地区开展了系统的水文、气象观测与调查。考察期间，我们在离伸舌川冰川末端约 100 m、海拔 5070 m 的点位以及阿其克库勒湖东岸海拔 4243 m 点位分别设立了冰川水文气象观测点与湖泊的水文气象观测点。通过对该地区进行科考工作，积累了大量的冰川、水文与气象资料，在进一步整理分析资料的基础上，现就这一地区冰雪消融的水热背景、融水径流基本特征及冰川水资源进行论述，这不仅对该地区的开发建设非常重要，而且能够对水循环、水平衡以及自然环境的影响等提供参考。

7.1　木孜塔格峰地区冰川消融的水热及动量条件

7.1.1　气温

冰川区的气温变化会影响其物质平衡水平，尤其影响夏季冰川的消融情况。图 7-1 展示了新疆第三次科学考察时，在木孜塔格峰地区及其下游阿其克库勒湖东岸所建立的气象站。由图 7-2 （a）可知，伸舌川冰川末端与阿其克库勒湖气温均具有明显的日变化，呈单峰单谷形，且变化趋势一致。伸舌川冰川末端与阿其克库勒湖日最低气温均出现在 7 时，分别为-10.8℃和-9.4℃，此时两地温差最小，为 1.4℃。从 7 时开始，两地气温逐渐升高，伸舌川冰川末端和阿其克库勒湖气温在 15 时和 17 时达到最高值，气温分别为-4.0℃和 2.8℃，两地日最高气温温差最大为 6.8℃，约是最小温差的 4.9 倍。伸舌川冰川末端日均最高气温早于阿其克库勒湖，这与两地的海拔和下垫面性质差异有关。

从年内气温变化来看（图 7-2），伸舌川冰川末端和阿其克库勒湖的年平均气温分别为-7.7℃和-3.7℃，其中月均最低气温都出现在 1 月，分别为-17.1℃和-16.9℃，月均最高气温都出现在 8 月，分别为 4.4℃和 9.3℃，表明气温具有明显的季节变化规律；伸舌川冰川末端 7~8 月平均气温高于 0℃，5~6 月增温速率最快，升温后可高达 7℃。

受海拔影响，伸舌川冰川末端日平均气温低于阿其克库勒湖；全年中伸舌川冰川末端和阿其克库勒湖日平均气温最高值出现在 6 月 7 日，为 10.9℃和 14.6℃，日平均气温最低值出现在 1 月 17 日，为-25℃和-24℃。伸舌川冰川末端与阿其克库勒湖最高小时气温分别出现在 7 月 6 日 15 时和 16 时，为 17.8℃和 23.5℃，最低小时气温出现在 1 月 17 日 9 时和 1 月 19 日 8 时，为-28.9℃和-33.6℃。此时，阿其克库勒湖比海拔较高的伸舌川冰川末端还要寒冷，这种现象集中出现在 11 月至次年 3 月 ［图 7-3 （a）和（b）］。伸舌川冰川的最小日较差和最大日较差出现在 6 月 2 日和 5 月 11 日，为 3.0℃和 15.8℃；阿其克库勒湖气温的最小日较差和最大日较差分别出现在 6 月 2 日和 4 月 15 日，分别为 2.9℃和

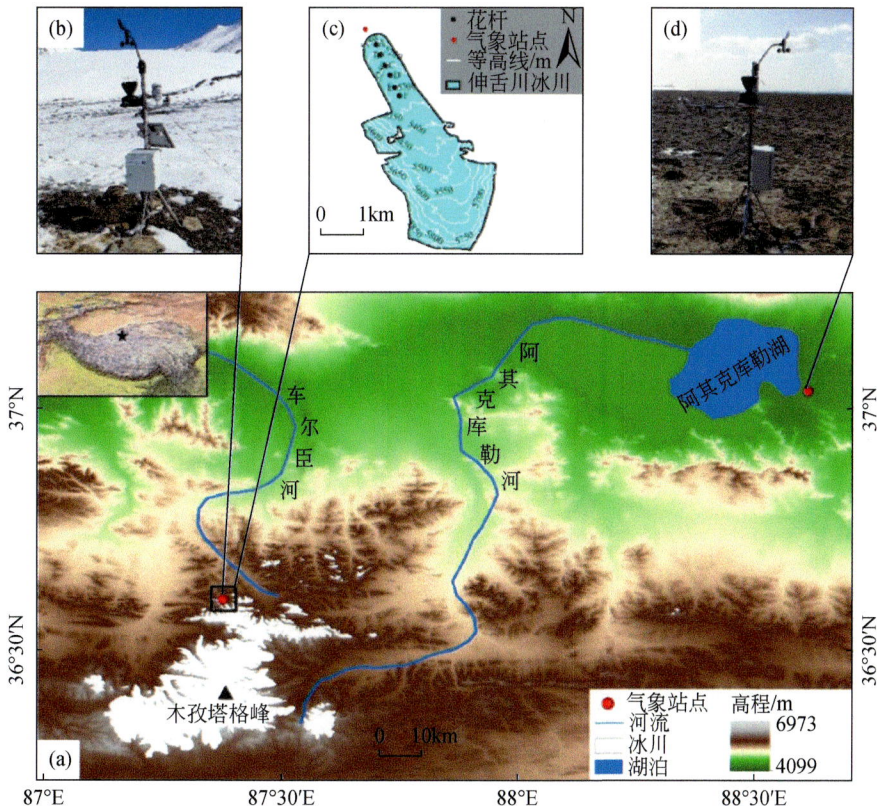

图 7-1　第三次新疆科学考察东昆仑气象站布设与冰川消融观测

（a）木孜塔格峰与阿其克库勒湖区域；（b）伸舌川冰川末端气象站；（c）伸舌川冰川及消融观测；

（d）阿其克库勒湖气象站

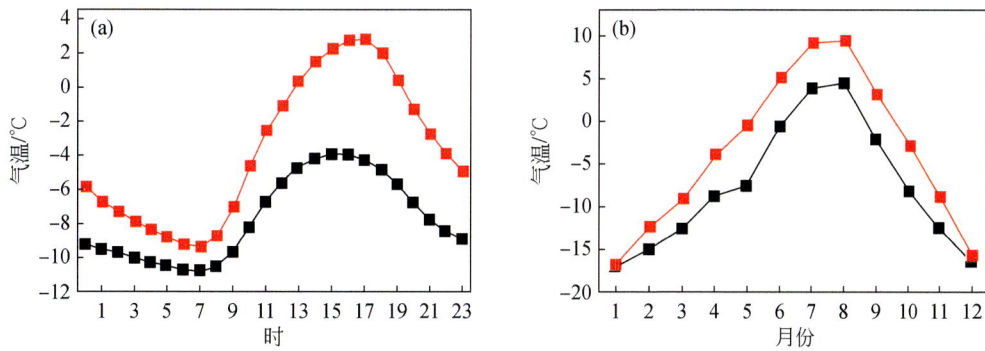

图 7-2　伸舌川冰川与阿其克库勒湖末端平均气温

（a）气温日变化；（b）气温月变化；黑色线为伸舌川末端气象站；红色线为阿其克库勒湖气象站

26.5℃［图 7-3（c）］。总的来说，伸舌川冰川全年日较差波动不大，尤其是进入冬半年之后更为稳定；而阿其克库勒湖冬半年日较差远大于夏半年；在夏半年伸舌川冰川末端日较差略小于阿其克库勒湖，但是在冬半年，前者日较差远小于后者。

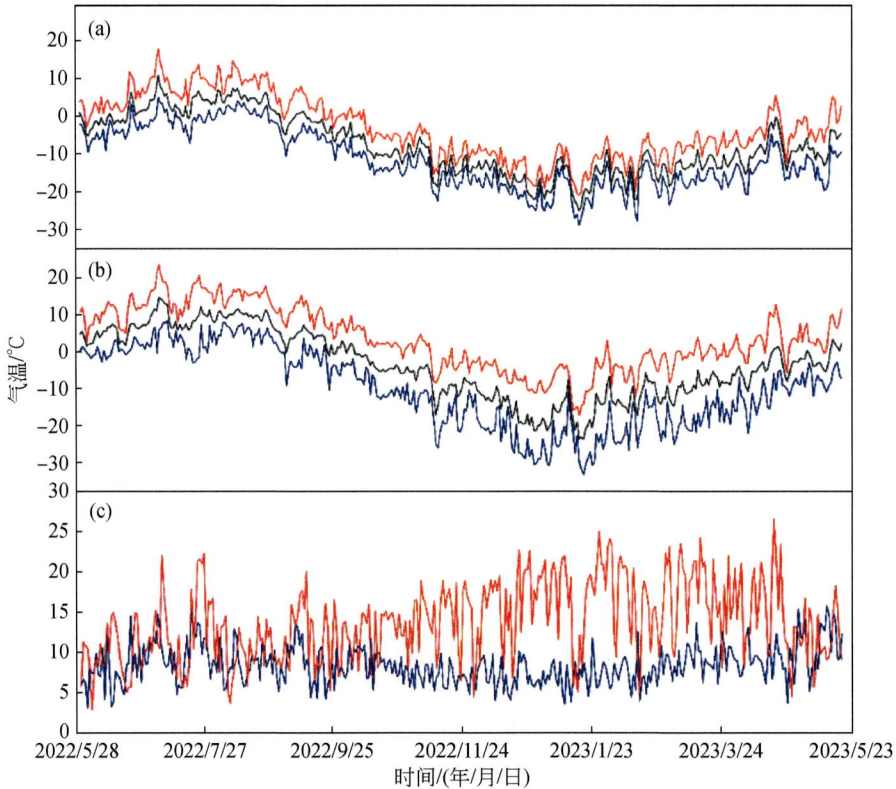

图 7-3　伸舌川冰川末端和阿其克库勒湖气温变化

（a）伸舌川冰川末端和（b）阿其克库勒湖的气温变化（红色线代表日最高气温，黑色线代表日平均气温，蓝色线代表日最低气温）及两地同期的日较差变化（c），红色线和蓝色线分别代表阿其克库勒湖和伸舌川冰川末端的日较差

伸舌川冰川末端与阿其克库勒湖两地气象站气温的最大年较差分别为 57.1℃ 和 46.7℃。根据两地气温和海拔推得木孜塔格峰地区气温垂直递减率具有冬半年（10 月至次年 4 月）小、夏半年（5~9 月）大的特点，分别为 0.35℃/100 m 和 0.69℃/100 m，相差近 1 倍。不同月气温梯度变化亦具有显著差异，气温梯度最大值出现在 5 月，为 0.86℃/100 m，最小值出现在 1 月，为 0.02℃/100 m（表 7-1）；年平均气温垂直递减率为 0.49℃/100 m。

表 7-1　伸舌川冰川末端与阿其克库勒湖气象站的月均气温及气温垂直递减率

指标	1 月	2 月	3 月	4 月	5 月	6 月	7 月	8 月	9 月	10 月	11 月	12 月
伸舌川冰川末端/℃	-17	-15.1	-12.6	-8.9	-7.7	-0.7	3.8	4.4	-2.1	-8.3	-12.5	-16.4
阿其克库勒湖/℃	-16.7	-12.4	-9.1	-4.2	-0.5	5	9.3	9.3	3.2	-3.1	-8.9	-15.7
递减率/（℃/100m）	0.02	0.32	0.43	0.57	0.86	0.68	0.66	0.59	0.64	0.63	0.43	0.09

通过伸舌川冰川末端与阿其克库勒湖两个气象站点的气温垂直递减率，我们计算了伸舌川冰川中值高度处的逐日气温，该处的日气温值不仅考虑了气温垂直递减率，还考虑了冰川的冷储作用，并进行了修正（图 7-4）。伸舌川冰川末端气象站的气温监测显示，该地的日平均气温的正温期出现在 6 月 23 日~9 月 2 日，并伴有两个波动期，6 月 15~22 日为正温期建立前的波动期，9 月 3~15 日为负温期建立前的波动期 [图 7-4 (b)]。阿其克库勒湖日平均气温的正温期出现在 5 月 15 日~9 月 23 日；9 月 24 日~10 月 6 日的日均气温开始出现正负温的波动，并于 10 月 7 日之后进入稳定的负温期 [图 7-4 (a)]。在伸舌川冰川中值高度处，6 月 23~24 日、7 月 3~11 日、7 月 23~31 日、8 月 4~27 日为稳定的正温期，全年中日平均气温大于 0℃的天数有 42 天，正积温为 71℃，年平均气温为 −11.4℃，消融期平均气温为 1℃ [图 7-4 (c)]。

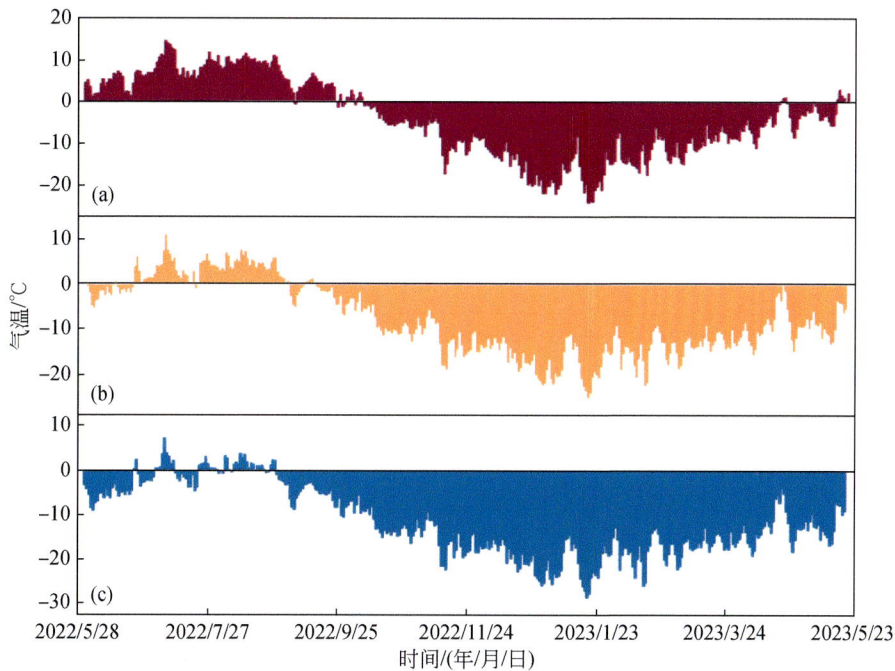

图 7-4　逐日气温变化

(a) 阿其克库勒湖和 (b) 伸舌川冰川末端以及 (c) 伸舌川冰川中值高度处的逐日气温变化

7.1.2　总辐射

伸舌川冰川末端与阿其克库勒湖的总辐射日变化趋势基本一致 [图 7-5 (a) 和 (b)]，在冬半年，总辐射量较低且稳定，在夏半年，总辐射量大但波动较大，年均辐射量分别为 194 W/m² 和 214 W/m²。在日尺度上 [图 7-5 (c)]，伸舌川冰川末端与阿其克库勒湖日最大辐射量出现在 13 时，分别为 663 W/m² 和 732 W/m²，而且伸舌川冰川末端的总辐射均小于阿其克库勒湖。伸舌川冰川最大瞬时辐射出现在 6 月 13 日 13 时 50 分，为

1593 W/m²，阿其克库勒湖最大瞬时辐射出现在 6 月 25 日 13 点，为 1552 W/m²，低于伸舌川冰川；在年尺度上［图 7-5（d）］，伸舌川冰川末端月均最大辐射值出现在 5 月，为 292.7 W/m²，阿其克库勒湖月均最大辐射值出现在 7 月，为 290.9 W/m²，两地月均最小辐射量均出现在 12 月，分别为 102.3 W/m² 和 129.6 W/m²。除了 5 月、6 月，伸舌川冰川末端在其他月的总辐射均小于阿其克库勒湖，总辐射受降水天气影响显著，在 8 月，伸舌川冰川末端降水量最大，多阴雨天气导致 8 月的总辐射相对整个夏季处于一个辐射低值。

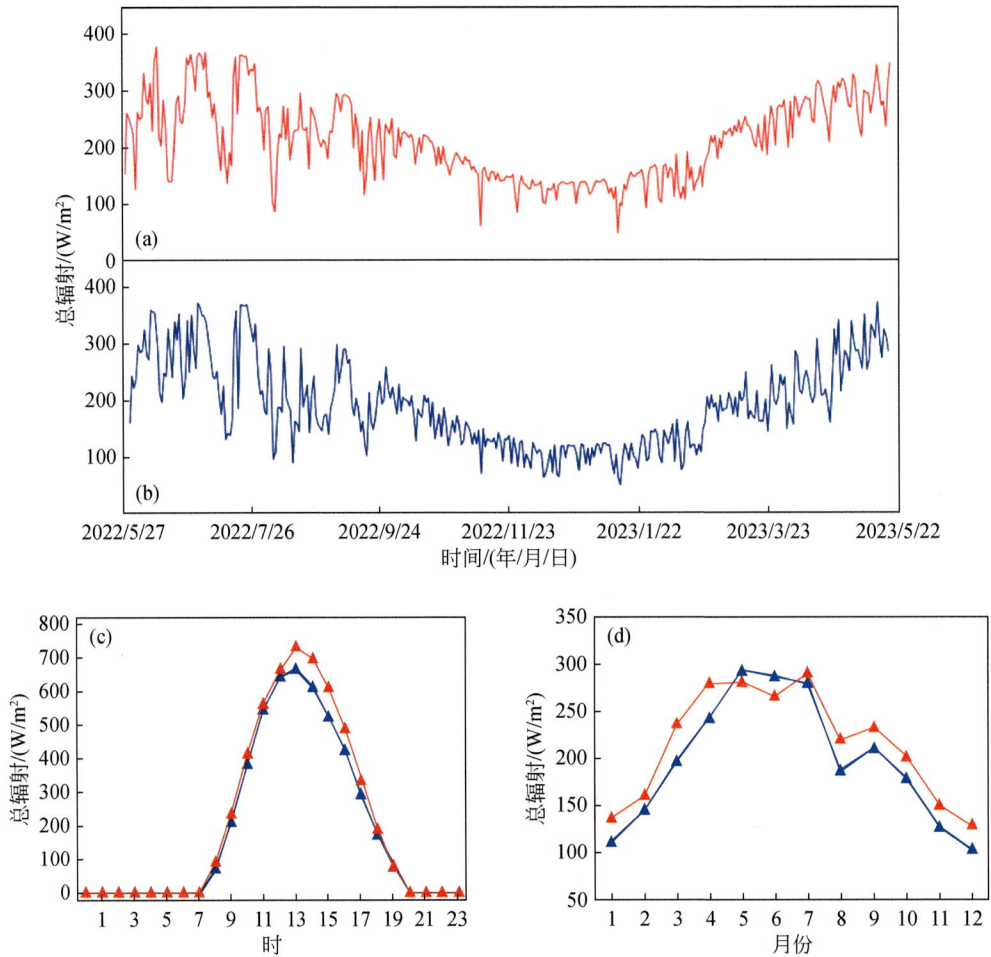

图 7-5　总辐射变化

（a）阿其克库勒湖和（b）伸舌川冰川末端总辐射变化；（c）两地在日尺度上的辐射变化；（d）两地在年尺度上的辐射变化，红色线和蓝色线分别为阿其克库勒湖和伸舌川冰川末端的太阳辐射

7.1.3　相对湿度

　　伸舌川冰川末端和阿其克库勒湖相对湿度日变化曲线呈单峰单谷形变化，与气温的日变化相反，最小值出现在正午，此时太阳辐射较强，气温较高，大气饱和水汽压大，相对

湿度较低，在清晨的状况则相反；午后相对湿度日变化出现一个由干到湿的变化过程，伸舌川冰川末端与阿其克库勒湖日最大相对湿度分别出现在 6 时和 7 时，分别为 58.5% 和 69.2%；最小相对湿度分别出现在 15 时和 16 时，分别为 46.6% 和 40.6% ［图 7-6（a）］。从年尺度来看［图 7-6（b）］，伸舌川冰川末端与阿其克库勒湖的最大相对湿度出现在 8 月，分别为 80.5% 和 77.3%，最小相对湿度出现在 1 月和 3 月，为 39.9% 和 45.8%；相对湿度变化与降水变化一致，在 6 月和 8 月多降水，相对湿度较高，7 月降水较少，相对湿度明显低于 6 月和 8 月，这与降水时的抑温作用以及大量水汽参与有关。冬季伸舌川冰川末端的相对湿度低于阿其克库勒湖，其原因主要是冬季冰川风速较大，冰川末端空气流动性增强，阿其克库勒湖受湖水、湖冰的蒸发和升华等作用，冬季相对湿度相对高于冰川末端。

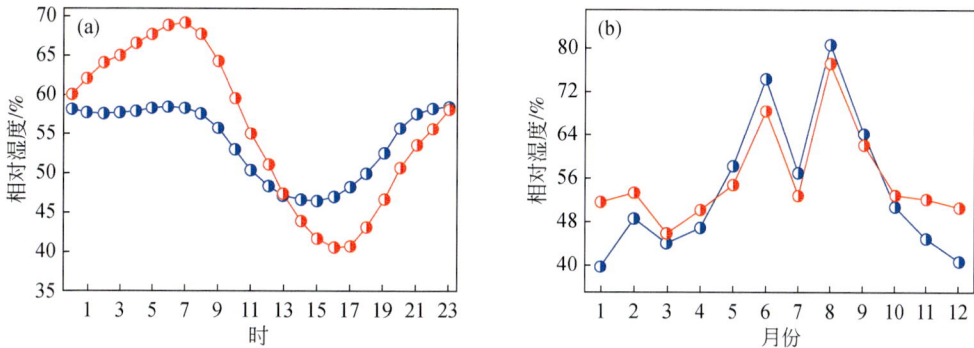

图 7-6　相对湿度变化
（a）伸舌川冰川末端与阿其克库勒湖日尺度和（b）年尺度相对湿度变化；蓝色线和红色线
分别为伸舌川冰川末端和阿其克库勒湖的相对湿度

7.1.4　降水及雨热关系

在中国西部山区，年降水量分布趋势与水汽输送的远近、海拔及地形等有关。两处气象站记录的降水数据显示［图 7-7（a）和（b）］，伸舌川冰川末端全年共有 114 天产生了降水，总降水量为 415.8 mm，降水四季分配为夏（278.2 mm，67%）>春（62.4 mm，15%）>秋（43.4 mm，10%）>冬（31.8 mm，8%），夏季降水最多，冬季降水最少，为典型的夏季积累型冰川。由于阿其克库勒湖气象站冬季降水难以恢复，在此未做全年统计。阿其克库勒湖 4~10 月降水天数共计 61 天，累计降水量 183.4 mm。在东昆仑山区，无论是伸舌川冰川末端还是阿其克库勒湖，降水都集中在 5~9 月，累计降水量分别为 312.8 mm 和 171 mm，其中 8 月降水量最大，为 177.8 mm 和 77.2 mm，占 5~9 月总降水量的 56.6% 和 45.1%。在伸舌川冰川末端和阿其克库勒湖，气温在 1 月达到最低温度之后，开始缓慢回升，随着气温的升高，在 6~8 月降水开始增多，并在 7 月末至 9 月初形成了稳定的高温天气，降水量也达到极值，雨热同期显著；伸舌川冰川末端和阿其克库勒湖的日最大降水量为 22.8 mm 和 16.6 mm，分别出现在 8 月 5 日和 6 月 23 日。降水形态受气温的影响，赵求东等（2014）认为，当气温<2.5℃时，为固态降水，当气温>4℃时，为液态降水，气温介于两者之间时，为固液混合态降水。在伸舌川冰川末端，固态降水（227.8 mm）>液态降水（98.4 mm）>固液混合态降水（89.6 mm），分别占总降水量的54.8%、23.7%和21.5%。

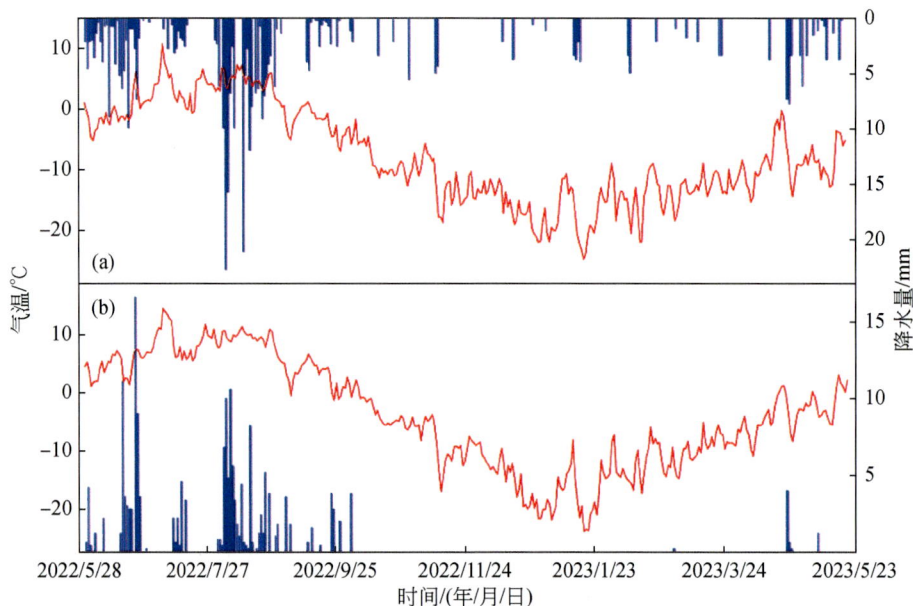

图 7-7　逐日降水量与气温变化

（a）伸舌川冰川末端与（b）阿其克库勒湖日降水量与气温变化；红色线为气温，蓝色柱为降水

7.1.5　局地环流

伸舌川冰川末端和阿其克库勒湖局地环流发育显著。在木孜塔格峰伸舌川冰川末端，河谷发育，具有明显的山谷形态。在 1 月，受盛行西风影响，伸舌川冰川区域无论是白天还是夜晚，均以偏西风为主，白天西风风速（2.2 m/s）大于夜晚（1.4 m/s），受局地环流影响的山谷风并不显著，白天西北风（10.2%），夜间南风（13.6%）［图 7-8（c）］；在 7 月，山谷风发育显著，伸舌川冰川的走向决定了冰川上沿谷地向下吹的山风以偏南风为主，向上吹的谷风以偏北风为主；在夏季，西风系统依然影响着木孜塔格峰地区，白天西风（22%），夜晚西南风（23.1%），但并不占主导地位；受局地环流影响的昼夜风向变换占主导地位，白天西北风（30.6%），夜晚南风（30.1%）。另外，在 7 月高温的白天，受冰川下垫面影响，伸舌川冰川还具有较为明显的冰川风（12.4%）［图 7-8（d）］。

阿其克库勒湖的湖泊效应显著，并支配着该地的风向。从阿其克库勒湖 1 月和 7 月的昼夜风向可以看出，无论是冬季还是夏季，风向都有着明显的昼夜转换，在白天风向以西风为主，1 月和 7 月的西风频率分别为 38.17% 和 47.85%，在夜间风向以东风为主，1 月和 7 月的东风频率分别为 38.17% 和 28.76%，7 月的风速大于 1 月［图 7-8（a）和

（b）］；在阿其克库勒湖 7 月的夜间，除了东风之外，东北风也占很大一部分比例，为 25.27%，这可能是晚上湖区低压中心变动或者不稳定造成的。详细的风向频率变化如表 7-2 所示。

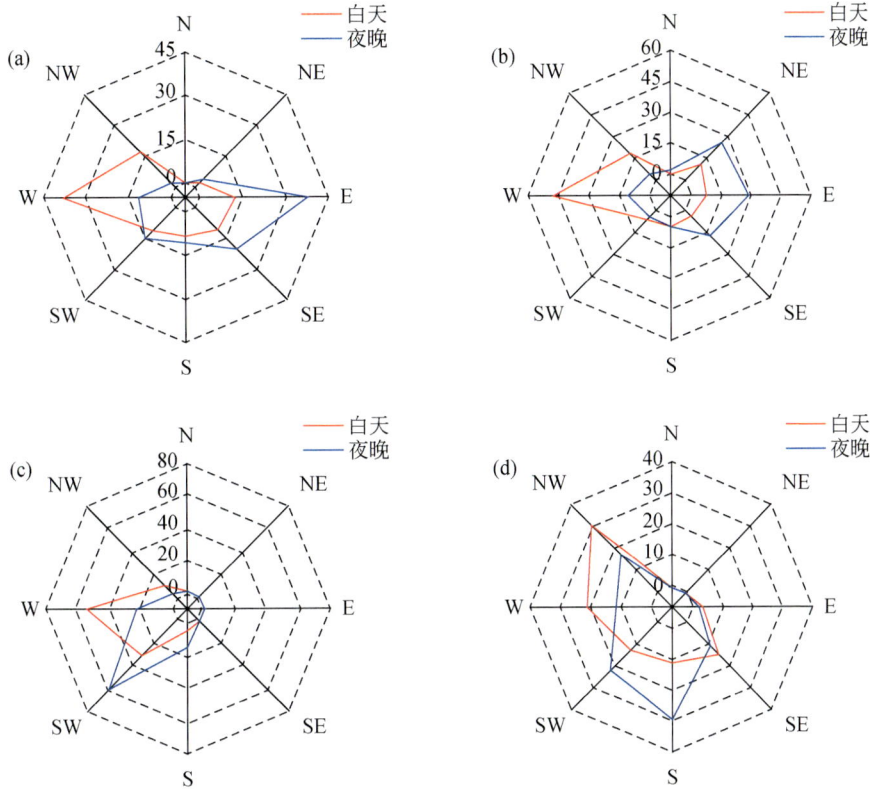

图 7-8　伸舌川冰川末端与阿其克库勒湖 1 月和 7 月昼夜风向变化

（a）和（b）分别为阿其克库勒湖 1 月和 7 月的昼夜风向频率；（c）和（d）分别为伸舌川冰川末端 1 月和 7 月的昼夜风向频率

表 7-2　伸舌川冰川与阿其克库勒湖气象站的 1 月和 7 月风向与风速统计

区域	时间	风向	N	NE	E	SE	S	SW	W	NW
伸舌川冰川	1 月昼	风频/%	0	0	0.3	1.2	3.3	31	**54**	10.2
		风速/（m/s）	0	0	1	0.4	1.1	1.9	2.5	1.4
	1 月夜	风频/%	0.3	0.3	0	0.7	13.6	**60.4**	21.9	2.8
		风速/（m/s）	0.3	0.3	0	0.7	1	1.5	1.3	0.8
	7 月昼	风频/%	0.3	0.5	4.3	15.9	12.4	14	22	**30.6**
		风速/（m/s）	3	0.6	1.4	1.4	1.4	1.5	1.7	2.3
	7 月夜	风频/%	0.5	0.5	3.2	11.8	**30.1**	23.1	12.9	17.7
		风速/（m/s）	0.8	1.2	1.2	1.7	1.2	1.3	1.1	1.6

续表

区域	时间	风向	N	NE	E	SE	S	SW	W	NW
阿其克库勒湖	1月昼	风频/%	0	2.15	12.37	11.02	8.33	11.02	**38.17**	16.94
		风速/（m/s）	0	1.84	0.81	0.52	0.58	2.02	1.77	1.43
	1月夜	风频/%	0	3.76	**38.17**	19.89	10.48	14.78	11.29	1.61
		风速/（m/s）	0	0.89	0.77	0.64	0.66	1.54	1.49	1.21
	7月昼	风频/%	0	10.75	7.53	4.03	5.11	6.45	**47.85**	18.28
		风速/（m/s）	0	2.23	1.26	1.04	1.07	1.05	2.04	1.58
	7月夜	风频/%	2.15	25.27	**28.76**	16.94	5.91	5.11	11.29	4.57
		风速/（m/s）	2.03	1.5	0.97	0.78	0.92	1.05	2.1	2.11

注：加粗字体为主导风向。

7.2　木孜塔格峰地区典型冰川消融观测与模拟

7.2.1　伸舌川冰川消融观测

伸舌川冰川（87°23′15.038″E，36°34′51.939″N）发源于东昆仑木孜塔格峰北坡，平均坡度 15.8°，坡向朝北，冰川平缓，呈笔直状流出山谷，上限为木孜塔格峰，冰川末端海拔 5100 m，全长约 5 km，总面积 6.05 km²，冰储量 0.52 km³，冰川表面平缓，无表碛覆盖。2022 年 5 月 ~ 2023 年 5 月观测期间冰川末端降水总量为 415.8 mm，日最大降水量为 22.8 mm，冰川末端有局地环流发育。冰川物质平衡监测采用花杆法，2022 年 5 月 30 日，在冰川消融区利用蒸汽钻打孔布设花杆 6 根，自末端向上分别记作 A、B、C、D、E、F，并于 2023 年 5 月 18 日对花杆测量数据进行了采集 [图 7-1（c）]。

7.2.2　冰川消融模拟方法

估算冰川消融的经验公式很多，其中大多数是根据冰川消融随海拔升高而递减，冰川平衡线上积累量与消融量相等的基本原理，并以平衡线高度处的消融深代表冰川平均消融深。

1. 气候系数法

气候系数法是根据中国西部已做过研究工作的数条冰川上观测的消融资料与冰面上气温间的关系统计得到的，该公式能够反映区域气候差异，可用来计算无资料地区冰川消融深（杨针娘，1981）：

$$A = 0.382b^2 (T+4.0)^{2.7} \tag{7-1}$$

式中，A 为冰川平均日消融量（mm/d）；b 为冰川辐射平衡相对值（%）；T 为消融期冰川中值面积高度处日平均气温（℃）。

2. 冰川零平衡线法

冰川零平衡线法是根据冰川零平衡线上积累量与消融量相等的基本原理估算冰川平均消融量的方法（Kotlyakov and An，1982）。该公式在国际上广泛应用，被称作"全球公式"，在山岳冰川和极地冰川中均有良好的应用，且验证效果较好：

$$h = 1.33 \, (t_s + 9.66)^{2.85} \tag{7-2}$$

式中，h 为冰川消融深（mm）；t_s 为平衡线上夏季（6~8 月）的平均气温（℃）。

3. 度日因子法

度日因子法是基于冰雪消融与气温尤其是冰雪表面的正积温之间的密切关系这一物理基础建立的，虽然该模型是冰川与积雪表面消融能量平衡这一复杂过程的简化描述，但在流域尺度上可以给出类似于能量平衡模型的理想输出结果（张勇等，2019）。

众多研究中，度日模型的形式一般为

$$M = \mathrm{DDF} \cdot \mathrm{PDD} \tag{7-3}$$

式中，DDF 为冰川冰或雪的度日因子 [mm/（d·℃）]；M 为某时段内冰川或雪的消融水当量（mm w. e.）；PDD 为某一时段内的正积温。正积温的计算方法如下：

$$\mathrm{PDD} = \sum_{t=1}^{n} H_t \cdot T_t \tag{7-4}$$

式中，T_t 为某天（t）的日平均气温（℃）；H_t 为逻辑变量，当 $T_t \geq 0$℃时，$H_t = 1$；当 $T_t < 0$℃时，$H_t = 0$。

由于在青藏高原及周边地区有长期观测的冰川数量较少，无法通过冰川区观测资料进行计算来获取每一条冰川的度日因子值。本书根据度日因子转换公式计算伸舌川冰川中值高度处的度日因子，该公式是通过收集过去几十年来不同时期的冰川考察和观测数据得出的经验公式（张勇等，2019）（表 7-3）。通过该公式可以计算每一冰川的度日因子值，从而为区域物质平衡模拟、径流估算提供参数支持。

表 7-3　度日因子转换公式

参数	观测值范围	平均值	转换公式	r
DDF_{ice}	2.6~16.9	7.64	$\mathrm{DDF}_{ice} = 15.763 - 0.277\mathrm{Lat} + 0.047\mathrm{Lon} + 1.72 \times 10^{-3}H - 0.62T + 6.99 \times 10^{-3}P$	0.62
DDF_{snow}	1.5~9.2	4.63	$\mathrm{DDF}_{snow} = 64.533 - 0.837\mathrm{Lat} - 0.238\mathrm{Lon} - 2.85 \times 10^{-3}H - 1.092T + 2.822 \times 10^{-3}P$	0.92

注：DDF_{ice} 和 DDF_{snow} 分别表示冰川冰和雪的度日因子 [mm/（d·℃）]；Lat、Lon、H、T 和 P 分别表示冰川所处纬度、经度、冰川末端海拔（m）、年平均气温（℃）和降水量（mm）。

7.2.3　伸舌川冰川消融量估算

冰川消融与积累是研究冰川物质平衡不可缺少的内容，对认识冰川的发育、进退变化有着十分重要的意义。利用伸舌川冰川末端和阿其克库勒湖气象站的气温数据计算两地的气温垂直递减率，由此计算得出伸舌川冰川中值面积高度处 6~8 月的平均气温为

−1.13℃，伸舌川冰川中值面积高度采用中国第二次冰川编目数据，为海拔 5531.2 m。通过对伸舌川冰川末端小时和日气温数据的统计，伸舌川冰川的消融期确定在 6 月中旬至 9 月中旬，消融期中值高度处的日平均气温为 1℃，辐射平衡值取 0.93；根据度日因子转换公式计算得出，伸舌川冰川中值高度处 DDF_{ice} 为 8.7 mm/（d·℃），DDF_{snow} 为 8.26 mm/（d·℃），遵循冰川中值面积高度作为判断平衡线高度的标准以及消融量等于积累量的原则，中值高度处正积温统计为 71℃。基于上述数据和方法得出伸舌川冰川年均消融深，如表 7-4 所示。

表 7-4　伸舌川冰川消融模拟

方法	公式	模拟结果
气候系数法	$A = 0.382b^2（T+4.0）^{2.7}$	597 mm/a
冰川零平衡线法	$h = 1.33（t_s+9.66）^{2.85}$	596 mm/a
度日因子法	$M = DDF·PDD$	586 mm/a

据计算，该区域的度日因子值较大。其原因是在海拔较高的冰川区太阳辐射较强烈，而冰川消融的主要能量来源是太阳辐射，从而导致冰川消融增大；海拔较高的冰川区日平均气温较低，从而导致正积温的量值较小，因此这一区域的度日因子值较大。基于上述数据和方法得出伸舌川冰川的平均消融深在 586~597 mm/a。

7.2.4　伸舌川冰川年消融过程曲线

根据前文模拟的伸舌川冰川消融深，计算了该条冰川的年冰川径流总量为 $3.05×10^6$ m³，然后利用日积温/年积温的方法划分了冰川年内径流过程曲线及各月产流贡献比例（图 7-9）。从冰川径流日变化来看，伸舌川冰川最早于 4 月中旬开始消融产流，冰川产流峰值集中在 6~8 月，根据统计，我们发现考察期间伸舌川冰川单日冰川最大产流量发生

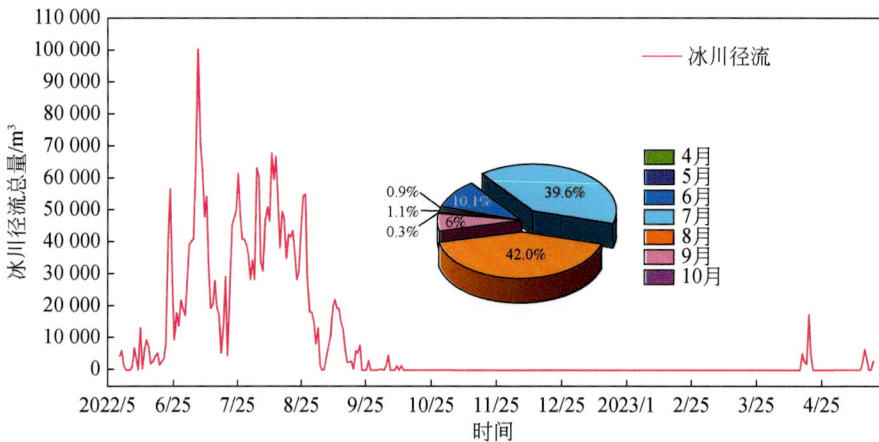

图 7-9　伸舌川冰川径流日变化及各月产流贡献

在 7 月 6 日,为 1×10^5 m³;从单月冰川径流贡献来看,7 月和 8 月在冰川总径流中贡献比例最大,分别为 39.6%(1.2×10^6 m³)和 42.0%(1.3×10^6 m³),这两个月的冰川径流量之和占总冰川径流量的 80% 以上。

7.2.5 伸舌川冰川消融与其他冰川的比较

冰川消融深取决于冰川的地理位置、海拔、气候条件以及冰川类型等因素。纬度低、气温高、降水充沛的海洋型冰川,冰川消融强烈,冰川多年平均消融深最大;相反,纬度较高、气温低、降水量稀少的大陆型冰川,冰川消融相对较弱,冰川多年平均消融深小。本书统计了其他冰川作用区的年均消融深,如表 7-5 所示,随着纬度升高,大陆性气候愈强,冰川消融深明显减少。冰川消融深的区域分布与降水气温的区域分布高度相关。然而冰面性质也是影响冰川消融的主要因素之一,局部冰川表碛覆盖厚薄,可以改变冰川与气候分布的一致性(Mattson, 1993;Mihalcea, et al., 2008;Liu et al., 2013)。与中国西部其他冰川区相比,伸舌川冰川与喜马拉雅中段以及祁连山西段的冰川消融深较为接近,三者都具有平衡线高度高、降水量少、接受辐射量大的特点,具有典型的大陆型冰川特征。与其他冰川消融深相比,可以看出伸舌川冰川消融模拟出的消融深符合冰川消融深在区域上的变化规律,说明本书所使用的经验公式模拟出的冰川消融结果具有较好的参考性。应当指出的是,冰川消融深随气候波动而发生变化,其变化幅度取决于气温高低和降水量的多寡。夏季气温和降水状况直接影响雪线高低,从而导致冰川消融强度的改变。

表 7-5 伸舌川冰川与中国西部其他冰川年均消融深

中国西部其他冰川	年消融深/mm	文献
西藏波密古乡冰川	2678	杨针娘,1981
喜马拉雅中段绒布冰川	600	刘伟刚等,2006
帕米尔慕士塔格峰洋布拉克冰川	640 ~ 1260	蒲健辰等,2003
西天山北坡	1600	丁光熙等,2014
东天山北坡(四工河 4 号冰川)	600	张文敬和谢自楚,1984
东天山南坡	1000	康尔泗,1983
祁连山西段	650	杨针娘,1981
祁连山中段	900	蒲健辰等,2005
祁连山东段	1200 ~ 1600	潘保田等,2021
西昆仑(玉龙喀什河南部)	200	郑本兴等,1988
东昆仑木孜塔格峰北坡伸舌川冰川[*]	585 ~ 597	本书

注:[*]为本书的研究区域。

7.3 木孜塔格峰地区冰川水资源

木孜塔格峰地区冰川共有 214 条,总面积约为 659.5 km²,本研究将木孜塔格峰冰川区进一步划分成 6 个子流域 (第 3 章), 分别为月牙河流域、南坡诸河流域、乌鲁格河西段流域、乌鲁格河中段流域、乌鲁格河东段流域和哈拉木兰河流域。现参照伸舌川冰川消融深估算木孜塔格峰冰川径流总量和各子流域的冰川径流量。计算公式如下:

$$Q_g = D \times S \times 0.85 \tag{7-5}$$

式中, Q_g 为冰川年径流总量 (10^6 m^3); D 为冰川消融深 (mm) (研究使用伸舌川冰川年平均消融深, 593 mm/a); S 为冰川面积 (km^2); 冰川径流折算系数取 0.85。

木孜塔格峰年冰川径流总量为 40 869 万 m^3, 从各子流域年冰川径流量来看, 乌鲁格河西段流域 (14 260 万 m^3) >月牙河流域 (14 170 万 m^3) >南坡诸河流域 (7980 万 m^3) >乌鲁格河中段流域 (2530 万 m^3) >哈拉木兰河流域 (1749 万 m^3) >乌鲁格河东段流域 (180 万 m^3)。在木孜塔格峰诸流域中, 乌鲁格河西段流域与月牙河流域的冰川径流量对木孜塔格峰总径流量贡献最大, 占比分别达到了 34.9% 和 34.7%, 哈拉木兰河流域和乌鲁格河东段流域冰川径流贡献最少, 只有 4.3% 和 0.4% (表 7-6)。

表 7-6　木孜塔格峰及其子流域年冰川径流量

流域名称	面积/km^2	冰川径流量/10^6 m^3	贡献比/%
月牙河流域	239.0	141.7	34.7
南坡诸河流域	134.6	79.8	19.5
乌鲁格河西段流域	240.4	142.6	34.9
乌鲁格河中段流域	42.6	25.3	6.2
乌鲁格河东段流域	3.0	1.8	0.4
哈拉木兰河流域	29.15	17.49	4.3
总计	688.75	408.69	100

第8章　木孜塔格峰地区未来冰川变化预估

开展未来冰川变化预估对揭示冰川对气候变化的响应机理及其对下游农业、生态和社会经济可持续发展影响具有重要的意义。本章在分析区域冰川模型和预估进展基础上，基于集成冰流动力学的冰川演化模型（open global glacier model，OGGM），系统预估了木孜塔格峰地区未来（2000～2100 年）冰川条数、冰川表面物质平衡、面积、冰储量、冰川融水径流变化。模型分别用 ERA5-Land 数据和偏差校正的 CMIP6 模式输出数据作为驱动，以实测物质平衡数据和贝叶斯方法分别进行模拟校正及不确定性分析。结果表明，在低（SSP1-2.6）和高（SSP5-8.5）排放气候情景下，2020～2100 年分别有 12±1 条和 32±4 条冰川可能消失，冰川面积分别减少 1.3% 和 4.5%，体积分别减少 2.1% 和 15.8%。冰川物质平衡和径流在不同情景下呈现不同变化幅度，排放越高，物质亏损越大，冰川径流量越大。

8.1　冰川变化预估方法及其数据来源

高山冰川以其高反照率、相变潜热的特性在调节地表能量平衡中扮演者重要的角色，同时高山冰川以固态水的形式存储着巨大的淡水资源。在依赖冰川融水的区域，冰川融水对于区域淡水资源补给、减缓干旱、农业–生态–居民用水等具有非常重要的意义（Pritchard，2019；Immerzeel et al.，2020）。然而，冰川对于气候的变化异常敏感，受气候的内部变率和人类活动的影响，近 20 年全球高山冰川正在以前所未有的速度快速消融（Yao T D et al.，2012；Hugonnet et al.，2021；Zhao et al.，2023；David et al.，2023）。

冰川变化的研究方法主要有野外观测的方法、大地测量、冰川演化模型（glacier evolution model）、重力卫星和卫星测高的方法。然而野外观测的方法需要耗费大量的资源，全球冰川分布广泛，仅有 486 条冰川具有观测数据，不足冰川总量的 0.03%，亚洲高山区仅有 56 条具有观测记录的冰川（World Glacier Monitoring Service，WGMS，2022 年）。此外冰川观测数据可以为冰川演化模型的标定、验证和发展提供重要的数据支撑。大地测量是目前计算大尺度冰川质量变化的重要手段，其估算的冰川质量平衡数据常被冰川演化模型用来标定模型的关键参数。冰川演化模型对于预估冰川未来的变化具有非常重要的意义。

根据不同冰川编目的数据（Shi et al.，2009；Guo et al.，2015；Su et al.，2022），亚洲高山区冰川面积正在加速减小。与全球其他冰川分布区域比较，亚洲高山区冰川质量损失率最小 [<250kg/（km^2·a）]，2000～2019 年冰川质量损失了 8%（IPCC，2021）。已有许多研究基于冰川观测和大地测量学的方法评估亚洲高山区历史时期冰川的变化。Zemp 等（2019）计算了亚洲高山区 1961～2018 年冰川质量的变化，其中 2005～2018 冰川表面

物质平衡变化速率是-18±7 Gt/a。Brun 等（2017）评估了亚洲高山区 2000~2016 年冰川质量的变化，其冰川表面物质平衡变化速率是-16.3±3.5 Gt/a。Hugonnet 等（2021）基于多源 DEM 数据评估了全球 2000~2019 年冰川变化，其中亚洲高山区冰川表面物质平衡变化率为-21±2.3 Gt/a。尽管计算冰川表面高程变化所采用的数据和方法的不同导致不同研究结果略有差异，但是亚洲高山区冰川变化的时空分布格局基本一致。Jacob 等（2012）基于重力卫星估算了亚洲高山区冰川质量的变化率为-4±20 Gt/a。Gardner 等（2013）基于卫星测高数据（Ice, Cloud, and land Elevation Satellite, ICESat）和重力卫星数据估算了 2003~2009 年全球冰川变化，亚洲高山区冰川表面物质平衡的变化率是-26±12 Gt/a。Ciracì 等（2020）基于 GRACE 和 GRACE-FO（GRACE Follow-On）数据评估了全球冰川质量的损失，亚洲高山区 2002~2019 年冰川质量的损失率为 28.8±11 Gt/a。

近年来冰川演化模型已被广泛应用于冰川变化的预估研究当中，由气候和冰冻圈计划（Climate and Cryosphere Project, CliC）项目发起的冰川模型比较计划（Glacier Model Inter-comparison Project, GlacierMIP）为评估现有冰川演化模型提供了一个统一的框架。目前已经完成了 GlacierMIP 1（5 个冰川模型）和 GlacierMIP 2（11 个冰川模型）两次冰川模型比对计划（Hock et al., 2019; Marzeion et al., 2020）。相比于 GlacierMIP1，GlacierMIP2 系统性的评估了冰川演化模型的不确定性来源，同时参与评估的所有冰川模型具有相同的输入数据，来源于 CMIP5（Coupled Model Intercomparison Project Phase 5）的 10 个地球系统模式、4 种气候情景。研究结果表明，相比 2015 年，在 RCP2.6 和 RCP8.5 的气候情景下，到 21 世纪末亚洲高山区冰川质量将分别损失 32% 和 64%（Marzeion et al., 2020）。Rounce 和 Hock 基于开源冰川演化模型 PyGEM（Python glacier evolution model），使用 22 个地球系统模式的气温和降水数据、4 种未来气候排放情景，预估了亚洲高山区 21 世纪冰川的变化。基于冰川观测数据和贝叶斯推断标定 PyGEM，预估结果表明，21 世纪末期亚洲高山区冰川质量相比于 2015 年将损失 29%±12%（RCP2.6）和 67%±10%（RCP8.5）。同时，PyGEM 预估了未来冰川融水的变化及亚洲高山区主要流域冰川融水的变化和冰川融水径流可能达到最大值（Peak water）的时间。冰川融水径流的预估结果表明，西风影响的流域冰川融水径流拐点（peak water，预估时段内总冰川融水径流的最大值所对应的时间）极有可能出现在 2050 年之后，而季风影响的流域冰川融水径流拐点相对较早出现（Rounce et al., 2020）。Huss 和 Hock（2018）基于 GloGEM（global glacier evolution model）分析了全球主要流域未来冰川质量损失的水文响应机制。没有达到冰川融水径流最大值的流域，冰川融水径流随着气候变暖逐渐增加，到达冰川融水径流最大值之后其融水开始逐渐减少。David 等（2023）基于 PyGEM 和 OGGM 混合模型，以及 CMIP6 和 CMIP5 数据预估了全球冰川变化对海平面的贡献，其中亚洲高山区在 RCP2.6、RCP4.5 和 RCP8.5 的情景下，21 世纪末期相比 2015 年冰川将分别损失 45%±26%、63%±23% 和 80%±17%。

8.1.1　冰川变化预估方法

本书基于 OGGM 来预估木孜塔格峰地区未来（2000~2100 年）冰川条数、冰川表面物质平衡、面积、冰储量、冰川融水径流的变化。OGGM 主要由流线模型、质量平衡模型和几何演化模型三大模块组成。流线模型主要分为几何中心线（geometrical centerlines）模型和海拔带流线（elevation bands flowlines）模型，不同参数化方案具有不同的优越性，几何中心线模型更能真实地刻画冰川冰流的物理过程，但是模型计算复杂，除需要计算冰川的几何中心线以外还需要计算每个流线点到冰川边界的宽度，划分冰"流域"（代表了冰川上特定区域内冰的流动方向）等，海拔带流线模型计算简单，更适合大区域冰川演化预估，由于木孜塔格峰地区冰川数量较少，在 OGGM 中使用几何中心线模型预估未来冰川各要素的变化（Maussion et al.，2019）。质量平衡模型是基于拓展的温度指数消融模型（Marzeion et al.，2012），在海拔 z 处，i 月的冰川质量平衡 m_i 能够通过式（8-1）计算：

$$m_i(z) = p_f P_i^{\text{Solid}}(z) - \mu^* \max(T_i(z) - T_{\text{Melt}}, 0) + \varepsilon \tag{8-1}$$

式中，P_i^{Solid} 表示固态降水；p_f 是全球降水校正因子（一般取值为 0.25，本研究取值为 0.18）；μ^* 是冰川温度敏感性因子；T_{Melt} 表示冰川冰开始消融的温度（一般取值为 -1.0℃，即使月平均温度低于 0℃，冰川冰的消融过程也会发生）；ε 表示偏差。OGGM 中基于固态降水占总降水量的百分比来计算固态降水的总量，固态降水比例 f_{solid} 可以用式（8-2）计算：

$$f_{\text{solid}} = \begin{cases} 1, & T_i^{\text{terminus}} \leqslant T_{\text{solid}} \\ 0, & T_i^{z\max} \leqslant T_{\text{solid}} \\ 1 + \dfrac{T_i^{\text{terminus}} - T_{\text{solid}}}{\gamma_{\text{temp}}(z_{\max} - z_{\text{terminus}})}, & \text{其他} \end{cases} \tag{8-2}$$

式中，$T_i^{z\max} = T_i^{\text{terminus}} + \gamma_{\text{temp}}(z_{\max} - z_{\text{terminus}})$；$T_{\text{solid}}$ 表示固态降水的温度阈值；γ_{temp} 表示温度递减率；T_i^{terminus} 和 $T_i^{z\max}$ 表示冰川末端和最高温度。在 OGGM 中冰川敏感性因子 μ^* 和偏差 β 需要进行标定，对于有观测值的冰川，假设冰川平均观测的质量平衡为 $\overline{B_{\text{measured}}}(t)$，平均模拟的质量平衡为 $\overline{B_{\text{modeled}}}(t)$，则只需要最小化 $|\overline{B_{\text{modeled}}}(t) - \overline{B_{\text{measured}}}(t)| = |\beta(t)|$ 误差最小，Marzeion 等（2012）发现通过冰川平衡时间 t^* 来计算冰川温度敏感性因子具有更小的模拟偏差。对于没有观测数据的冰川使用最邻近的 10 个有观测值的冰川 t^*，通过反距离权重插值的方法计算 μ^* 和偏差 β。OGGM 中几何演化模型默认使用冰流动力学模型（ice dynamics flowline model），此外也可以选择质量再分布的曲线模型（mass redistribution curve model）和冰川体积–面积统计（volume-area scaling）模型。冰流动力学模型使用浅冰近似（shallow-ice approximation）的方法来计算冰川横截面上冰的流速。通过单位横截面 S 的冰流量 $q = uS$，其中 u 表示冰流速（m/s），可以通过式（8-3）计算：

$$u = \frac{2A}{n+2} h\tau^n \tag{8-3}$$

式中，A 表示温度依赖的格林（Glen）蠕变参数（$\text{s}^{-1} \cdot \text{Pa}^{-3}$）；$n$ 表示格林定律的指数（$n=3$）；τ 表示基底的剪应力，$\tau = \rho g h\alpha$，α 表示流线的坡度，ρ 表示冰的密度（900 kg/m），g 表示重力加速度（9.81 m/s），h 表示冰川集成的深度（m）。此外 OGGM 中也计算了冰基底滑动的速度 $u_s = f_s \tau^n / h$，f_s 表示滑动参数 $[5.7 \times 10^{-20} / (\text{s} \cdot \text{Pa}^3)]$。

OGGM 中冰川融水径流（Q）定义为所有从初始冰川化区域内所产生的水，主要由三部分组成：冰川融水（a）、液态降水（P_{liquid}）和再冻融过程（R），则 $Q = P_{\text{liquid}} + a - R$。冰川融水主要是冰川上冰和雪的消融。在模拟的过程当中，冰川完全消融时，冰川融水径流等同于初始冰川化区域内液态降水的总量，冰川退缩部分的融水等同于积雪融水和液态降水的总和减去再冻结的量，假设在冰川末端、冰川表面和冰川退缩区域没有蒸发、下渗等其他物理过程。因此，OGGM 估计的冰川融水径流相当于固定在冰川末端的径流测量仪器测得的数据。

本书使用 36 个有冰川物质平衡观测数据的冰川去标定 OGGM 的最优参数：温度敏感性因子（μ^*）、降水校正参数（a）和三个温度阈值（T_s 和 T_1 是区分固态和液态降水的温度，T_m 是冰开始消融的温度）。使用偏差（B）和均方根差（root mean square error，RMSE）两个指标去评估模型参数对于预估结果精度的影响。为了方便比较，将每个指标得分根据式（8-4）进行标准化，得分越高表示对应模型参数的预估精度越高。每个指标的得分是所有参考冰川面积加权求和。

$$S_{i,v} = \frac{\max(|v^*|) - |v|}{\max(|v^*|) - \min(|v|)} \tag{8-4}$$

式中，i 代表第 i 组参数化方案；v 表示单个指标的得分；v^* 是指所有参数化方案的得分。每个参数化方案的总得分 $S_i = \sum_{k=1}^{2} S_{i,k} \times w_k$，$w_k$ 表示权重（0.5），假设每个指标的权重都相等。根据先验知识首先给出每个参数的取值范围，然后根据交叉验证的方法计算每个参数组合的得分，从而得出最优的参数化方案。

降水校正因子：$a = \{1.0, 1.2, \cdots, 4.0\}$

降水相态分离的温度阈值：$T_s = \{-2.0, -1.5, \cdots, 2.0\}$，$T_1 = \{0, 0.5, \cdots, 4.0\}$

冰雪开始融化的温度：$T_m = \{-2.0, -1.5, \cdots, 0.0\}$

四种温度阈值的候选集合大约有 12 000 种不同参数化方案的组合，只有当 $a = 1.9$，$T_s = 0$，$T_1 = 4.0$，$T_m = -1.0$ 时，得分最高为 1.98，偏差和均方根差最小，分别为 -1.39 mm w. e. 和 402.79 mm w. e. 。OGGM 中基于大地测高法获得的每个冰川物质平衡数据（2013~2017 年，Shean et al., 2020）去标定每条冰川的温度敏感性因子 μ^*。在模型实际运行的过程中，使用 OGGM 默认的滑动参数和温度依赖的格林蠕变参数。

模拟结果的不确定性主要来源于冰川模型和气候系统的内在变率，表现在不同气候情景模拟未来气候变化的偏差（Marzeion et al., 2020）。本章主要考虑冰川模型参数、地球系统模式和未来气候情景的不确定性。预估结果中，总的不确定是这三部分的累积和，能够通过式（8-5）计算：

$$\sigma_t = \sigma_M + \sigma_S + \sigma_R \tag{8-5}$$

式中，σ_t 是总的不确定性；σ_M 是模型参数的不确定性，通过有表面物质平衡观测资料的冰川插值得到。σ_M 和 σ_R 表示来源于地球系统模式和气候情景的不确定性，分别能够通过式（8-6）计算：

$$\sigma_M = \left(\sum_{i=1}^{n} \sigma_i\right)/n, \sigma_R = \left(\sum_{i=1}^{k} \sigma_i\right)/k \tag{8-6}$$

式中，n 和 k 表示地球系统模式（$n = 5$）和气候情景的数量（$k = 4$）。

8.1.2　冰川变化预估数据来源

本书使用 CMIP6 逐月温度和降水数据驱动 OGGM。数据来源于 ISIMIP（The Inter-Sectoral Impact Model Intercomparison Project，https://www.isimip.org），逐日数据的空间分辨率为 0.5°，时间范围为 2015～2100 年。首先，基于 ERA5-Land 数据和 DQM（detrend quantile mapping）方法对 CMIP6 不同模式输出的数据进行偏差校正（表 8-1）。ERA5-Land 数据来源于 C3S（Copernicus Climate Change Service，https://cds.climate.copernicus.eu），是 ECMWF 基于 ERA5 生产的全球陆地变化监测与分析的高分辨率历史数据集，数据范围为 1950 年至今，空间分辨率为 $0.1° \times 0.1°$。然后将偏差校正后的数据重采样为月尺度数据（温度为月平均，降水为月累积）。冰川编目数据（Randolph Glacier Inventory 6.0），主要为冰川演化模型提供初始的冰川边界和面积数据。

表 8-1　预估所使用的模式和气候情景

模型	气候情景
IPSL-CM6A-LR	
MPI-ESM1-2-HR	
MRI-ESM2-0	SSP1-2.6、SSP2-4.5 SSP3-7.0、SSP5-8.5
UKESM1-0-LL	
GFDL-ESM4	

8.2　冰川条数和面积变化预估

8.2.1　冰川条数变化预估

木孜塔格峰地区共有 216 条冰川，总面积约为 659.53 km²。基于五种不同 CMIP6 气候模式集成平均的预估结果表明，四种不同气候情景下，木孜塔格峰地区从 2022 年到 2100 年分别有 12±1 条（SSP1-2.6）、17±2 条（SSP2-4.5）、23±3 条（SSP3-7.0）和 32±4 条（SSP5-8.5）冰川极有可能消失（图 8-1）。在不可持续发展路径和高排放情景下，由于温度相比于低排放情景升温显著，冰川消失的最多。相比于高排放情景，可持续发展路径和低排放情景下由于温升相对较小，冰川消失最少。此外，预估结果显示，不同气候情景下，木孜塔格峰地区的冰川主要在 2050 年之后消失。冰川消失主要与冰川区温度和降水的变化密切相关。不同 CMIP6 模型预估结果的不确定性随着时间的推移逐渐增大。

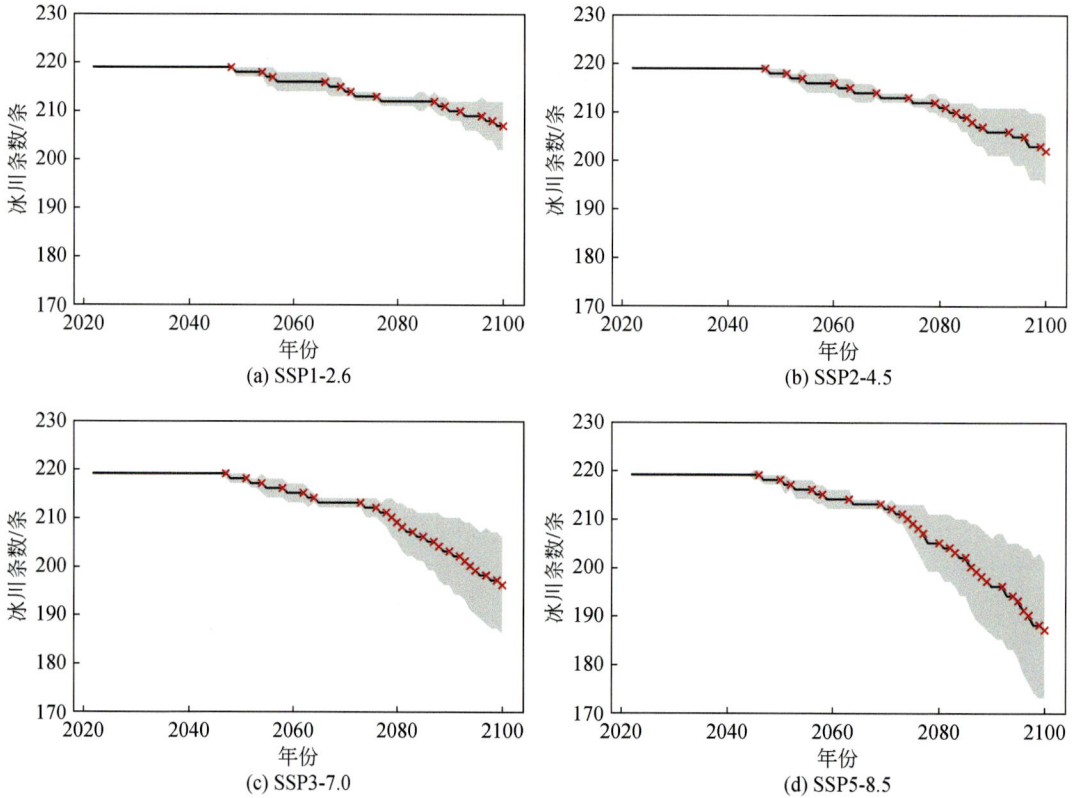

图 8-1　不同气候情景下木孜塔格峰地区未来（2022～2100 年）冰川条数的变化

图中阴影部分为冰川条数变化预估结果的不确定性。×表示冰川消失的时间

　　根据未来不同气候情景下冰川消失的空间分布，木孜塔格峰地区未来极有可能消失的冰川主要分布在西北区域（图 8-2）。SSP5-8.5 相比于 SSP1-2.6 情景下，木孜塔格峰地区约 3 倍的冰川极有可能在未来消失。此外影响冰川消失的主要因素还包括冰川初始面积、体积和冰川气候条件的变化等。

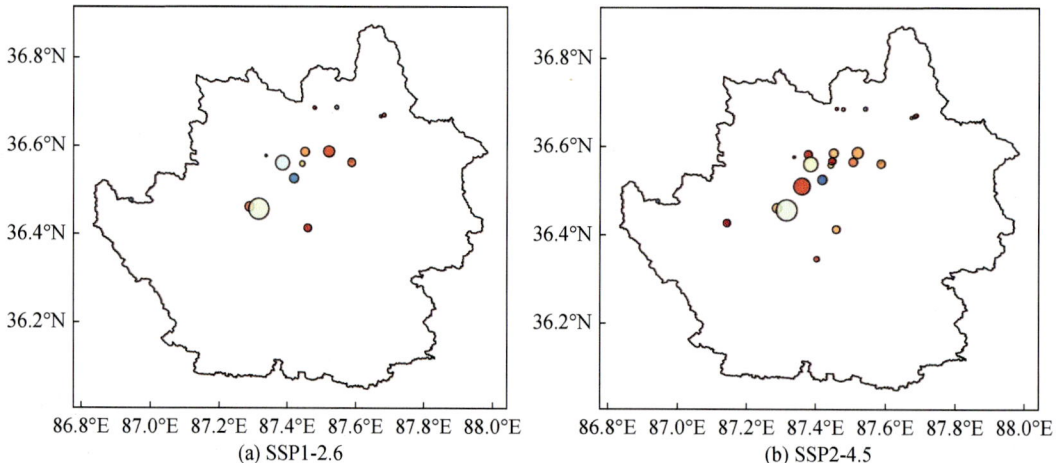

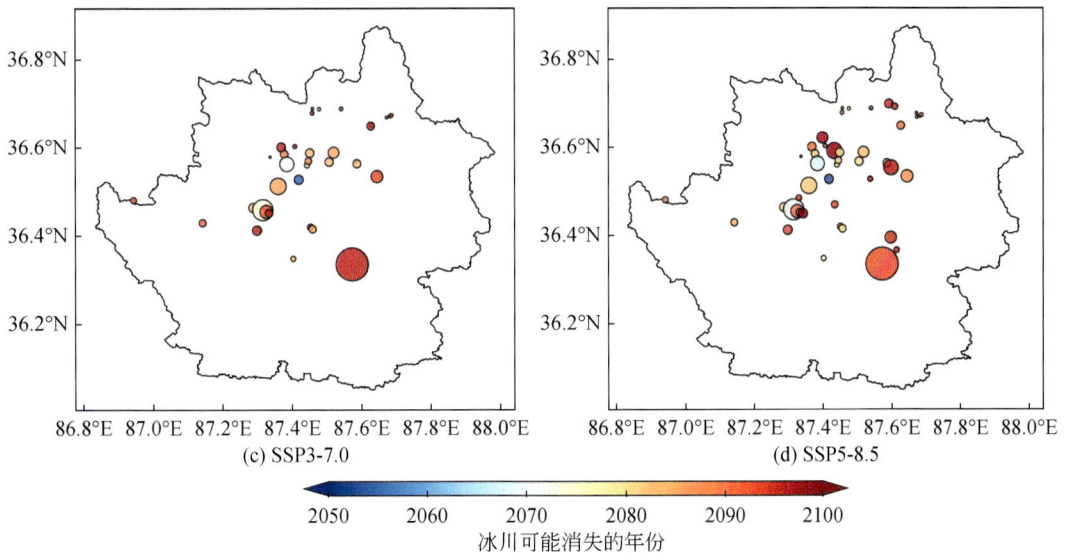

图 8-2 不同气候情景下冰川随气候变化消失的空间分布
"○" 表示冰川位置,圆圈的大小表示初始冰川的面积 (×200 km²) ,不同颜色表示冰川预估的可能消失的时间

8.2.2 冰川面积变化预估

木孜塔格峰地区未来冰川面积变化的预估结果显示 (图 8-3) ,在 SSP1-2.6 情景下,木孜塔格峰地区 2100 年相比 2020 年 (659.53 km²) 冰川总面积减少 1.3%,面积变率为 0.11 km²/a。在 SSP2-4.5 情景下,冰川总面积减少 2.4%,面积变率为 0.20km²/a。在 SSP3-7.0 情景下,冰川总面积减少 3.3%,面积变率为 0.26 km²/a。在高排放情景 SSP 5-8.5 下,相比降低排放情景冰川退缩速率显著加快,总面积减少 4.5%,面积变率达到了 0.33 km²/a。

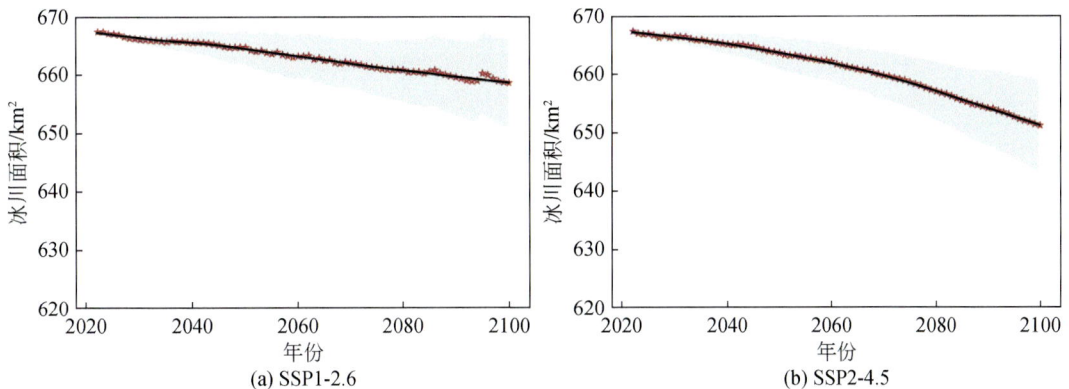

(c) SSP3-7.0　　　　　　　　　　　　　　　(d) SSP5-8.5

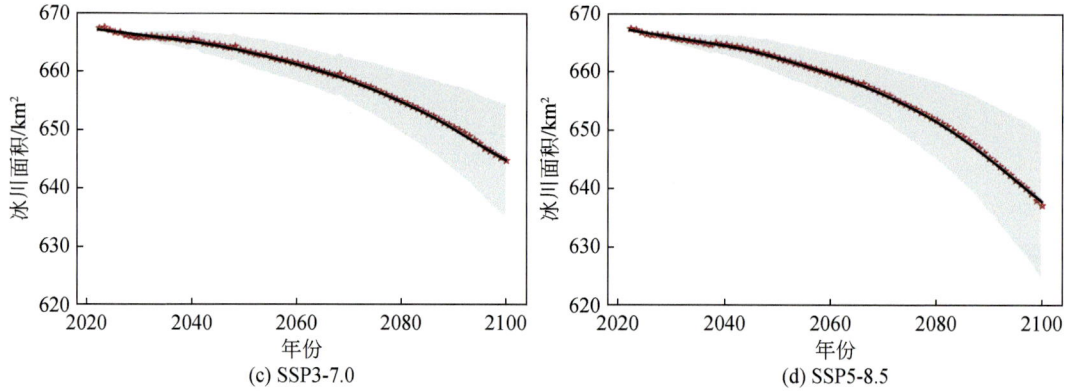

图 8-3　不同气候情景下冰川面积变化的预估结果

图中"×"表示每年木孜塔格峰地区冰川总面积的预估结果，粗实线表示通过非参数线性

权重回归方法计算的冰川面积变化趋势

　　木孜塔格峰地区未来冰川体积变化的预估结果显示（图 8-4），在 SSP1-2.6 情景下，木孜塔格峰地区 2100 年相比 2022 年（52 km³）冰川总体积减小 2.1%，冰川体积变率为 0.02 km³/a。在 SSP2-4.5 情景下，冰川总体积减小 6.9%，体积变率为 0.05 km³/a。在

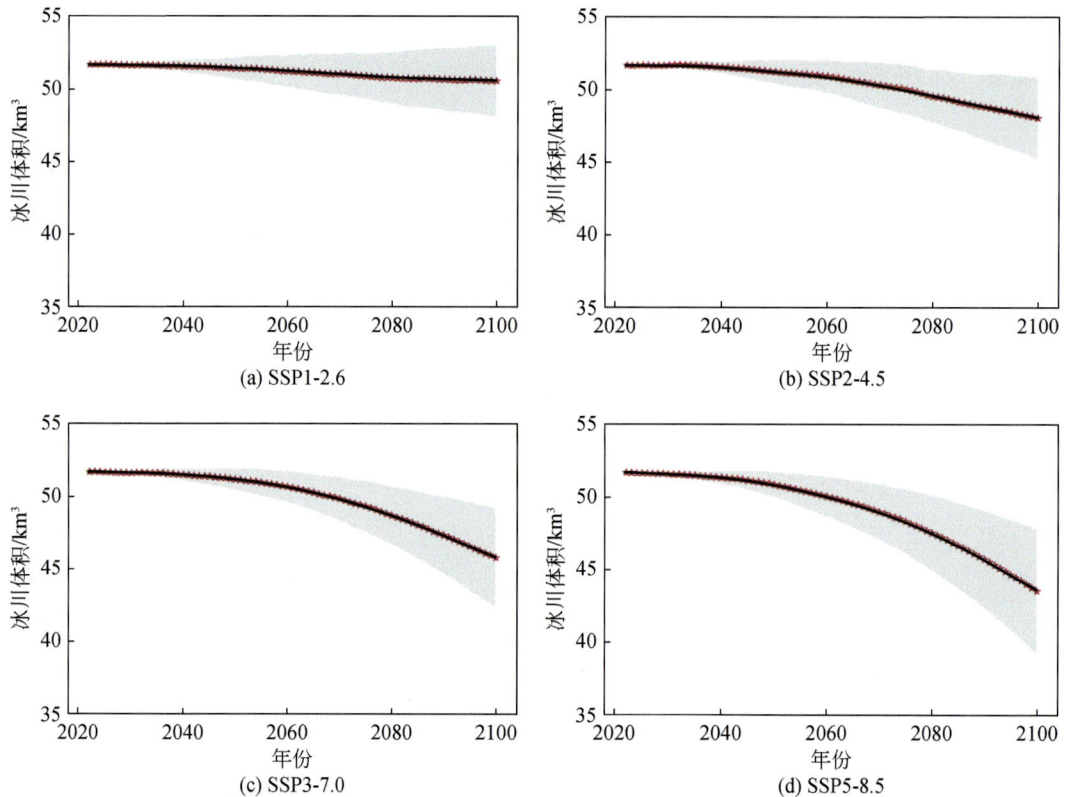

(a) SSP1-2.6　　　　　　　　　　　　　　　(b) SSP2-4.5

(c) SSP3-7.0　　　　　　　　　　　　　　　(d) SSP5-8.5

图 8-4　不同气候情景下冰川体积变化的预估结果

图中"×"表示每年木孜塔格峰地区冰川总体积的预估结果，粗实线表示通过非参数线性权重

回归方法计算的冰川体积变化趋势

SSP3-7.0 情景下，冰川总体积减小 11.4%，体积变率为 0.07km³/a。在高排放情景 SSP 5-8.5 情景下，冰川总体积减小 15.8%，体积变率为 0.10 km³/a。

8.3　21 世纪冰川物质和径流变化预估

8.3.1　冰川物质平衡变化预估

　　木孜塔格峰地区未来冰川物质平衡变化预估结果表明，在 SSP1-2.6 情景下，冰川物质平衡变率为 0.07 mm w.e./a（$p=0.49$）。在最低排放情景下，尽管长时间序列上冰川物质平衡有正变化率（变化趋势不显著），但是冰川总体每年仍然处于质量亏损状态。在 SSP2-4.5 情景下，冰川物质平衡变率为 −1.0 mm w.e./a。在 SSP3-7.0 情景下，物质平衡变率为 −2.4 mm w.e./a。然而，在高排放情景 SSP5-8.5 下，冰川物质平衡变率达到了 −3.14 mm w.e./a（图 8-5）。相比于世界上其他区域的高山冰川，木孜塔格峰地区未来冰

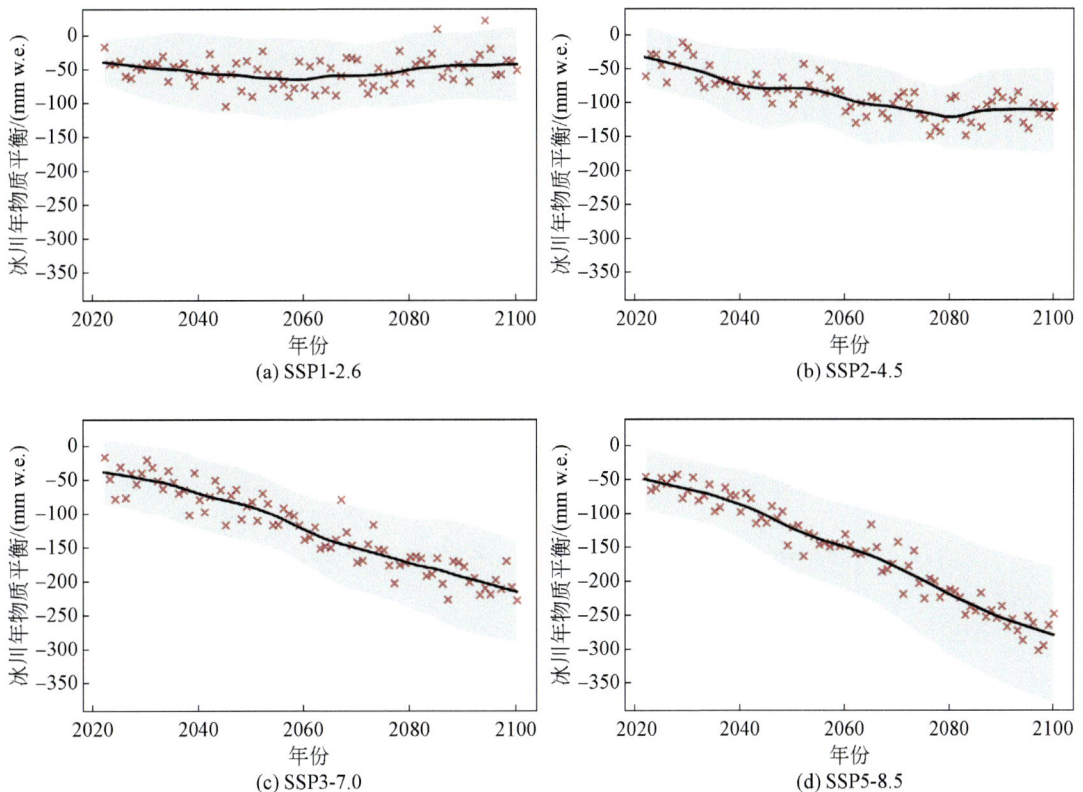

(a) SSP1-2.6

(b) SSP2-4.5

(c) SSP3-7.0

(d) SSP5-8.5

图 8-5　不同气候情景下冰川物质平衡的变化

图中"×"表示每年木孜塔格峰地区冰川物质平衡的预估结果，粗实线表示通过非参数线性权重回归方法计算的冰川物质平衡变化趋势。年冰川物质平衡为木孜塔格峰地区所有冰川面积加权平均

川物质损失的速率相对缓慢，这主要受冰川初始形态和气候变化的影响。

　　所有气候情景下的预估结果表明，木孜塔格峰地区的冰川总体上在整个预估时间段内都呈负质量平衡，即冰川一直处于退缩的状态。同时不同气候情景下不同冰川物质平衡变化率的空间分布表明，在SSP1-2.6气候情景下，只有极个别冰川的物质平衡变化率呈正值［但是 $p>0.05$，在长时间序列上这种变化趋势仍然不显著，图8-6（a）中红色圈所示的区域］。在SSP2-4.5、SSP3-7.0和SSP5-8.5气候情景下，木孜塔格峰地区所有冰川都呈轻微的质量损失。此外，排放情景越高，冰川质量的损失越大。冰川物质平衡的变化与冰川的初始状态密切相关，随着区域气候变暖，该区域冰川物质损失在整个预估时期呈不可逆的趋势。

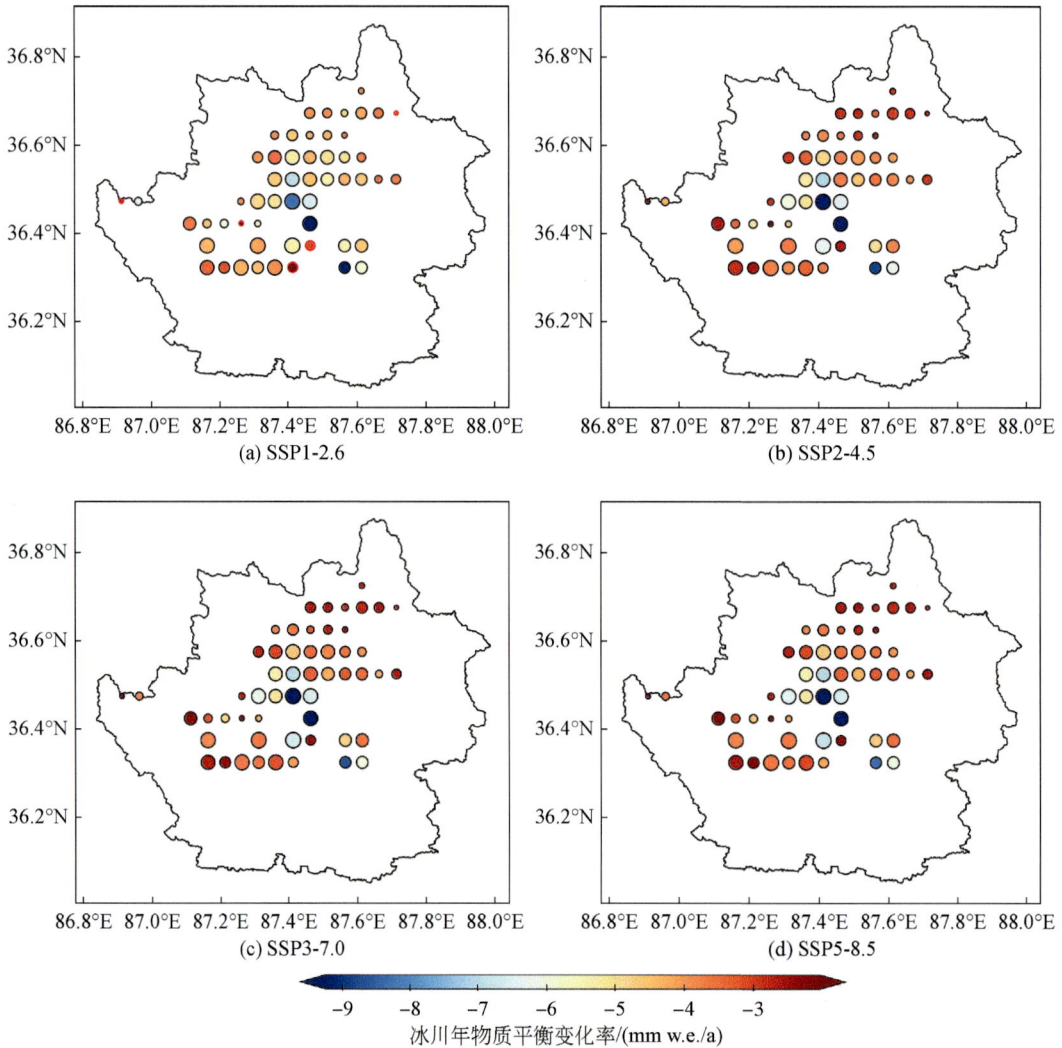

图8-6　不同气候情景下冰川物质平衡变化率空间分布

图中圆圈的大小表示每个格网中初始时期冰川面积之和。不同的颜色表示每个格网内冰川面积加权的平均物质平衡变化率。格网的空间分辨率为 $0.05°×0.05°$

8.3.2　冰川融水径流变化预估

不同气候情景下木孜塔格峰地区未来年总冰川融水径流变化的预估结果表明，在 SSP1-2.6 气候情景下，木孜塔格峰地区总冰川融水径流变化率为 0.49 Mt/a（1Mt = 1×10⁹kg）。总冰川融水径流极有可能在 2070 年之后达到"拐点"。在 SSP2-4.5 气候情景下，木孜塔格峰地区总冰川融水径流变化率为 1.73 Mt/a，其总冰川融水径流极有可能在 2080 年之后达到最大值。此外在高排放情景 SSP3-7.0 和 SSP5-8.5 气候情景下，木孜塔格峰地区总冰川融水径流变化率分别为 2.97 Mt/a 和 3.75 Mt/a，其总冰川融水径流在预估时段内都未能达到峰值。此外所有气候情景下总冰川融水径流的变化趋势均通过显著检验（$p<0.05$）。在 SSP1-2.6 气候情景下，年总冰川融水径流呈先增加后减少的趋势。但是在除 SSP1-2.6 的其他三个气候情景下，总冰川融水径流呈较长时间的增加趋势。整个 21 世纪木孜塔格峰地区冰川都能够持续稳定地补给淡水资源（图 8-7）。

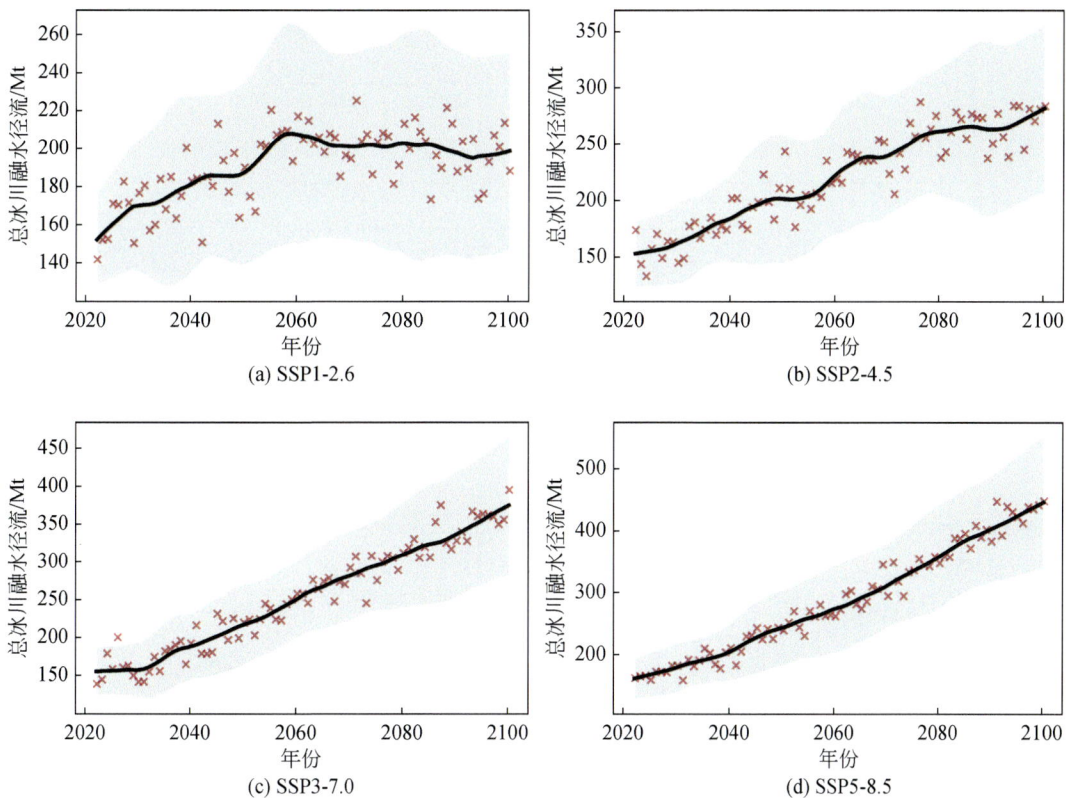

图 8-7　不同气候情景下总冰川融水径流的预估结果

图中"×"表示实际预估的年总冰川融水径流，黑色粗线表示年总冰川融水径流的变化趋势（采用非参数局地权重回归的方法拟合径流的变化趋势），阴影区域表示冰川融水径流变化预估的不确定性

不同气候情景下木孜塔格峰地区未来六个主要流域内总冰川融水径流变化预估结果表

明，冰川融水在月牙河流域的补给量最大，在预估时段内年总冰川融水补给量均大于 50 Mt/a。在哈拉木兰河流域最小，最大的冰川融水量也不会超过 0.06 Mt/a。乌鲁格河西段流域的冰川融水径流仅次于月牙河流域，其次为南坡诸河流域。不同流域内年冰川融水径流的总量差异显著，主要受不同流域内冰川预估的初始时期冰川体积和条数的影响。所有未来气候情景下，除了 SSP1-2.6，冰川融水对于不同流域的补给量逐年增加。整个 21 世纪冰川融水径流在不同流域内均未达到最大值（图 8-8）。木孜塔格峰地区的冰川在未来可以为不同流域提供相对稳定的淡水资源补充。对于冰川融水资源相对丰富的月牙河流域、乌鲁格河西段流域和南坡诸河流域，冰川融水对于农业、生活和生态用水具有积极的意义。此外，在冰川融水相对较少的哈拉木兰河流域，其冰川融水也能够为缓解下游的干旱发挥积极的作用。

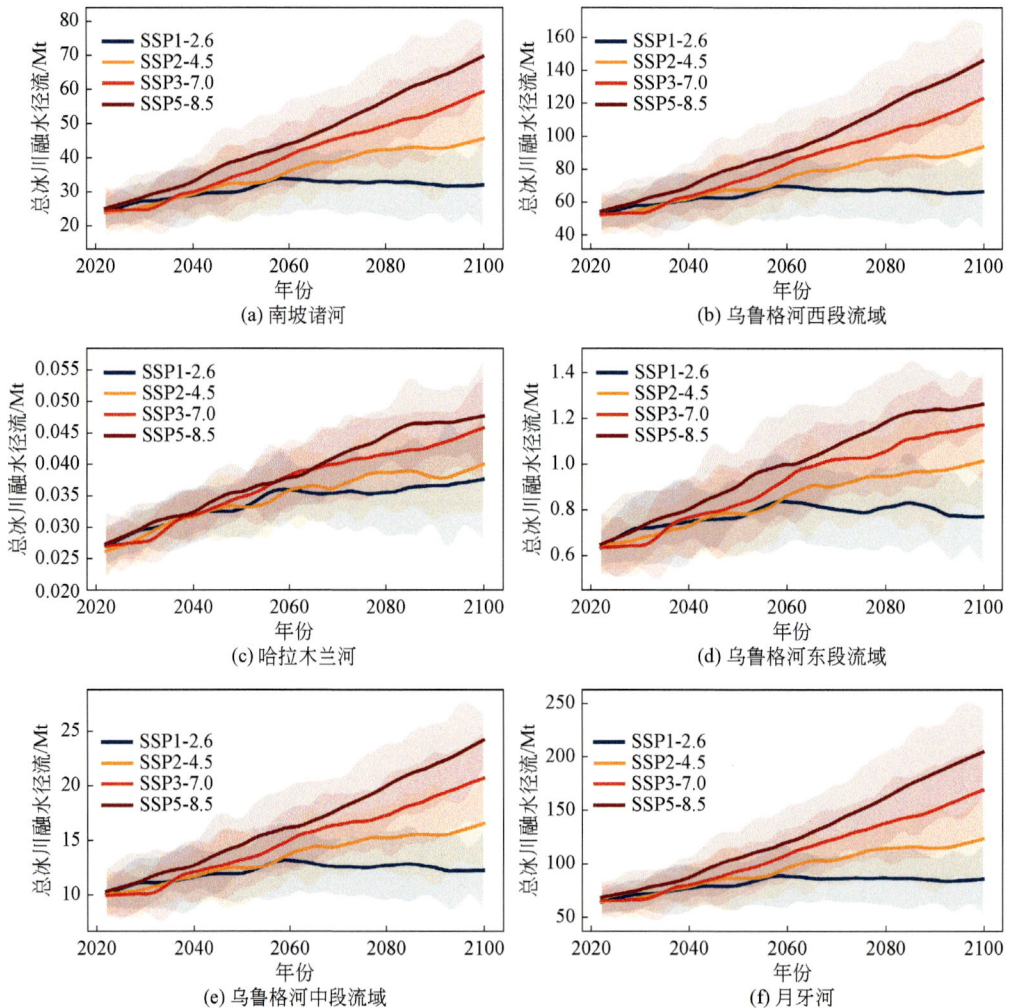

图 8-8　木孜塔格峰地区主要流域不同气候情景下总冰川融水径流的变化

图中粗线表示冰川融水径流的变化趋势（采用非参数局地权重回归的方法拟合径流的变化趋势）。阴影区域
表示冰川融水径流变化预估的不确定性

第 9 章　木孜塔格峰地区的跃动冰川与冰川湖变化

气候变暖背景下，木孜塔格峰地区冰川快速变化引起的灾害时有发生。本章主要以冰川跃动、冰湖演变与溃决为研究内容，结合木孜塔格峰地区典型冰川的案例进行分析，并给出相关的预警对策及建议。研究结果表明：①木孜塔格峰西北部的鱼鳞川冰川 2008 年出现了三次跃动事件，其表面裂隙增加，气候变暖导致消融增加，液态水的润滑作用致使冰川出现跃动。②1990 ~ 2020 年木孜塔格峰地区冰湖数量有所增加，但面积和储量出现下降的趋势，典型冰湖如冰鳞川冰湖面积下降趋势显著，而木孜塔格冰湖变化不明显，研究还发现，冰湖的扩张主要是由夏季降水的增加导致的。③遥感资料显示，木孜塔格峰地区发育的冰湖以冰坝湖为主，冰川周期性溃决特征明显。因此，冰川与冰湖变化可能导致冰川跃动、溃决洪水、泥石流等极端事件，对山区工作人员具有一定潜在风险，需要引起高度重视。

9.1　冰川跃动过程与机理

9.1.1　冰川、冰湖灾害概述

AR6 WGI 报告表明，相较于工业革命前，近十年内全球表面温度上升 0.95 ~ 1.2℃（樊星等，2021），这使得全球大部分冰川活动性增强，冰川消融加剧，促使冰川灾害发生的风险增加。我国冰川主要集中在青藏高原及周边地区，与冰川相关的灾害类型有冰/雪崩、冰川跃动、冰滑坡、冰川泥石流、冰湖溃决洪水、风吹雪等。冰川灾害随气候、冰川类型等的不同，其形成机制、分布状况、危害程度也各有不同（邬光剑等，2019）。

气候变暖背景下，木孜塔格峰地区冰川快速变化引起的灾害效应也时有发生，如冰崩、雪崩等。2008 年 9 月，位于木孜塔格峰西北坡的鱼鳞川冰川发生了冰川跃动（郭万钦等，2012）。此外，该地区发生的冰川灾害还有与冰川跃动密切相关的冰湖溃决、冰川泥石流等。木孜塔格峰地区为无人区，但动物资源丰富，有藏羚羊等国家级保护动物，其北坡的兔子湖是阿尔金山有名的产羔地，特殊的地形和丰富的动物种群，在此形成稳定的生物链。

9.1.2　冰川跃动原理

1. 冰川跃动定义

冰川跃动（glacier surging）是指冰川末端在保持了较长时间的相对稳定后，在短时间内突然出现的异常快速前进现象（Meier and Post，1969）。复合型冰川和温带冰川都有发生跃动的可能，这两种冰川类型已被用作对具有不同机制的跃动型冰川（斯瓦尔巴型和阿拉斯加型）进行双重分类的基础，而致使跃动冰川不稳定的两种机制分别为热力学和水文学机制（Guillet et al.，2022）。在我国西南部山地冰川发育地区，如喀喇昆仑山、帕米尔地区、西昆仑、藏东南以及喜马拉雅山等，冰川跃动时有发生。跃动冰川的间歇期似乎是固定不变的（张文敬，1983），但不同跃动冰川的间歇期并非一致，其间隔时间存在差异，这是跃动冰川的一个显著特征。跃动冰川还存在一些不寻常的冰川特征，因此可通过冰川特征识别跃动冰川，使其可与普通冰川或前进冰川较好区分。

冰川跃动产生的直接影响，即冰川灾害，主要有两点：一是跃动造成冰川末端的前进，会对冰川前端的道路、河流，乃至居民生产、生活设施和环境造成破坏或负面影响；二是跃动造成的冰体快速抬升，容易形成冰崩灾害，对冰川周边的环境和设施造成破坏。

冰川跃动产生的间接影响，即冰川次生灾害，与水量的剧增有关：一方面，冰川跃动受冰下排水系统变化控制，跃动之前，排水通道常常被堵塞，导致大量的融水聚集在冰内，出水口水量减小，跃动之后，新的水道形成，储水外泄，水量剧增。另一方面，跃动之后冰川表面失去了表碛保护，加之冰塔林的形成扩大了冰川有效消融面积，冰面消融急剧增加，导致水量再度增大。另外，跃动还能造成一些冰面湖水泄流。几方面因素叠加，使得跃动之后，冰川融水会出现一个大幅增加的过程，而融水的快速增加，可能诱发一系列冰川次生灾害，如冰川洪水、冰川泥石流、冰湖溃决等，对人民生命财产造成重大损害。

2. 冰川跃动特征

（1）跃动冰川表面特征

冰川跃动的基本原因是冰川动力的不稳定性，在冰川跃动部分的上游，物质积累大于消融，而下游则为物质收入小于支出，其差别逐渐扩大，直到应力松弛性卸荷，表现为冰川的整体性受到破坏及冰川流速的急剧增加。不同形态、大小的冰川均可发生跃动。

跃动冰川按其发展过程可分为活跃阶段和不活跃/静止阶段（张震等，2018）。跃动冰川处于活跃阶段的最常见特征如下：①跃动冰川混乱的裂隙表面、快速张开的裂隙以及膨胀鼓起的、前进的冰川前缘和冰川边缘的剪切线（Meier and Post，1969），这是可从优质遥感影像中判识跃动冰川的静态特征，这种特征最早被用作跃动冰川调查和编目的指标。②冰大规模的垂直或水平位移，因此快速前进的冰川末端成为通过遥感识别跃动冰川的显著特征之一，但部分冰川在跃动期间冰川表面中下部的水平位移比主要冰川终点具有更大的运动距离（Guo et al.，2013）。也有少数研究表明冰川跃动后冰川末端并未前进，如克拉牙依拉克冰川、希斯帕（Hispar）冰川等（张震等，2018；Paul et al.，2017）。

跃动冰川在不活跃/静止阶段所表现出的独特特征包括内侧冰碛中重复循环、褶皱或不规律性，表面上奇特的凹坑，明显扭曲的冰叶，相当大一部分冰川实际上停滞不前（Meier and Post，1969）。

（2）跃动冰川运动速度及高程变化

典型冰川跃动期间，冰川表面运动速度会经历强烈的变化，流速可以增加 10～1000

倍（Clarke et al., 1984）。一般地，在跃动起始阶段，长时间物质积累和损失的差异导致冰川失衡；然后，冰川进入快速移动期，冰川表面速度增加至所有剖面的最大值；最后，进入冰川跃动恢复阶段，冰川表面速度逐渐下降，恢复至接近停滞状态。

跃动期间，大量的冰从冰川下的积蓄区转移到接收区。这种质量转移通常会导致冰川上游冰的急剧变薄以及下游接收区冰川的增厚。这是由于跃动发生期间，冰川上游物质无法有效排泄，短时间内以波状形式向下游涌动，从而使冰川接收区不同部位高程存在先升后降的变化，最终淤积至冰川末端，促使该部分高程增加。单个冰川需表现出运动速度、高程变化以及表面裂隙变化中的两个及以上特征才可被认定为跃动冰川（Guillet et al., 2022）。

（3）前进冰川与跃动冰川

若冰川末端距前一时间向前变化约 60 m，则被定义为前进冰川（Rankl et al., 2014）。前进冰川是冰川运动的一种形式，冰川跃动则被认为是冰川运动不稳定性的表现。有研究认为，跃动冰川是一种处于普通冰川与快速流动冰川之间的一种过渡状态（Raymond, 1987），即跃动冰川形成的物质积累使冰川拥有较高流速，但不能长久维持。

跃动期间，冰的运动速度十倍或百倍于正常冰川的运动速度。流速高的跃动，短期内可达 100 m/d，并可在一两年中维持 5 km/a 的高速度。流速低的跃动，每年运动几十至几百米，这与某些大型非跃动冰川的流速相差不多。对于一些平均厚度为两三百米的大型山地冰川，蠕变产生的位移仅有 10～30 m/a，而跃动期间如此高的速度，不可能由几百米厚的冰川蠕变所产生，必然是快速滑动所致。

3. 冰川跃动机理

冰川跃动是冰川运动的特殊方式，其物理机制复杂，目前冰川学尚无一种物理模型可以诠释和模拟所有跃动事件。综合国内外已有研究成果，有两种推定的机理可以用来概括大多数已发现的、足以触发冰川跃动的动力学机制。一是热控机理，该理论认为，冰川底部温度场发生变化，造成冰下沉积层形变和孔隙度增加，从而触发冰川跃动。二是水控机理，该理论认为，冰川底部排水系统发生变化，尤其是由集中管道式排水系统变为分散式排水系统，是触发冰川跃动的主要驱动。

（1）热控机理

当多种不同因素导致冰川底部温度升高后，在应力不变条件下，冰的变形速率也会随之增大。变形速度稍有增大，会使应变热量增加，温度上升，进而引起变形速率的进一步增大。这是一个正反馈系统，导致温度失去控制而上升，称为"蠕变不稳定性"。"蠕变不稳定性"使原来和冰床冻结在一起的底部冰体升温到融点，随后冰川开始滑动。在此正反馈作用下，变形速度增大，触发冰川跃动。最终，由于冷性冰体的向下流动，冰川重新和冰床冻结在一起，跃动停止（Robin, 1955）。

一些事件中，跃动冰川底部存在一个以冰温为融点的中心冰核，而冰核周围是一个和冰床冻结在一起的冰环。当冰体从冰核突破外部障碍时，即发生跃动。热控机理可以解释冷冰川跃动，有两种相互作用的过程控制着跃动的持续时间：一是摩擦产热融化冰床处的冰，并维持快速滑动。二是上覆积累区冰层不断变薄，使得冰内温度升高，最终导致从冰与基岩的界面处向外传输热量，而该处的温度下降到融点以下，从而使跃动停止。其后，随着积累区又开始变厚，冰内温度梯度减小，最终导致底部冰体再次达到融点，下次跃动开始，往复不断（Clarke，1984）。

（2）水控机理

水控机理表现为两种作用形式。

一是冰下水层的润滑作用，当冰床处的水层厚到足以淹没滑动障碍物（对滑动造成最大阻碍的凸起基岩）时，水层的润滑作用达到最大，跃动开始。而跃动开始后，由摩擦热产生的融水能使润滑作用维持较长时间，此时积累区冰体增厚或冰面坡度变大，底部的剪应力会相应增大。当由此造成滑动障碍物尺寸与水层厚度相差不大的数值时，触发跃动（Weertman，1969）。跃动之后，积累区冰体迅速变薄导致底部剪应力下降，当滑动障碍物尺寸大于水层厚度时，跃动即停止。然而，由于水压力的不断增加，水层是不稳定的，这一机制尚待进一步研究。

二是冰下水层的"液压效应"。有研究显示，冰川滑动可能受静态水压力控制，其机理类似于液压效应。该效应作用下，冰川底部和冰床发生分离，从而触发跃动。这种情况下，滑动是基底剪应力和有效压力的一个多值函数（Lliboutry，1968；Bindschadler，1983）。对于没有发生跃动且融水较多的温冰川而言，冰下排水系统通常为集中管道式排水系统，系统中的水流量和水压之间呈负相关关系，即排水系统中有较高的水流量和较低的水压力（Kamb，1987）。这种排水系统十分发达和稳定，冰川在此排水系统下只会出现慢速滑动现象，即便是融水大量增加，也不会突变为跃动。然而，如果排水系统发生改变，由集中管道式系统转变为分散式排水系统，冰下通道由于堵塞和不畅，造成静水压迅速增加，形成液压效应，造成冰与基岩分离，便会产生快速滑动，同时正反馈作用触发冰川跃动。液压效应机制的提出最初只针对下伏冰床为坚硬的基岩（Kamb，1987），后来发现，大多数的跃动冰川下伏基岩岩性较软（Harrison and Post，2003），且底部剪应力的临界点超过较软的可变形冰床的变形力，说明底部冰碛物内排水系统的改变也可以触发冰川跃动（Fowler，1987；Eisen et al.，2005）。

显然，冰下排水系统的改变对触发冰川跃动具有重要意义。已有分析表明，四种因素可能与冰下排水系统的改变有关：①积累区压力增大造成冰下剪应力增加；②冰川底部温度变化，造成冰川和基岩关系状态改变；③融水增大对排水通道产生较高的压力和剥蚀作用，使之发生形变，最终导致排水路径的破坏；④冰碛和冰床软质沉积层中的排水系统稳定性差，容易被改变。

9.1.3　冰川跃动案例

1. 木孜塔格冰川和淙流冰川

蒋宗立等（2019）发现位于同一山脉两侧的木孜塔格冰川和淙流冰川均为前进冰川。通过对比1972～2011年的Landsat影像可知，木孜塔格冰川和淙流冰川均发生过多次前进。木孜塔格冰川在1972～1986年、1993年、1994～1999年、1999～2004年、2004～2008五个时间段分别前进了100 m、25 m、33 m、46 m、20 m；淙流冰川在1992～1993

年、1994～1999 年、1999～2011 年三个时间段分别前进了 50 m、20 m、10 m。在冰川不断前进的过程中，冰川物质呈现亏损状态，但 1999 年以后冰川物质是正积累的，这是降水量增加的结果。

通过对比 1992～2020 年的 Landsat 遥感影像，发现木孜塔格冰川在 1992～2004 年处于前进状态，但在 2004～2008 年发生明显退缩，2008～2020 年该冰川继续前进。总体来看，木孜塔格冰川在 1992～2020 年处于前进状态（图 9-1）。这与蒋宗立等（2019）稍有不同，其结果表明木孜塔格冰川在 1972～2008 年处于前进状态。淙流冰川在 1992～2020 年处于前进状态，但并不十分明显。

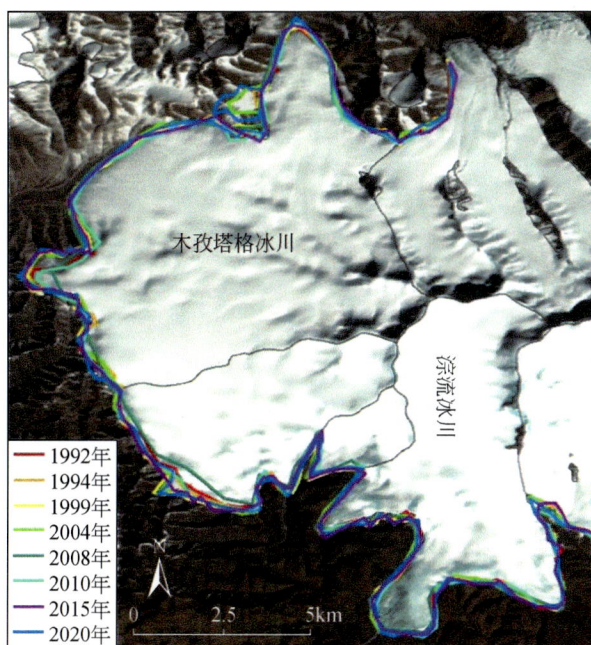

图 9-1　1992～2020 年木孜塔格冰川与淙流冰川边界变化
（以 1992 年 Landsat 影像为背景）

2. 鱼鳞川冰川

结合 Landsat 系列影像和实地调查，木孜塔格峰地区的西北坡鱼鳞川冰川曾于 2008 年 9 月到次年 3 月发生跃动（郭万钦等，2012）。在此，基于 Landsat 系列卫星影像，对其末端位置、表面特征、跃动机理进行详细论述。

（1）鱼鳞川冰川末端变化

通过观察不同时期冰川边界遥感影像发现（图 9-2），鱼鳞川冰川中支南坡于 2008 年 8 月已出现明显跃动迹象，并与南支相连，但北坡此时还处于稳定状态。2009 年 9 月，鱼鳞川冰川中支南北坡均发生明显跃动，与南北支均已连接。到 2011 年 8 月，鱼鳞川冰川中支逐渐恢复至稳定状态。

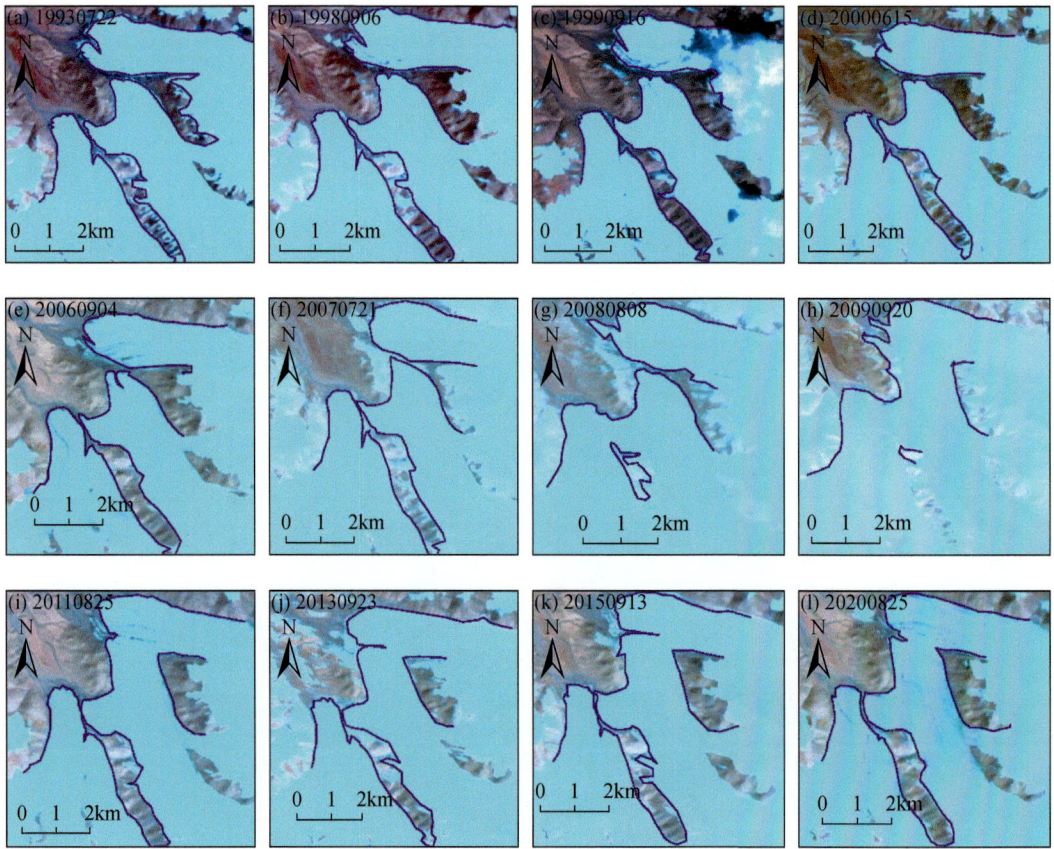

图 9-2   不同时期鱼鳞川冰川边界变化 Landsat 遥感影像

（2）鱼鳞川冰川表面裂隙发育

一般在冰川跃动发生前，可能会发现其纵剖面局部比邻近的侧向冰碛垄或边缘线更陡的现象，这为预测冰川跃动提供了条件。但鱼鳞川冰川中支在跃动发生前，其冰川表面多平滑，几乎不存在扭曲、横向裂隙［图 9-3（a）］，表明鱼鳞川中支冰川存在静止与跃动间的突变，这与 Gou 等（2013）所得结论一致。鱼鳞川冰川跃动期间，其内侧冰碛出现褶皱，横向裂隙迅速发育，裂隙面积不断增加，冰川表面相对混乱［图 9-3（b）］。鱼鳞川冰川逐渐处于稳定状态后，在冰川表面可以发现坑洼以及明显扭曲的冰叶［图 9-3（c）］。

（3）鱼鳞川冰川跃动周期

跃动冰川的周期性特征是冰川灾害反复发生的一个重要原因。为减少由冰川灾害造成的损失，可以通过观察其周期性对冰川跃动进行提前预防。通过 Landsat MSS 卫星影像可以观察到，1977 年鱼鳞川冰川也曾与其南北支相连［图 9-4（a）］，并在之后逐渐消退。Guo 等（2013）也利用最早的 Landsat MSS 卫星影像（1972 年）发现与鱼鳞川冰川南北支相连，从 1972 年至 2008 年 9 月再次发生跃动前，并未发生跃动。鱼鳞川中支冰川在其向南北支分流位置处存在明显的纵向裂痕，这表明鱼鳞川中支冰川南北侧至少有一侧曾发生明显位移，也间接表明鱼鳞川中支冰川可能于 1972 年前就已发生过跃动，其跃动周期至少超过 36 年。

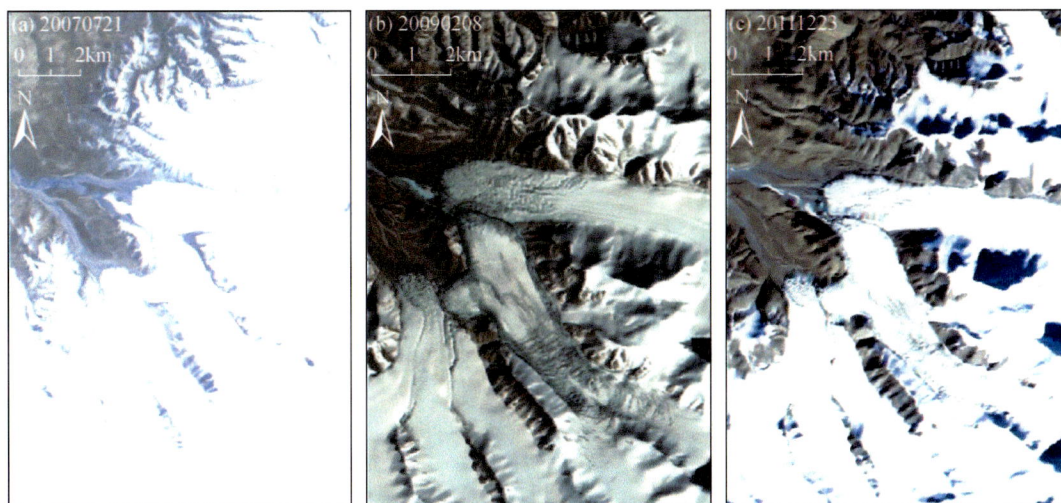

图 9-3　基于 Landsat 遥感影像鱼鳞川冰川跃动前后冰川表面裂隙对比

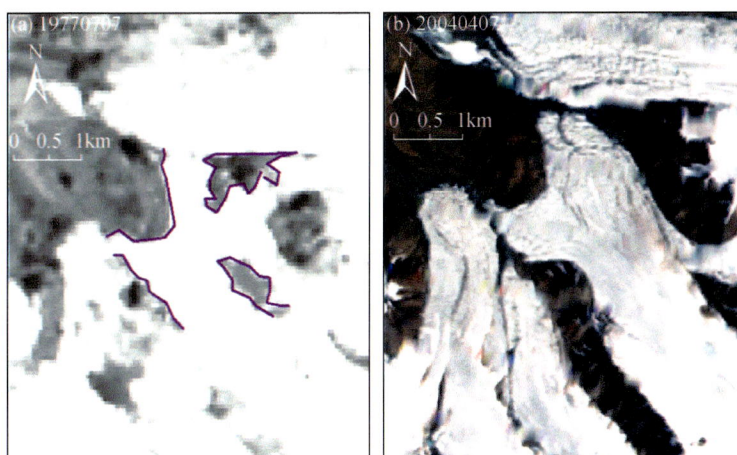

图 9-4　1977 年与 2004 年鱼鳞川中支冰川 Landsat 影像

3. 冰川跃动成因分析

1999～2011 年 2 条前进冰川均呈现正积累状态，但 1972～1999 年却呈现强烈的物质亏损。木孜塔格冰川和淙流冰川在 1972～1999 年上游物质亏损严重，冰川上游强烈消融，冰川内部液态水的润滑导致冰川前进，与正常的前进不同。此外，2 条前进冰川分别位列同一山峰的南北坡，坡度比较平缓，平均坡度分别为 6° 和 8°，冰体相对宽大，末端相对稳定，为前进创造了条件。关于跃动冰川的原因解释目前尚无定论，一般认为是液态水的润滑作用，液态水来源主要有积累产生的压融水、冰体内部储存的融水或者液态降水等。该地区降水较少，现有气象资料表明，2007 年前后并未出现强降水现象。王宁练等

（2019）在昆仑山玉珠峰冰川内部发现富含水冰层，其富含水冰层的形成与气候变暖相关。此外，郭万钦等（2012）分析表明，鱼鳞川冰川跃动前冰裂隙发育，冰川跃动主要开始于2008年10月，夏季液态降水可能通过冰裂隙进入冰体从而诱发冰川跃动。

9.2　冰湖演变与溃决

9.2.1　冰湖与冰湖溃决

冰湖泛指由于冰川作用或者与冰川有关的湖泊，《冰冻圈科学辞典》对其有多种定义（秦大河，2016）：①冰成湖，或者冰川成因湖（glacier lake），是指通过冰川作用形成的湖泊，有冰川侵蚀湖（glacier erosion lake）与冰碛阻塞湖（moraine dammed lake）；②冰川边缘湖（ice marginal lake），位于冰川末端附近的湖泊；③冰川湖（glacial lake），与冰川或者冰川作用相关的湖泊，包括冰蚀凹地湖、冰川阻塞湖、冰碛阻塞湖等。不同学者，根据不同研究目的和标准，对冰湖的分类也存在差异，如姚晓军等（2017）系统阐述了冰湖的定义和不同分类标准，依据冰湖形成机理、地貌形态和空间特征将其分为六大类：冰川侵蚀湖、冰碛阻塞湖、冰川阻塞湖、冰面湖、冰下（冰内）湖和其他冰川湖。王琼等（2022）进一步阐述了山地冰川演化与冰湖发育的相互作用机制。此外，根据湖泊与冰川的空间距离也可定义冰湖，如距离冰川一般在3 km、5 km、10 km范围以内湖泊归为冰湖（Wang et al.，2013；Zhang et al.，2015；Karimi et al.，2014）。

2008～2017年亚洲高山区冰湖面积扩张十分显著，其中冰前湖（冰缘湖）面积增加占冰湖扩张总面积的62.87%（Chen et al.，2021）。特别是1990～2010年，青藏高原地区冰川接触型冰湖面积增加了53.1%±5.6%（Zhang et al.，2015）。冰湖的显著扩张导致溃决洪水和泥石流等自然灾害频发，20世纪以来，以青藏高原为主体的亚洲高山区累计发生冰湖溃决洪水277起，其中冰碛湖溃决洪水113起（张太刚等，2021）。因冰川快速消融/前进、极端高温和强降水事件、坝体失稳等原因，冰湖溃决洪水及其致灾效应备受关注（Nie et al.，2021；Zheng et al.，2021；Tsutaki et al.，2019；Karimi et al.，2014；Wang and Zhou，2017）。例如，1988年7月15日米堆冰川冰前湖——光谢错冰湖溃决（李德基等，1992）；2020年6月25日西藏嘉黎县吉翁错冰碛湖发生溃决，对当地交通、农田、基础设施等造成严重损坏（Wang et al.，2021）。

强烈冰川作用的山区，突发性洪水的发生与冰湖溃决也密切相关，具体可分为：①由冰川阻塞湖溃决，或在冰川系统内或冰川底部堵塞融水溃决；②冰川前终碛阻塞湖溃决或溢出；③滑坡、岩（山）崩，雪崩阻塞天然河道形成的、不稳定天然坝的溃决或排水等。在冰川作用区，由于冰湖突然溃决而引发溃决洪水/泥石流，会危害人民生命和财产安全并对自然和社会生态环境产生破坏性后果。广义的冰湖溃决包括冰川阻塞湖、冰碛阻塞湖、冰面湖、冰内湖等冰川湖突发性洪水。从区域范围来看，它属于特定的地域灾害，是冰冻圈中最为常见的山地灾害之一，一般能造成重大灾害的为冰碛湖、冰川湖溃决洪水/泥石流，又以冰碛湖溃决洪水/泥石流最为频发。冰碛湖从形成、演化到溃决，从根本上说是地形条件和气候变化综合作用的产物。气候波动引起冰川进退，而冰川的进退变化既是冰碛湖形成和演化的主要驱动机制，又是冰碛湖溃决主要诱发机制。此外，冰碛湖溃决灾害的形成、强度和影响范围还受流域的地形、地质条件和社会经济状况等制约。所以，冰碛湖溃决灾害涉及气候、冰川、地形地质条件以及区域社会经济环境等诸多因素。

9.2.2　木孜塔格峰地区冰湖特征

(1)　冰湖识别方法

基于卫星遥感影像提取冰湖边界范围，使用最为广泛的方法有监督分类、波段比值、人机交互式解译等（刘时银等，2012；Holobâcă et al.，2021）。其中，人机交互式解译（目视解译）精度较高，但效率较低。考虑到该地区冰湖数量较少、规模不大，对该区域冰湖全部采用人机交互式解译方法进行判读。本章使用波段比值和人机交互式解译相结合的方案。首先，利用波段比值，设定和调整阈值，经反复试验，初步提取冰湖主要范围；其次，通过人机交互式，即人工目视跟踪解译冰湖边界。计算机自动计算过程受云层和积雪的影响较大，借助 Google Earth 影像和野外考察经验，对解译范围进行修订。此外，目视解译过程中，分别对不同传感器遥感影像进行假彩色合成，即 Landsat 5/TM 和 Landsat 7/ETM+对应的 5、4、3 波段（分别对应的波段为 SWIR：短波红外；NIR：近红外、红波段）和 Landsat 8/OLI 对应的 6、5、4 波段（分别对应的波段为 SWIR：短波红外；NIR：近红外、红波段），突出冰川和冰湖的判读。在此，冰湖范围识别时，空间上大于"2 3"或者"2 3"像元的均解译为冰湖，对应最小面积约为 0.01 km²，借助 ArcGIS 空间分析模块对冰湖面积及其接触冰川的空间变化进行计算。冰湖空间分布如图 9-5 所示。冰川、冰湖范围的波段计算公式为

$$T=\frac{B_{\text{Red}}}{B_{\text{SWIR}}} \tag{9-1}$$

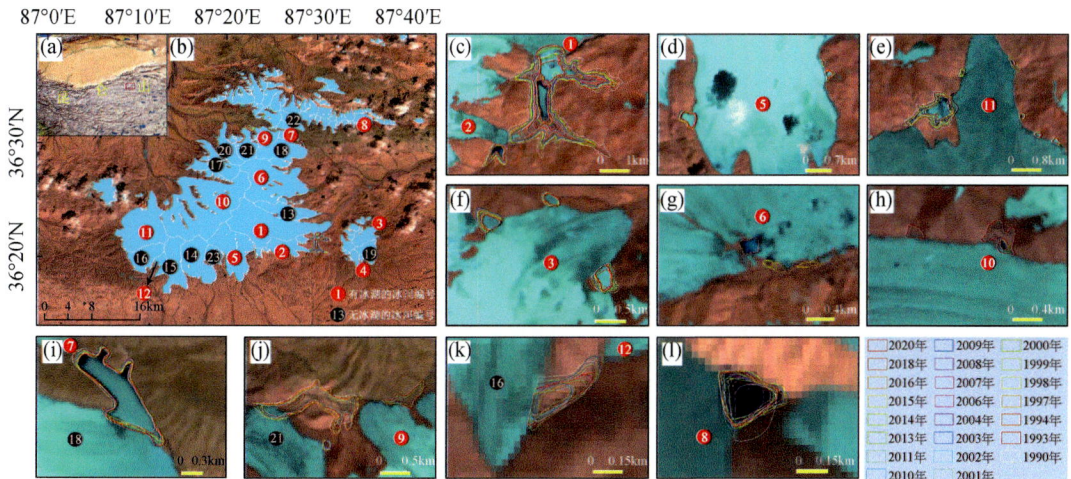

图 9-5　木孜塔格峰地区冰湖和冰川分布

（2）木孜塔格峰冰湖类型及分布特征

根据冰湖分类体系，目前中国冰湖主要分为六大类：冰川侵蚀湖、冰碛阻塞湖、冰川阻塞湖、冰面湖、冰下（内）湖以及其他冰川湖。木孜塔格峰地区，冰湖形成于海拔5275～5612 m，主要为冰川阻塞湖（图9-5和表9-1）。空间上，冰湖均匀分布于冰川边缘，冰川末端相对较少（图9-5）。规模较大的冰湖主要分布于木孜塔格峰北部和南部，由冰川阻塞而成。

表9-1　木孜塔格峰地区冰湖分类

大类		亚类		出现时间	面积（km²）/数量（个）	
编码	名称	编码	名称		1990年	2020年
10	冰川侵蚀湖	13	其他冰川侵蚀湖	1990～2020年	1.12±0.097/2	1.75±0.11/3
20	冰碛阻塞湖	21	终碛阻塞湖	1990～2020年	0.02±0.008/1	0.03±0.009/1
		22	侧碛阻塞湖	1999年、2008年、2009年、2010年、2015年、2016年、2018年	—	—
30	冰川阻塞湖	32	其他冰川阻塞湖	1990～2020年	10.58±0.76/13	2.68±0.37/11
40	冰面湖	—		2013年、2014年、2020年	—	0.07±0.014/1

1990年和2020年，冰川侵蚀湖（主要为其他冰川侵蚀湖）分别为2个和3个，总面积为1.12±0.097 km²和1.75±0.11 km²；冰碛阻塞湖和终碛阻塞湖均为1个，面积分别为0.02±0.008 km²和0.03±0.009 km²；冰川阻塞湖分别为13个和11个，面积分别为10.58±0.76 km²和2.68±0.37 km²。侧碛阻塞湖只有1个，出现在1999年、2008年、2009年、2010年、2015年、2016年和2018年；冰面湖在2013年、2014年和2020年出现，只有1个，2020年冰面湖面积为0.07±0.014 km²。其中，2020年分布在海拔5275～5400 m的冰湖面积占冰湖总面积的67.70%，海拔5600 m以上冰湖面积仅占0.48%，且湖面多冻结状态。此外，1990～2020年冰湖储量从0.49±0.043 km³减少至0.20±0.026 km³（图9-6）。1990～2010年冰湖面积和数量波动较为显著，2005～2020年，冰湖数量有所增加，但面积变化和储量变化并不显著。

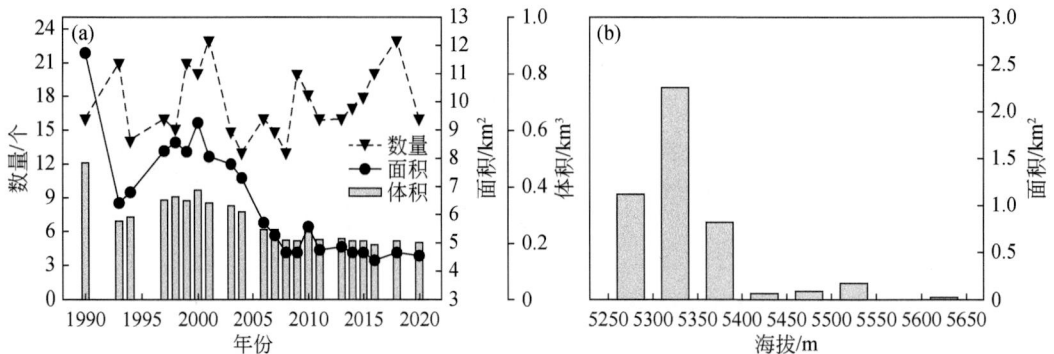

图9-6　木孜塔格峰地区冰湖数量、面积和体积变化（a）以及2020年冰湖海拔分布（b）

（3）典型冰湖溃决演变

选取两个冰湖作为典型案例，分析其冰川–冰湖演变过程。两个代表性冰湖为冰鳞川冰川冰湖（冰鳞川冰湖）［图9-5（c）］和木孜塔格冰川冰湖（木孜塔格冰湖）［图9-5（e）］，分别位于木孜塔格峰的东南和西南方向，分别为冰川阻塞湖和冰川侵蚀湖。1990～2020年，冰鳞川冰湖波动非常显著，面积总体呈减小趋势（图9-7）。该冰湖1990年面积最大，为7.66±0.37 km²，之后经历多次的缩小、扩张演变，于2020年分裂形成两个冰湖，与冰鳞川冰川直接相邻的冰湖在2020年面积达到最小，为1.15±0.078 km²，另一个冰湖面积为0.60±0.053 km²，两冰湖总面积为1.75±0.13 km²。此外，1990～1993年，冰湖面积急速下降，之后呈扩张趋势，2000年后面积再呈缩小变化趋势，2010年再次扩张。总体而言，1990～2020年冰鳞川冰湖面积减小了5.91±0.24 km²，每年缩小0.16±0.005 km²。然而，木孜塔格冰湖面积同期处于波动变化，无显著变化趋势。1990年、2020年冰湖面积分别为1.06±0.083 km²、1.08±0.094 km²，且2020年冰湖面积达到研究期内最大值；该冰湖处于不断缩小、扩张的演变过程，面积表现出不显著的增加趋势，变化率为0.002 km²/a。其中，2016年冰湖面积最小，为0.39±0.043 km²。相比面积较大的冰鳞川冰湖，木孜塔格冰湖面积的变化趋势较不明显。

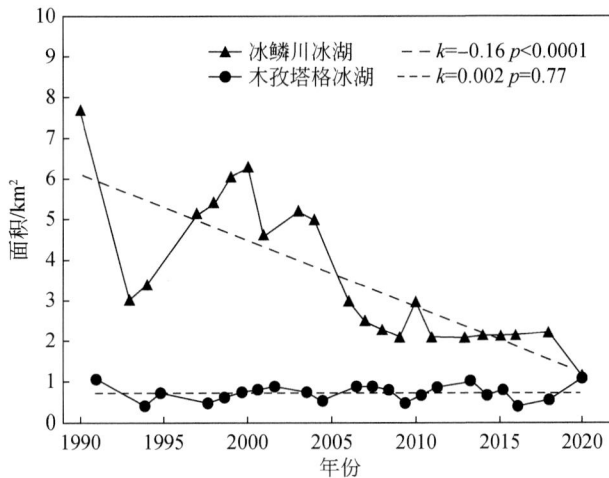

图9-7　1990～2020年冰鳞川冰湖和木孜塔格冰湖面积变化

9.2.3　冰湖典型案例

（1）冰湖溃决周期性特征

木孜塔格峰主峰区西北部有一冰湖，母冰川编码为5Y624F0020，冰川径流被冰川5Y624E0022拦截阻塞而成，为冰川阻塞湖，属于车尔臣河流域（图9-5）。冰湖主要被上游母冰川补给，受狭长山谷地形影响，冰湖形态为长条形。该冰川阻塞湖，冰坝结构突然发生变化时，如跃动、冰内水系演变等过程极易导致冰坝湖溃决（Bazai et al.，2021）。特定条件下形成周期性溃决冰湖：1999年7月7日，该冰湖面积已达0.25±0.044 km²，储量为 0.014±0.003 km³, 8 月 24 日冰湖已溃决, 为常规河道; 2001 年 7 月 20 日, 冰湖面积再次扩张至 0.50±0.097 km², 储量达 0.026±0.006 km³, 9 月 22 日已溃决恢复至常规河道; 2018 年 7 月 11 日, 冰湖再次扩张至 0.043±0.018 km², 储量达 0.003±0.001 km³, 8 月 28 日溃决恢复常规河道 (图 9-8), 此次冰湖扩张、溃决水量相比前两次, 规模相对较小。冰湖的扩张和溃决, 是该区冰湖面积波动变化的主要原因。1999 年、2001 年、2018 年该冰川区夏季平均气温分别为 -2.00℃、-2.85℃、-1.70℃, 略高于多年夏季平均气温; 夏季降水量分别为 362.39 mm、324.66 mm、417.60 mm, 高于多年夏季降水量。此外, 2000 年夏季降水量为 401.09 mm, 比多年平均降水量增加 26%。因此, 冰湖的扩张主要是由降水增加所致的。结合冰湖溃决前后影像分析, 未发现显著的冰川前进。基于现有资料, 可推断冰内结构和冰下水系由于夏季气温的升高而发生改变, 排水系统发育, 导致冰湖溃决。但溃决过程及其触发机制, 需利用模型和实地考察进一步深入分析。

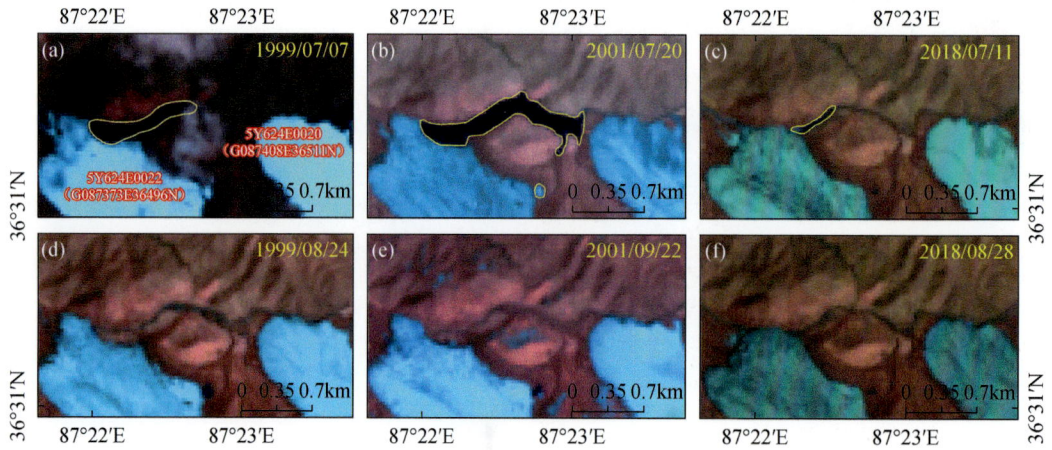

图 9-8　典型冰湖溃决前后对比

(2) 冰湖热融侵蚀与冰坝崩解

冰鳞川冰湖位于冰舌南侧, 由多条冰川融水补给。1990~2020 年, 该冰湖面积呈现快速缩小趋势, 于 2020 年分裂形成两个小规模冰湖 [图 9-9 (a)~(c)]。由于冰湖液态水比热容较大, 太阳辐射下吸热, 与冰川形成温差, 冰湖对接触冰体的热融作用增强, 致使接触冰川快速退缩, 1990~2020 年退缩近 0.65 km。结合 Google Earth 影像发现, 该部位经常发生冰崩。此外, 冰鳞川冰舌南缘在冰川退缩侵蚀作用以及冰湖出水口流水作用的双重影响下, 形成一条河道 [图 9-9 (c)], 增强了排水系统, 导致该冰湖蓄水能力下降, 冰湖面积随出水口排水能力增强而减小。

木孜塔格冰舌西侧的冰川阻塞湖, 主要由木孜塔格冰川融水补给 [图 9-9 (d)]。与冰鳞川冰湖变化相似, 湖-冰接触冰川退缩明显快于冰川其他部位, 1990~2020 年退缩近 0.28 km。该冰湖地形相对封闭, 排水系统主要依赖于冰坝结构和冰下水系排水效率。研究期内, 冰湖面积处于波动变化且扩张的趋势。此外, 冰湖接触冰川部位, 2010~2020 年的退缩距离大于 2000~2010 年, 主要是冰湖扩张之后, 湖水热力侵蚀和冰崩作用增强所致。需要说明的是, 热融和冰崩导致冰体快速退缩的过程和机理, 卫星遥感监测有限, 其监测往往也会弱化该过程对冰川物质平衡的影响，进而低估冰川消融。因此，本章只对冰湖的面积扩张和冰川退缩距离进行量化处理，尚不能揭示该过程对冰川作用的机理，后续有必要借助模型等其他技术对其进一步模拟计算。

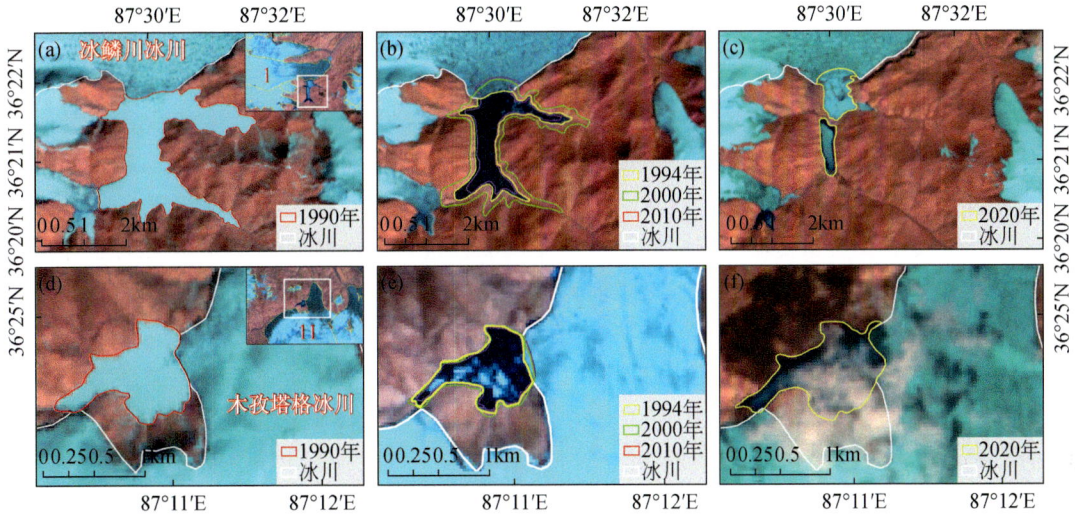

图 9-9　典型冰湖热融和冰崩加速冰川后退

9.3　冰川和冰湖快速变化应对建议

9.3.1　冰川跃动预警对策及建议

（1）加强预测、预报、预警体系建设

由于木孜塔格地区冰川分布体量规模大，也是阿尔金山国家级自然保护区藏羚羊的主要产羔地，依据有限的历史资料数据对冰川变化情况进行总体趋势判断，已经不能适应现阶段气候变化及其对冰川灾害的影响分析，更无法对极端气候情况下冰川灾害作出准确及时的预警分析，从而影响对冰川灾害做出科学正确的应对方案。因此，应加快建立对本区域冰川变化及可能引发灾害的预测、预报、预警体系建设。一是加强实时观察，通过地面和遥感等手段和信息技术，对冰川运动变化、冰川区气象水文、地表覆被变化等进行动态监测，选择冰川可能引发灾害高风险代表点，设立自动气象监测站，实时动态监测温度、降水，结合各类实时监测信息，普查筛选出高风险点。二是在实际观察、实证分析的基础上，建立基于对冰川引发灾害的机理性研究数据库，着眼于分析本区域冰川局部跃动的起因、机理及后续发展，预估东昆仑山关键地区冰川的运动变化，建构起对该区域冰雪地质灾害及其对保护区影响的风险评估体系。三是应用观察结果、实证分析成果，及时发布有可能引发较大灾害并对保护区域生态、工程和交通安全造成影响的信息，向社会和当地管理部门提供应对的措施建议，以便有效预防灾害，减少对保护区稀有物种、管理工作和地方经济社会发展的危害性影响。

（2）重视做好本区域重要基础设施规划设计、安全保障工作

基于冰川进退变化及其冰融水道变迁是危害道路、桥梁安全的灾害方式，应广泛开展对重点冰川运动特征和未来变化趋势、最大融水量、冰融水道再变迁的可能性、路面桥位下埋藏冰以及地表河两岸泥石流等问题的研究，正确预测冰川进退变化的幅度和评估冰下水道的稳定性，提出本区域巡山道路、通信等设施通过冰川区的线路方案。依据对冰川次生危害源机理和趋势性分析评估，为该区域实施重大基础设施项目提供规划和施工建设可供参考的方案。20 世纪 90 年代以来，随着国家对交通基础设施投资力度的不断加大，山区道路设计、修筑技术水平也得到了极大提高，山区路面灾害防治的新理论、新方法、新技术、新材料不断涌现，但基于高寒、高海拔、岩体强风化、植被稀少、暴雨、暴雪频繁山区的公路灾害研究和技术运用成果较少，应该加强这方面的技术储备与研究，提升冰川灾害可能发生时的预防监测、技术保障能力。坚持基础设施硬措施与技术支撑软措施相结合，在水利、交通、通信、工程等基础设施规划设计过程中，在勘测选线和运营阶段提前做好通过冰川灾害活跃区的选线绕避方案，采取多种预防措施，综合运用生物技术、工程技术、预报预警技术、行政与法治手段等，分类对冰崩、泥石流等冰川次生灾害的形成与活动的全过程实施有效控制，从而减少冰川次生灾害可能给本区域各族群众和重要基础设施造成的损失（图 9-10）。

（3）分类施策、综合防治，坚持防治措施与减缓措施并举，做好应急救援预案工作

分析冰川次生灾害自然地理及环境条件，评估出冰崩、冰川跃动、冰雪加剧消融、泥石流等次生灾害的发育分布特征、成因机制与影响因素，分类对每种冰川次生灾害提出相应的防治对策和预案。

图 9-10　玉苏普河河面铁桥被冲毁后车辆涉水过河

9.3.2　冰湖溃决预警对策及建议

冰湖溃决风险的减缓涉及政府部门、科研人员和公众三方面的沟通与协调，并与当地的经济发展水平相联系（Carey，2005）。减缓冰湖溃决风险的措施包括被动避灾和主动排灾，被动避灾主要有建立冰湖溃决预警系统和风险区潜在灾民转移安置等。冰湖溃决灾害预警系统一般由三部分组成：水位监测传感器、综合观测和信号收发站及信号预警系统（图9-11）。

图 9-11　米堆冰川冰湖溃决预警监测
（a）水位监测传感器，（b）综合观测和信号收发站，（c）信号预警系统

主动排灾是减轻冰湖突发洪水灾害的许多方法，已在不同国家进行尝试，而且证明是成功的。目前为止，国内外在喜马拉雅山、安第斯山及阿尔卑斯山等地区的冰湖排险中得到应用的工程措施主要有开挖坝堤泄洪、挖洞泄洪、加固坝堤、在冰湖下游新修水库蓄洪、虹吸或水泵排水等（Haeusler et al.，2000；Haeberli et al.，2001；Carey，2005；Bajracharya et al.，2007）。归纳起来可分以下为6类。

1）开挖坝堤泄洪。为减少洪峰流量，消减冰湖库容水量，可开挖坝堤泄洪。例如，通过爆破、机械设备开挖、手工劳动或空投炸弹等，有控制地破坏冰坝。通过冰碛坝或岩屑障碍物开挖排水隧道。例如，美国的斯皮里特（Spirit）湖建设一条直径为3.4 m、长25.90 m的混凝土隧道，以长期控制湖水位，工程花费达2900万美元。

2）虹吸或水泵排水。例如，秘鲁耗资近百万美元使用水泵抽水（Lliboutry et al.，1977）；美国圣海伦斯火山（Mt. St. Helens）喷发后，对斯皮里特湖进行机械抽水，总费用1100万美元（Sager et al.，1986）。

3）加固坝堤。针对洪水涌浪的巨大破坏力，应用石块、混凝土、钢材等材料，修建防护工程，如导流堤、引水建筑物等控制洪水。

4）监测系统。例如，洪水警报系统已在新西兰的惠恩盖河上安装，以预报突发洪水。在尼泊尔的 Rolpa 和 Tama Koshi 谷地、不丹 Lunana 地区都安装有冰碛湖溃决预警系统（Bajracharya et al.，2007）。

5）对湖盆采取预防措施。根据冰川湖周围的具体情况，采取各种措施，排除可能触发冰川湖溃决的各种因素，如不稳定的冰体或岩石，不稳定冰碛带，沿着冰碛垄顶的脆弱带等，这种潜在的危险应该及时排除。

6）冰湖下游新修水库蓄洪，充分利用水资源。随着经济日益发展，对水资源需要量不断增加，大量的洪水无法充分利用而被流失，尤其是水资源短缺的南疆地区，实在可惜。为了充分利用水资源，除害兴利，应结合当地规划建设控制性水库工程，将洪水纳入人工水库。因为冰川湖突发洪水，来势虽猛，但峰高而量小，大型山区水库可以将其收纳，消灭洪水危害，并能化害为利，为人民造福（图9-12）。

对于高寒区冰湖处于高水位无疑使得冰湖溃决概率增大。另外，湖水本身又是木孜塔格地区下游珍贵的水资源，全部排放不妥，并且从工程效益上讲也没有必要。因此，在采取工程措施排水之前，有必要探讨冰湖水位需降低多少，才使得溃决风险处在可接受风险范围内。在中国有研究的15次冰碛湖溃决中，接近80%溃决事件是冰川冰体冰崩或快速滑动入湖产生漫顶流和浪涌冲刷堤坝导致溃坝的。此外，室内试验和数字模拟也显示，单纯的浪涌很难导致冰碛坝溃决，通常是坠落入湖物体激起浪涌的反复震荡，使漫顶流不断冲刷、侵蚀堤坝而最终导致溃坝（Zammett，2006；Balmforth et al.，2008，2009）。由此，如果能使湖水位下降到即使危险冰体冰崩或快速滑动入湖中，其引起上涨的湖水位高度也不会产生漫顶流冲刷冰碛坝，这样冰崩或快速滑动导致溃坝的可能性就很小了，冰碛湖溃决的概率就会大大降低。

图9-12　2023年8月科考车辆被陷木孜塔格峰北坡月牙河

第10章　木孜塔格峰地区积雪分布及特征

本章基于 Terra 和 Aqua 卫星平台的 MODIS 传感器数据,采用直方图匹配,结合 SRTM-DEM 多源数据融合、利用光谱阈值法及纹理特征法进行云检测,针对云的特殊反射率特性进行判定,得到木孜塔格峰去云处理的积雪范围、积雪日数数据。积雪深度数据参照中国西部环境与生态科学数据中心的中国雪深长时间序列数据集产品,并利用 2023 年 5 月和 8 月的昆仑山北坡野外积雪深度调查结果进行修正。对木孜塔格峰的积雪范围、积雪日数、积雪深度进行详细分析。研究结果表明,木孜塔格峰地区春、秋、冬三季积雪面积较高,夏季普遍较低,整体积雪面积呈现略微下降的趋势;积雪日数多分布在 0 ~ 30 天的范围内,夏季积雪日数的年际变化比较平稳,其他三季起伏较大;积雪深度在 11 月至次年 1 月最大,年际差异较大,高海拔地区的积雪深度远高于低海拔区。此外,采用实测积雪密度方案,发现 1991 ~ 2020 年木孜塔格峰地区的年平均雪水当量为 7.4 mm w.e.,且年平均雪水当量变化幅度较大。

10.1　木孜塔格峰地区积雪概述

10.1.1　积雪概述

积雪作为全球气候系统中的重要组成部分,是气候变化的指示器。已有研究表明,全球约 98% 的季节性积雪位于北半球,分布广泛,具有较大的年内和年际变化特点,其最大覆盖面积可达 4.50×10^7 km²,约占北半球陆地总面积的一半。我国西北地区属于干旱半干旱气候,积雪融水往往会成为江河的源头和补给来源。不仅如此,高山积雪融水也是西北地区人民的重要生活用水来源,我国西藏、新疆、青海、甘肃等地的河谷地带人口居多,正是因为积雪融水带来了丰富的水源。因此,研究积雪范围、积雪日数、积雪深度以及积雪季节变化等对社会经济的发展和人民的健康生活具有重要意义。

积雪的研究早在 20 世纪就已开始,最初是以地面气象台站观测数据为准,该数据的优点是不会受云层、河流、地形等的影响,但由于气象台站分布范围有限,难以大尺度、精确地获取数据等缺点,使积雪的研究受限。近年来,随着遥感技术的飞速发展,诸如 MODIS、Landsat 等遥感数据逐渐进入人们的视野,其具有多波段、较高时间分辨率(每天)、高空间分辨率(500 m)、覆盖范围广、不受地域限制等优点,逐渐开始成为积雪研究的主要数据来源。已有较多研究对北半球积雪的时空变化特征进行了深入分析。Brodzik 等(2006)把微波遥感作为研究的基础,结论显示北半球的积雪呈现减小的趋势。张宁丽等(2012)利用 MODIS 数据处理后得到的全球积雪 8 天合成数据 MOD10C2 和月合成数据 MOD10CM,通过计算网格的方式计算积雪范围,研究结果表明,北半球 21 世纪最初 11

年的积雪范围在冬季有所增加，但在夏、秋两季减少。车涛和李新（2005）通过利用多种遥感数据对青藏高原积雪时空分布及其变化特征进行了深入研究，结果表明，青藏高原的主要积雪范围分布在山区，其中唐古拉山和念青唐古拉山的积雪最为丰富；另外，研究还表明，青藏高原积雪范围呈下降趋势，在 2000 年以后，积雪日数和积雪深度也呈下降趋势。颜伟等（2014）利用 2000 ~ 2013 年的 MOD10A2 数据产品，通过去云处理并进行精度检验，分析不同海拔积雪的年内和年际变化特征及趋势，结果表明，低山区积雪年内变化为单峰型，冬季积雪积累，夏季积雪融化，高山区存在春季和秋季两个积雪补给期；在年际变化上，低/高山区积雪范围都有所增加；从季节变化方面分析，春、夏、冬三季低/高山区的积雪范围都呈现增加、减少、增加的趋势。同时，颜伟等（2014）利用 2000 ~ 2013 年的 MOD10A2 数据对西昆仑山玉龙喀什河流域进行深入研究，发现 1650 ~ 4000 m 的低山区积雪年内变化呈现夏季减少、冬季增加的单峰型变化，4000 ~ 6000 m 的高山区存在春季和秋季两个积雪补给期。

张永宏等（2023）基于北疆地区 29 个气象站点 2000 ~ 2020 年积雪数据集，分析了北疆地区 20 个水文年积雪天数、年最大雪深、年均雪深、降雪次数等要素的变化，结果表明，北疆地区 20 年冬季的积雪天数呈现上升趋势，而积雪天数呈现下降的趋势，分析还表明，这与最低气温和降水量的显著增加密切相关。小区域尺度，武磊等（2023）利用降尺度方法获取高分辨率雪深数据，分析了 2002 ~ 2018 年雪深时空变化，结果表明，雪深随海拔的增大而增加，以海拔 2500 m 为界发生变化，高海拔地区呈现减小趋势，另外雪深随坡度增加则呈现先增后减的趋势，各个坡向的雪深都呈现减小的趋势。

青藏高原积雪时空分布的差异性较大，尤其是昆仑山，东西跨度较大，积雪分布与气候特征差异显著。西昆仑群山分布，海拔高耸，受西风水汽影响，降水较为丰富。相比而言，东昆仑受西风水汽影响较弱，多高原分布。木孜塔格峰为东昆仑最大的冰川作用区，常年积雪分布，积雪融水是该地区重要的水源。吴红波等（2013）利用多种数据源与雪深的关系，建立了积雪深度反演模型，估算了木孜塔格峰地区的积雪雪深时空变化，研究表明，雪深估测精度可以高达 92.78%，雪深最大值出现在坡度约为 10° 处。受气候变化的影响，木孜塔格峰地区的积雪可能会出现剧烈的变化，因此开展木孜塔格峰地区积雪特征研究，有助于理解区域水文循环过程，为下游地区人民的经济社会生活提供指导意义。

10.1.2　木孜塔格峰地区积雪资料

（1）积雪范围

可见光遥感技术应用于积雪范围的研究已经有 50 多年的历史，并取得了显著的成绩。光学积雪遥感提取积雪范围的核心是：积雪在可见光波段的高反射率和近红外波段的低反射率，基于这两个波段发展而来的归一化差异雪指数（normalized difference snow index，NDSI）可以识别积雪范围。目前，国际上北半球或全球积雪范围调查和研究主要是来自光学积雪遥感，其空间分辨率从 30 m 到 1 km，时间分辨率从逐月到逐日。这些积雪范围产品已被广泛应用于气候变化、模型输入及验证、积雪水资源评价等领域。

对国内外主要积雪范围产品进行梳理，多家机构均研制了长时间序列全球/区域尺度的多种积雪范围产品。中国气象局制作了中国区域 FY-1/MVISR & NOAA/AVHRR 积雪范围旬产品，空间分辨率为 5 km。之后，中国气象局采用 FY-3 的 MERSI 和 VIRR 积雪产品融合生成全球空间分辨率 1 km，日/旬/月 MULSS 积雪范围业务化产品。交互式多传感器雪冰制图系统（IMS）是将多种光学数据与微波数据融合而成的北半球积雪范围产品。IMS 产品提供了空间分辨率为 24 km 的 ASCII 格式数据，之后分辨率又提高到 4 km/1 km（Mazari et al.，2013）。IMS 产品由于融合了多颗极轨与静止卫星的多种光学和微波资料，并去除了云的影响，但 IMS 前期产品空间分辨率较低，在中国区域的产品精度有待进一步验证。MODIS 积雪产品因其具有较高的时空分辨率而得到广泛应用，该产品利用 SNOMAP 等算法生成，其中 MOD10A1/MYD10A1 为全球逐日积雪范围产品，空间分辨率为 500 m。MODIS 积雪产品在无云时准确率很高，但通常 MOD10A1 中平均有 50% 及以上的面积被云层覆盖，因此，利用该数据进行积雪监测时，首先需要利用各种算法去除云层的干扰。近年来，学者也发展了多日融合去云算法，并生成了区域性一定时间序列的积雪范围无云产品，如青藏高原地区（Huang et al.，2014；车涛和李新，2015；邱玉宝等，2016）。

结合本章研究目的，经调研分析后，共下载了 6 套积雪产品，处理完成了木孜塔格峰地区逐日 500 m MODIS10A1 产品，尝试进行去云处理，并与已有的 MODIS 无云产品进行比较。此外，收集整理了 7 套北半球雪深数据（表 10-1），综合分析后，选取 1979～2014 年中国雪深长时间序列数据集作为木孜塔格峰地区的雪深数据分析。

表 10-1　国内外主要积雪范围产品

产品	来源	覆盖范围	空间分辨率	时间分辨率	时间范围
MOD10A1/MYD10A1	NASA	全球	500m	每天	2000 年至今
MOD10A2/MYD10A2	NASA	全球	500m	8 日合成	2000 年至今
MODIS 无云产品	WESTDC	中国	500m	逐日	2002～2015 年
MODIS 无云产品	RADI	青藏高原	500m	逐日	2002～2015 年
FY-1&AVH RR Snow	CMA	中国	5km	逐旬	1996～2010 年
AVHRR Snow Cover	NOAA	北半球	约 190km	逐周	1966 年至今
IMS	NOAA	北半球	24/4/1km	逐日	1997/2004/2014 年至今
GlobSnow Extent	FMI	北半球	1km/500m	逐日/周/月	1995/2000 年至今

注：WESTDC，寒区旱区科学数据中心；RADI，中国科学院遥感与数字地球研究所；CMA，中国气象局；FMI，芬兰气象研究所。

相对于光学遥感，微波遥感波长更长，穿透力较强，可以获得积雪厚度信息，并且不依赖于太阳光，可全天时全天候工作。微波辐射理论的研究从 Max Planck 1901 年提出普朗克辐射定律，到现在已有 100 多年的历史，其应用领域也日益广泛。England（1974）提出了雪的微波散射辐射受到雪的厚度和雪粒大小的影响，其向大气的散射辐射重新分配了雪面辐射能量，提供了微波遥感监测积雪的物理基础。

被动微波遥感是全球和区域尺度上最有效的雪深与雪水当量监测手段（表 10-2）。被动微波积雪厚度反演的核心理论是积雪对微波的体散射。当下垫面辐射出的微波辐射穿过积雪层时，受到雪粒子的散射削弱，并且积雪对高频的散射强于对低频的散射，因此，相同的出射辐射经过积雪层后，低频的亮度温度高于高频，随着雪深或雪水当量的增加，散射及不同频率的散射差异也增加。其中 K 和 Ka 波段的亮度温度差异最能体现雪深的变化（Chang et al., 1987），也是目前雪深和雪水当量反演中用得最多的波段。利用该方法制作的全球雪水当量产品包括美国 NASA 的逐日雪水当量，欧空局的 GlobSnow 逐日雪水当量产品。亮温梯度法能有效地反演积雪厚度，而体散射程度不仅受积雪厚度的影响，还受雪粒径、雪密度等其他积雪特性的影响。不同地区积雪受气候和自然环境的影响，其属性有很大差异，全球产品在区域上存在较大的误差。因此，在不同的地区，研究者根据研究区的积雪特性对亮温梯度法进行修正。车涛等（2004）根据中国的积雪特性制作了中国长时间序列雪深产品。这些雪深或雪水当量数据起始于 1978 年，已被广泛地应用于气候变化和水文研究中，至今也仍在更新。但被动积雪遥感仍然面临巨大的挑战：①和光学遥感面临的挑战一样，复杂地形条件以及森林覆盖对积雪的微波辐射散射有极大的影响，导致这些地区积雪厚度反演精度降低；②地表分辨率低，一般在 25 km 左右；③反演参数精度低，特别是对积雪厚度和雪水当量的反演误差一般在 50% 以上，最大可达 200% 以上（郑雷等，2015）。

主动微波遥感通过主动发射微波信号，并接受后向散射信号识别积雪。目前主动微波遥感主要集中在低频（C、X、L 波段），穿透力强。对于干雪覆盖，合成孔径雷达（SAR）传感器接收的后向散射信号主要来自土壤–雪界面的粗糙表面散射，难以区分干雪覆盖和无雪地表。湿雪对于电磁波的吸收明显降低了 SAR 后向散射信号，因此，SAR 可以有效地提取湿雪。目前采用 SAR 提取积雪范围主要有四类方法：①单频率或多频率多极化 SAR 区分干雪、湿雪和其他地表的方法（Shi and Dozier, 1997）；②多时相 SAR 变化检测方法（Malnes and Guneriussen, 2002）；③芬兰赫尔辛基理工大学（TKK）森林覆盖区积雪范围制图方法（Luojus et al., 2007）；④SAR 干涉测量技术（InSAR）积雪范围制图方法。

表 10-2　微波卫星遥感资料主要雷达卫星的参数

卫星	国家	时间	波段	极化方式	空间分辨率
JERS-1/2 SAR	日本	1992 年 2 月 ~ 1998 年 10 月	L	水平极化（HH）	18m
Alos	日本	2006 年 1 月 ~ 2011 年 4 月	L	全极化	7 ~ 100 m
ERS-1/2	欧洲	1991 年 ~ 2000 年 3 月、1995 年 ~ 2011 年 9 月	C	线性垂直极化	
ENVISAT	欧洲	2002 年 3 月 1 日至今	C	多极化	10 ~ 1000m
RADARSAT 1/2	加拿大	1995 年 11 月 ~ 2013 年 5 月、2007 年 12 月至今	c	HH	8 ~ 100 m、3 m
TERRASAR-X	德国	2007 年 6 月至今	X	多极化	最高 1m
SMAP	美国	2015 年 1 月 31 日 ~ 7 月 7 日	L	垂直极化（VV），HH，水平-垂直极化（HV）	250 m、450 m

（2）积雪深度

积雪深度数据参照中国西部环境与生态科学数据中心的中国雪深长时间序列数据集产品（车涛，2006），并利用 2023 年 5 月和 8 月的木孜塔格峰地区野外积雪深度调查结果进行修正。野外调研雪深观测采用雪尺（有厘米刻度的直尺）来测量雪深，对结果进行严格质控，每次观测作三次测量，记入观测簿中，求其平均值。如因吹雪或其他原因使观测地段的积雪高低不平时，选择比较平坦的雪面来测定。利用高分辨率 Landsat TM/ETM+、哨兵数据作为真值，对生产的木孜塔格峰地区逐日无云积雪范围产品进行质量控制。同时，基于新疆三次科考外业调查的积雪深度结果对中国雪深长时间序列数据集产品进行修正，对木孜塔格峰积雪深度数据集进行质量控制。此外，在数据集制作过程中严格检查数据是否完整，是否存在缺失值或异常值；雪深数据集误差符合中国西部环境与生态科学数据中心的中国雪深长时间序列数据集产品的误差标准。

10.1.3　积雪研究方法

1. 光学影像去云处理及积雪分布算法

NDSI 是较高反射率和较低短波红外反射率波段的一种组合指标，其表达式可写为

$$NDSI = (R4 - R6) / (R4 + R6) \qquad (10\text{-}1)$$

式中，R4 表示积雪在可见光波段（MODIS 第 4 波段）的反射率；R6 表示积雪在短波红外波段（MODIS 第 6 波段）的反射率。

云掩模产品的云检测方法主要应用阈值法对云进行提取，针对云的特殊反射率特性进行判定。云掩模产品中存储遥感图像上每个像元的云信息，分为有云、无云、可能有云和晴空。自 2000 年 2 月 24 日 MODIS 开始收集科学数据以来，云掩模算法已进行过几次修正，2000 年 9 月一种新的云掩模算法应用于数据产品的生产系统。但即使使用了这种新的算法，在某些情况下仍然存在雪与云混淆的状况。

MOD10A1 是一种每日积雪覆盖分类产品，分辨率为 500 m。如果 MOD10L2G 产品当天观测的一个像素都是积雪，那么该像素在这一天的 MOD10A1 产品中就定义为被积雪覆盖的类型。如果当天记录的一个像素不是积雪，也不是云层，那么该像素就赋予一个数值（如代表水体、无积雪覆盖的陆地等），否则，该像素将定义为云层（表 10-3）。MOD10A1雪覆盖数据产品以 ISIN（Integerized Sinusoidal）一种全球投影格式存放，它把全球影像数据划分为 36 列×18 行的方格网，每一格表示一个文件产品的存放区域，以 0 开始记录文件的位置行列号，如文件名中的 h23v04 表示第 23 行第 4 列所在位置；h24v04 表示第 24行第 4 列所在的位置。MOD10A2 是用 MOD10A1 产品合成的 8 天雪盖产品，分辨率为500 m。它是由 8 天中的每日 500 m 分辨率的积雪覆盖产品按分块合成，8 天时间从每年的第 1 天开始计算。合成产品的编码与 MOD10A1 相同（表 10-3）。

表 10-3　MOD10A1 和 MOD10A2 编码及其意义

编码	地表类型及意义
0	传感器数据丢失（Sensor data missing）
1	未定（No decision）
4	有错误的数据（Erroneous data）
11	黑色体、夜晚、终止工作或极地区域（Darkness or night, terminator or polar）
25	没有积雪覆盖的陆地（Land, free of snow）
37	内陆水体或湖泊（Inland water or lake）

编码	地表类型及意义
39	海洋（Ocean）
50	云（Cloud obscured）
100	积雪覆盖的湖冰（Snow-covered lake ice）
200	积雪（Snow）
254	传感器饱和（Sensor saturated）
255	填充的数据（无数据）（Fill data_no data expected）

在此，尝试采用如下去云算法：利用光谱阈值法结合纹理特征法进行云检测，针对云的特殊反射率特性进行判定。利用高分辨率 Landsat TM、哨兵数据作为真值，采用简单的直方图匹配，结合多源数据融合、同态滤波算法、马尔可夫随机场模型的时空插值算法，进行云量去除，最终获取该地区逐日无云积雪范围产品，得到昆仑山北坡空间分辨率为 500 m 的 MODIS 逐日无云积雪范围数据集。木孜塔格峰地区 2001 年 1 月 1 日、2 月 1 日、3 月 1 日及 4 月 1 日的去云效果如图 10-1 所示。

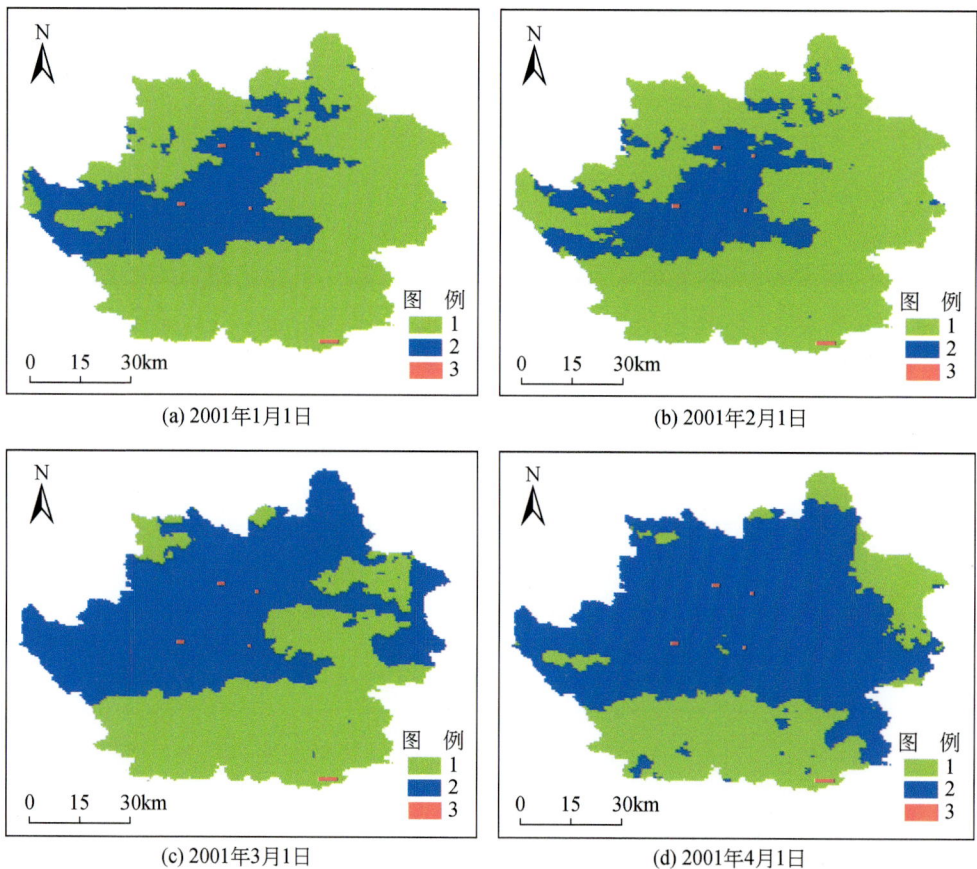

(a) 2001年1月1日　　(b) 2001年2月1日　　(c) 2001年3月1日　　(d) 2001年4月1日

图 10-1　去云算法效果
1. 陆地，2. 积雪，3. 水体

2. MODIS 10A1 去云产品及处理

本章采用的积雪数据为 2000～2019 年的 MODIS MOD10A1 产品，该产品来源于美国国家冰雪数据中心（https://nsidc.org/home），编号包括 h23v04、h23v05、h24v04、h24v05、h25v04、h25vo，空间分辨率为 500 m，时间分辨率为 1 天，投影方式为正弦地图投影。利用 MRT（MODIS Reprojection Tool）对 MOD10A1 数据进行预处理，采用 WGS1984 坐标系统对数据进行投影转换，并采用 Google Earth Engine 对矢量区的积雪范围、积雪日数进行提取，MODIS 数据产品 0～100 表示像元有积雪覆盖，其他值则代表无积雪覆盖。本章采用中国 MODIS 逐日无云 500 m 积雪范围产品数据集，基于 MODIS 反射率产品 MOD/MYD09GA，利用针对不同地表类型的决策树积雪判别算法和隐马尔可夫随机场模型的时空插值算法等空缺值填补算法，制备了 2000～2020 年空间分辨率为 500 m 的 MODIS 逐日无云积雪范围数据集。产品信息如表 10-4 所示，通过其提供的程序将数据转化为 TIFF 格式，然后用 ArcGIS 的模型构建器将数据重采样，将影像识别积雪、去云插补积雪和雪深插补积雪重采样为积雪，月、季度、年际的积雪数据通过 MATLAB 对数据叠加，最后对积雪的栅格数据统计。

表 10-4　积雪产品数据集信息

数字	意义
0	陆地
1	影像识别积雪
2	去云插补积雪
3	雪深插补积雪
4	水体
255	填充值

3. 积雪特征计算

（1）积雪范围的统计

提取积雪覆盖在 0～100 的数据进行统计，将数据提取出以后，为了计算每日的积雪覆盖率，统计像元的总个数（共 1 526 494 个）以及包含积雪像元的总个数，采用式（10-2）计算一年的平均积雪覆盖率：

$$\text{SCF} = \frac{\sum_{i=1}^{n} \frac{M_i}{N_i}}{365} \times 100\% \tag{10-2}$$

式中，SCF 代表某一年的积雪覆盖率；M_i 代表第 i 天有积雪像元的个数；N_i 代表第 i 天积雪像元的总个数。

（2）积雪日数的统计

一天内该像元值在 0～100，就认为这一天存在积雪，所以采用式（10-3）计算某一个像元一年的积雪总日数：

$$\text{SCD} = \sum_{i=1}^{N} \text{ceil}(0 \leqslant D_i \leqslant 100) \tag{10-3}$$

式中，SCD 代表某一年的积雪日数；N 为这一年当中的影像总个数；ceil（$0 < D_i \leqslant 100$）代表像元值在 0 ~ 100，如某一天的像元值为 50（0<50<100），那么该像元 SCD 值就加上 1，某一天的像元值为 101（101>100），那么 SCD 值就保持不变。

（3）积雪日数的趋势分析

采用一元线性回归模型来模拟 2000 ~ 2019 年积雪日数的变化，趋势利用最小二乘估计一元线性回归模型的趋势线斜率，其表达式为

$$\text{slope} = \frac{n \times \sum_{i=1}^{N} i \times \text{SCD}_i - \sum_{i=1}^{N} i \sum_{i=1}^{N} \text{SCD}_i}{n \times \sum_{i=1}^{N} i^2 - \left(\sum_{i=1}^{N} i\right)^2} \tag{10-4}$$

式中，slope 为积雪日数所拟合的趋势线斜率；n 为年累计数；SCD_i 为第 i 年的积雪平均日数；在本书中，n 为 20，从 2000 年、2001 年、2002 年到 2019 年，其对应的 i 分别为 1、2、3 到 20。趋势线代表 2000 ~ 2019 年平均积雪日数增长量，slope>0 代表积雪日数的变化趋势是增长的，slope<0 代表积雪日数的变化趋势是减少的。

10.2　木孜塔格峰地区积雪特征

10.2.1　木孜塔格峰地区积雪范围变化

（1）积雪范围月变化

木孜塔格峰 2001 ~ 2020 年月积雪范围的平均值，作为该月的积雪范围，进而分析木孜塔格峰的月积雪时间变化特征。结果表明，各月积雪范围有所不同，但是大体上呈现春、秋、冬季积雪覆盖率高，夏季积雪覆盖率低的趋势（图 10-2），其中积雪范围最大的月份在 2013 年的 11 月，积雪范围占比达到了 0.95，实际积雪范围约为 5411.2 km²。另外，积雪范围占比超过 0.8 的月份还有 2002 年 3 月、2006 年 11 月、2009 年的 10 月和 11 月、2019 年 3 月，实际积雪面积都在 4556.8 km² 以上。同时，积雪范围占比最小的月份是 2001 年 7 月和 2010 年 8 月，为 0.13，实际积雪面积约为 740.48 km²，其中还有多个月份的积雪范围占比都在 0.2 以下，实际积雪面积<1139.2 km²，这些月份大多集中在 2001 ~ 2020 年夏季的 7 ~ 8 月。

（2）积雪范围季节变化

为了研究木孜塔格峰地区积雪范围的季节特征，将每年 3 ~ 5 月定为春季，6 ~ 8 月定为夏季，9 ~ 11 月定为秋季，12 月至次年 2 月定为冬季，每一季的天数为 90 ~ 92 天，对每一个像元 90 ~ 92 天的积雪数据进行统计，以此来研究木孜塔格峰季节尺度上的积雪覆盖变化。结果表明，2000 ~ 2020 年木孜塔格峰积雪范围的季节差异显著，年平均季节性积雪范围分布规律为：夏季最低，仅占年积雪范围的 25% 左右，年际波动较小；秋季积雪范

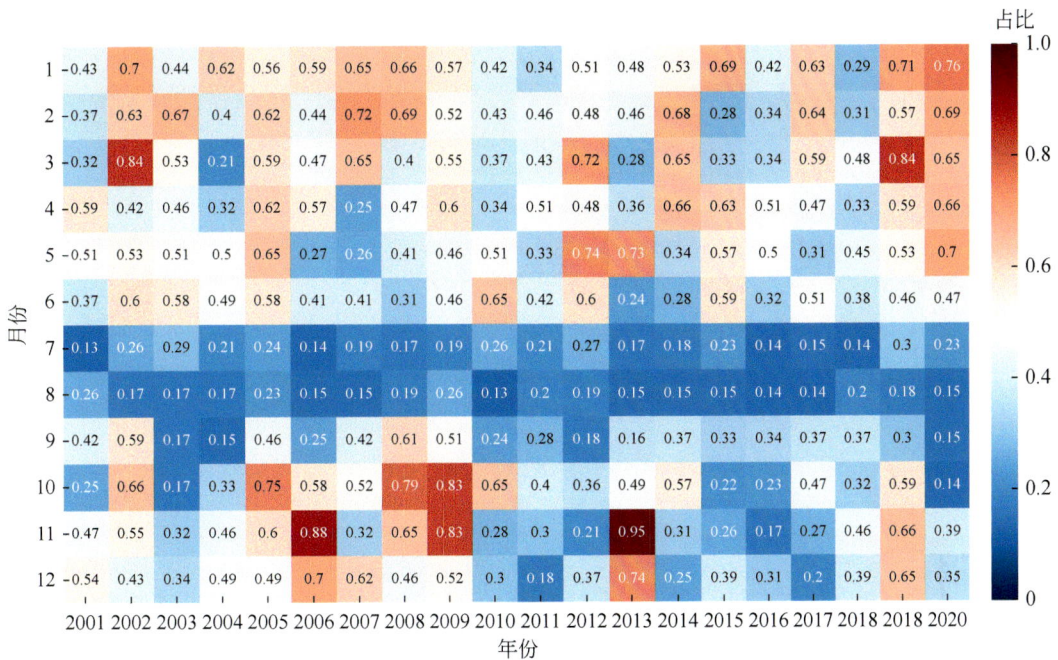

图 10-2　木孜塔格峰地区积雪范围月变化

围的峰值最高且年际变化较大，2000～2020 年，表现为 5 个高峰值、3 个低峰值，2009 年积雪范围占比最大，为 70%，其次为 2002 年、2005 年与 2013 年，占比为 60%，2003 年积雪范围占比最小，仅 22% 左右，其次为 2012 年与 2016 年，最大和最小积雪范围占比相差 48%；冬季积雪范围平均占比较高，多数年份在 40% 以上，在某些年份高于其他季节，如 2006～2008 年冬季积雪范围显著较高，而在大多数年份冬季积雪范围反而低于其他季节，如在 2010～2012 年及 2013～2019 年冬季积雪范围要低于春季；春季积雪范围占比年际波动小，大多数年份积雪范围占比稳定在 40%～60%，仅 2005 年与 2012 年积雪范围占比超过 60%，同时仅 2004 年积雪范围占比低于 40%。从季度积雪范围占比的时间变化来看，秋季积雪活跃，冬季和春季次之，夏季积雪稳定、变化最小，季节年际波动虽大但在研究期间并未表现出明显的下降趋势（图 10-3）。

（3）积雪范围年际变化

2001～2020 年木孜塔格峰地区平均积雪覆盖率存在差异（图 10-4），其值主要分布在 30%～55%。积雪范围占比最高年份为 2002 年、2005 年和 2019 年，均为 53%，实际面积约为 3018.88 km²。其次是 2009 年的积雪覆盖率，为 52%，积雪范围约为 2961.92km²，积雪范围最小的是 2016 年，覆盖率为 31%，积雪范围约为 31 213.5km²。近 20 年，平均积雪覆盖率约为 43%，实际面积约为 2449.28km²，木孜塔格峰年积雪覆盖率呈略微下降的趋势（0.207 km²/a）。

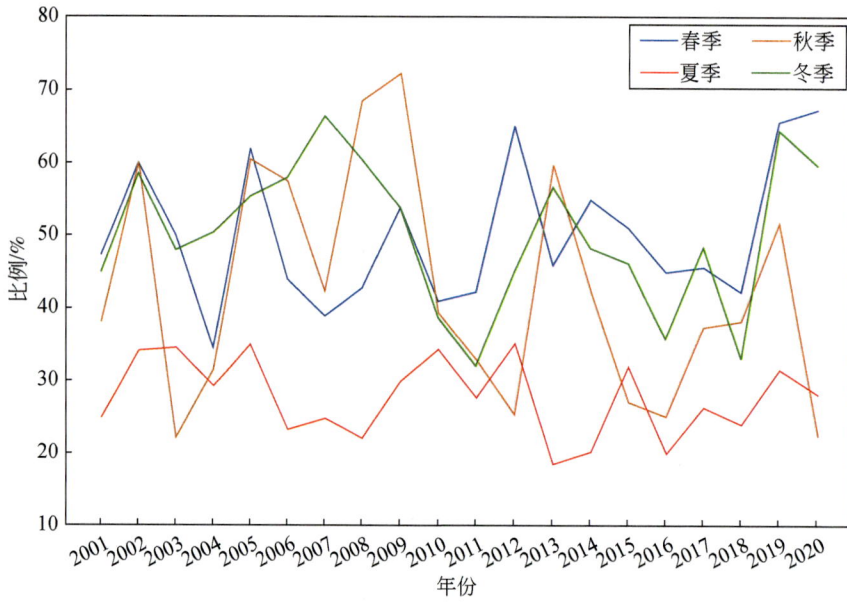

图 10-3　季节积雪范围占区域总面积的比例

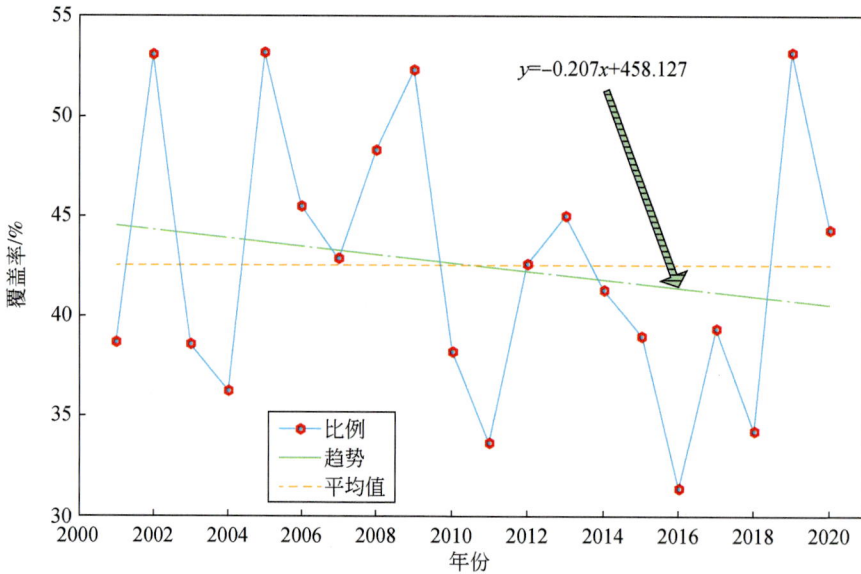

图 10-4　2001～2020 年木孜塔格峰平均积雪覆盖率

（4）最大积雪覆盖率

为了进一步揭示 2001～2020 年木孜塔格峰最大积雪范围的特征，提取每年中积雪覆盖率最大当天的积雪空间分布范围。如图 10-5 所示，木孜塔格峰积雪范围最大时几乎可

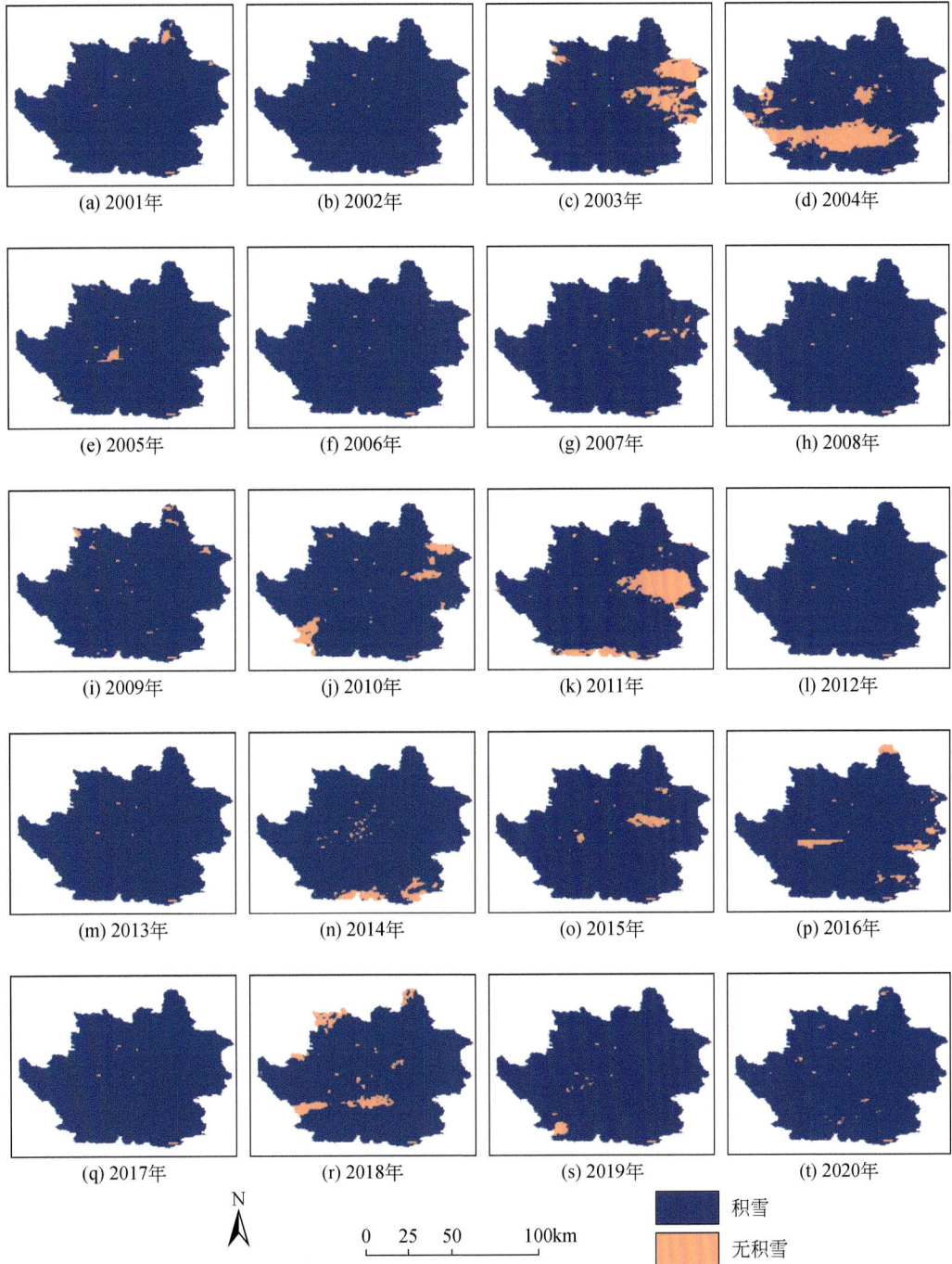

图 10-5　2001～2020 年木孜塔格峰最大积雪覆盖率

以覆盖整个区域，最大覆盖率达到99.8%。木孜塔格峰最小的积雪覆盖时，存在积雪的区域主要分布在该区域的中部，即木孜塔格峰主峰区，最小积雪覆盖率为5.9%（图10-6）。因此，木孜塔格峰地区积雪空间分布差异十分显著。

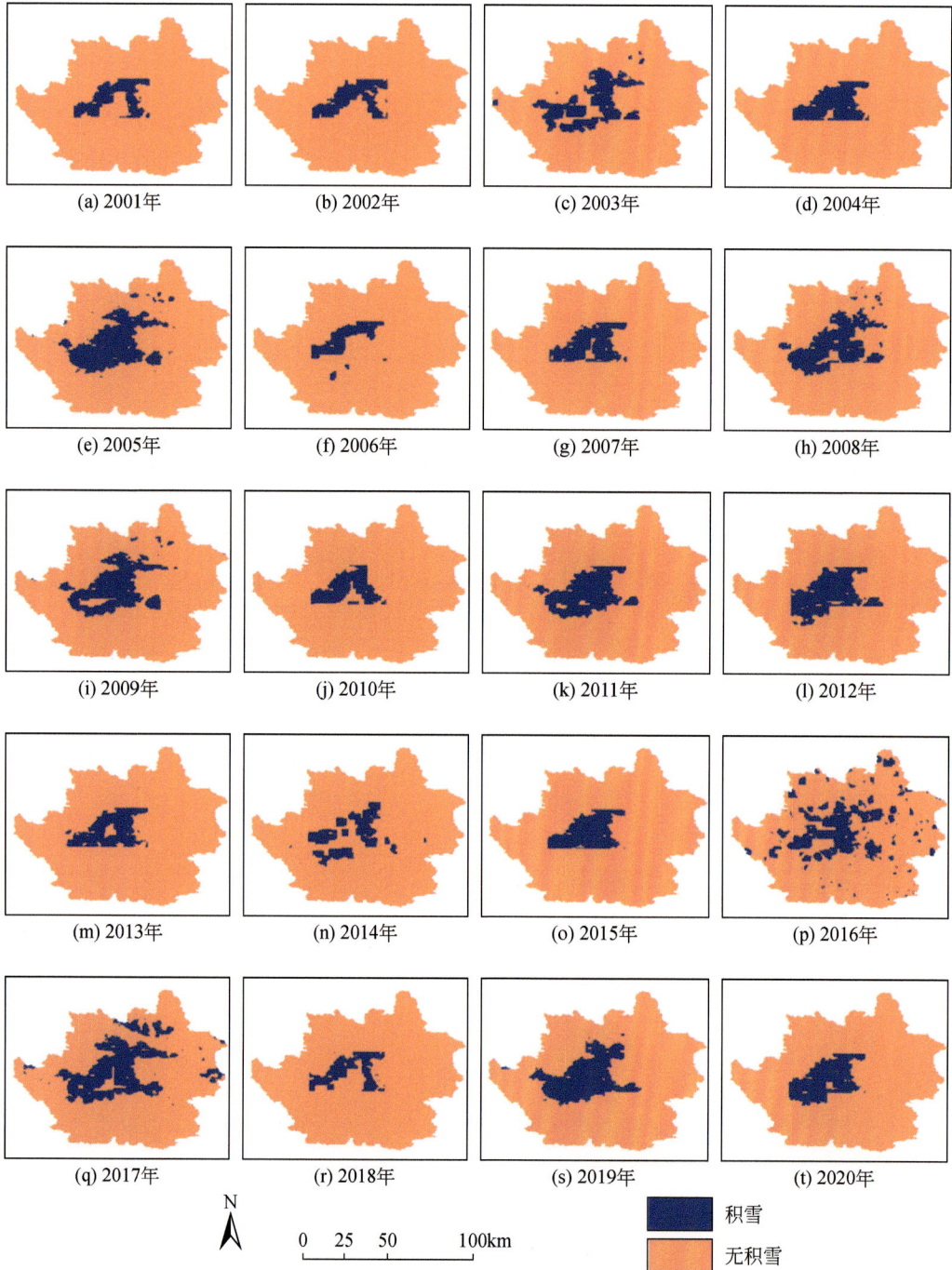

(a) 2001年　　　　　　(b) 2002年　　　　　　(c) 2003年　　　　　　(d) 2004年

(e) 2005年　　　　　　(f) 2006年　　　　　　(g) 2007年　　　　　　(h) 2008年

(i) 2009年　　　　　　(j) 2010年　　　　　　(k) 2011年　　　　　　(l) 2012年

(m) 2013年　　　　　　(n) 2014年　　　　　　(o) 2015年　　　　　　(p) 2016年

(q) 2017年　　　　　　(r) 2018年　　　　　　(s) 2019年　　　　　　(t) 2020年

N

0　25　50　　100km

■ 积雪
■ 无积雪

图 10-6　2001～2020 年木孜塔格峰最小积雪覆盖率

10.2.2　木孜塔格峰地区积雪日数变化

（1）积雪日数月变化

木孜塔格峰积雪日数月变化显著（图 10-7），其中，6 ～ 8 月积雪日数占比小于 60% 且在逐月减少，为积雪消融月份。9 ～ 11 月积雪日数波动增加，12 月至次年 2 月积雪日数占比较大且趋于稳定。虽然在春季气温回升时积雪开始消融，但高原积雪季节变化相比于低海拔地区而言其积雪季节较长，积雪出现迅速但消退缓慢的特点。因此，3 ～ 5 月木孜塔格峰的积雪日数仍然较为稳定，并未出现明显减少。7 ～ 8 月积雪日数占比最小且年际变化不大，稳定在 20%，表明 7 月和 8 月的积雪日数低于 9 天；10 ～ 11 月的积雪日数占比峰值高且年际波动大，其中 11 月峰值最高，其最大峰值在 2013 年，积雪日数占比超过90%，积雪日数超过 27 天；2016 年 11 月积雪日数占比最低，低于 20%。虽然不同年份的月积雪日数有较大年际变化，但同一季度的月积雪日数的年际波动趋势较为一致。总体来看，冬季和春季月份积雪日数占比较为集中，稳定在 40% ～ 60%，但冬季年际波动要大

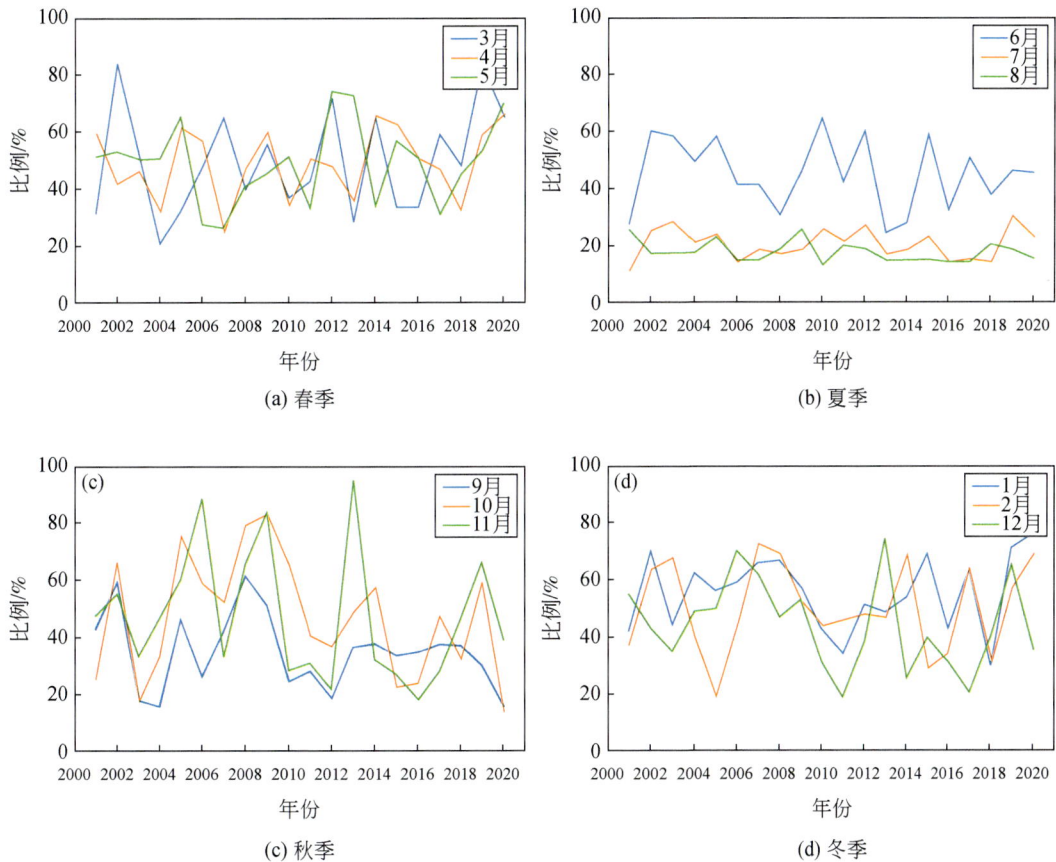

图 10-7　积雪日数的月尺度变化

于春季，夏季三个月份积雪日数占比相对于其他月份较低且年际波动小，秋季三个月份积雪日数的年际变化较大，这与积雪日数的季节尺度变化特征具有一致性。

（2）积雪日数季节变化

同样，将一年划分为春季、夏季、秋季、冬季，统计每一季节积雪像元存在积雪的日数，将其分为 0～9 天、10～40 天、41～90 天三部分（图 10-8）。结果表明，0～9 天的积雪像元分布最高，比例在 60% 以上，其中夏季的比例最高，达到 69.7%，说明夏季木孜塔格峰积雪像元大都呈现无积雪的状态；10～40 天积雪分布，春、秋、冬三季的比例都达到了 20% 以上，而夏季像元的比例低于 20%，在 41～90 天的范围内，夏季像元的比例依旧是最低的，说明夏季的积雪覆盖范围较小，而冬、春季节的比例在这一范围内相对较高，说明冬、春季节的积雪存在时间较长，而夏季主要是短时积雪分布。

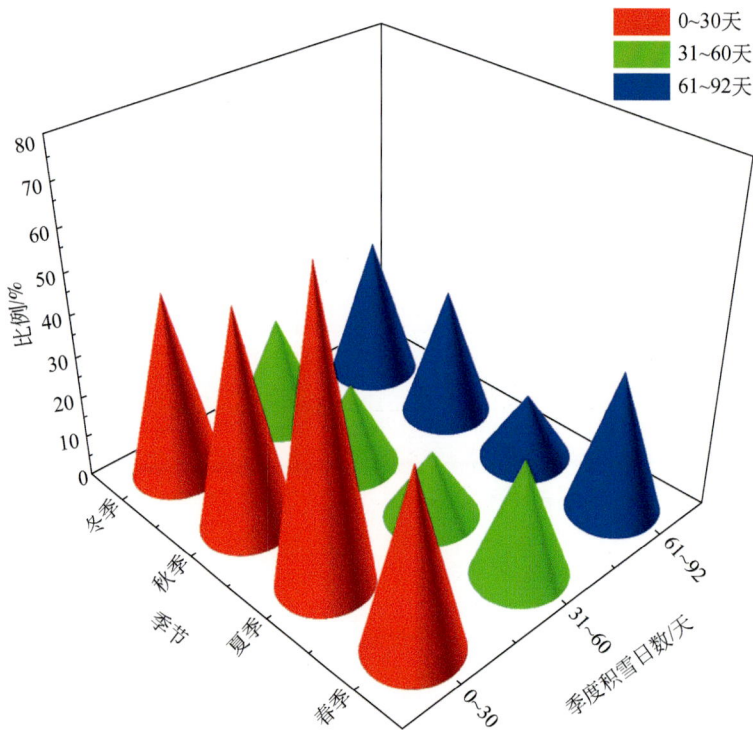

图 10-8 季度积雪分布比例

（3）积雪日数年际变化

为了进一步理解木孜塔格峰积雪日数的年际变化，将一年 365 天（或 366 天）划分为 0～100 天、101～200 天、201～300 天、301～366 天四个时间段，通过图像将一年同一个栅格点所在的地方有积雪的数据叠加，得到所有栅格点在一年中一共有几天存在积雪，并将积雪日数划分为以上四个范围。结果表明，木孜塔格峰积雪覆盖日数大多数年份都是在 0～100 天（图 10-9）。其中，2016 年 0～100 天的栅格数量所占的比例最高，达到了 63%，另外，2001～2004 年、2010～2011 年、2018 年 0～100 天的积雪覆盖日数都占到了

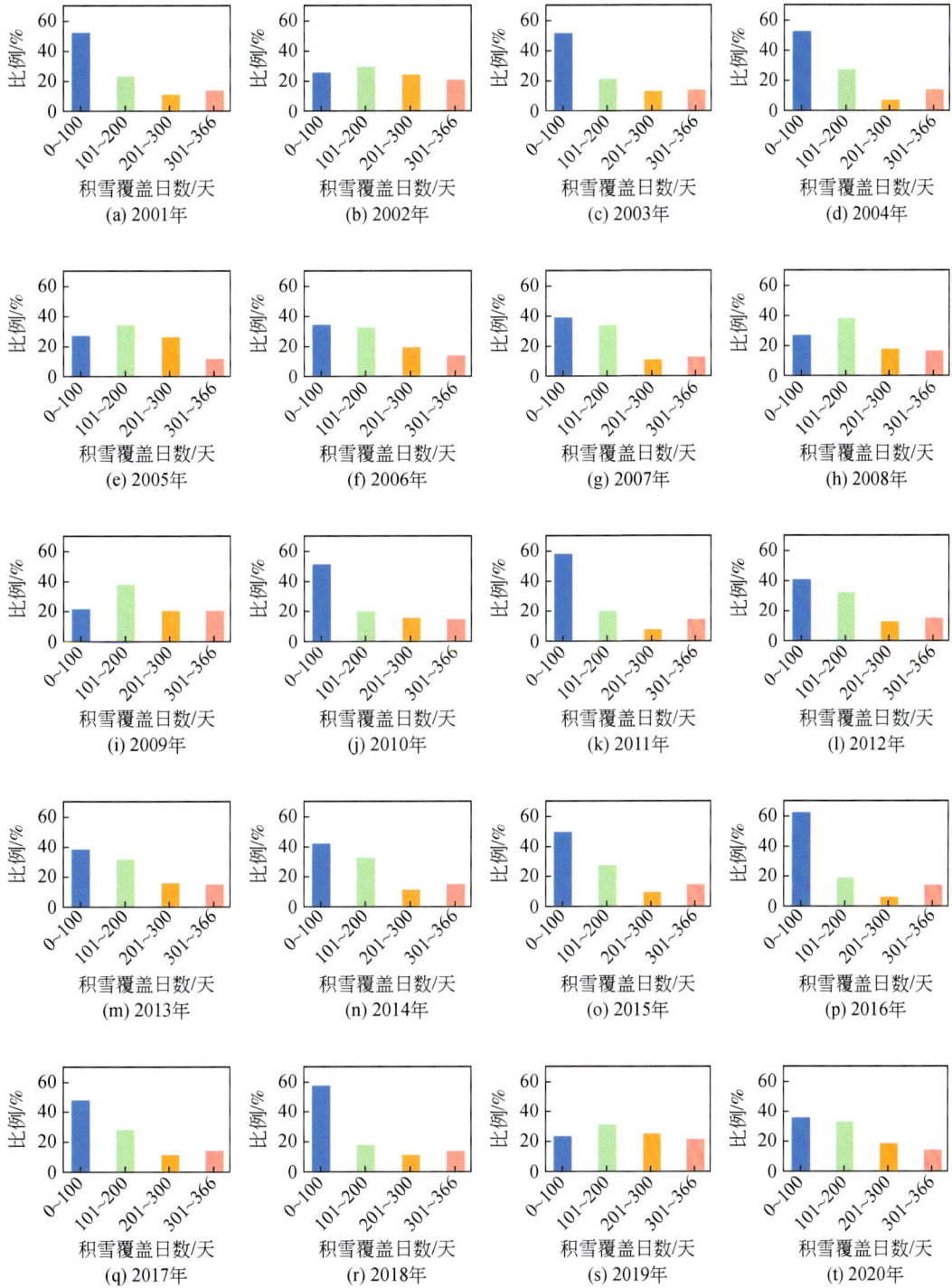

图 10-9　木孜塔格峰地区年积雪日数分布

50% 以上，但 2005 年、2008 年、2009 年、2019 年 0~100 天积雪覆盖日数所占的比例都在 30% 以下，这与积雪范围年际特征结果是一致的。101~200 天积雪覆盖日数所占的比例在 18%~38%，其中，2008 年达到最高，为 38%，2018 年达到最低，为 18%。201~300 天积雪覆盖日数所占的比例明显比前两个范围要低，其中，2005 年所占的比例最高，为 26%，2004 年所占的比例最低，为 7%。301~366 天积雪覆盖日数所占的比例基本都在 20% 以下，只有 2002 年、2009 年、2019 年在 20% 以上，分别为 20.57%、20.5%、20.69%，这与积雪范围特征研究得到的结论相一致。

10.2.3　木孜塔格峰地区积雪深度变化特征

（1）积雪深度月变化

如图 10-10 所示，各月多年平均积雪深度差异性十分显著，11 月至次年 1 月积雪深度最大，最大积雪深度达 5.7 cm，9 月积雪深度最小，最小积雪深度为 0 cm。7 月、8 月和 9 月平均积雪深度相差不多。积雪深度不是夏季最小的可能原因是刚进入夏季，积雪较多，融化较慢，但是随着温度逐渐升高，积雪开始加速融化，而在夏季几乎没有降雪，所以 9 月的降雪深度很小，导致 9 月的积雪深度最低，存在一个月左右的滞后性。此外，异常值在 7~10 月出现比较多，即部分格点存在明显的高值，积雪深度明显高于其他格点；中位数低于平均值，大部分格点的积雪量相对较少，格点与格点之间的积雪深度差距较大，导致中位数偏小。

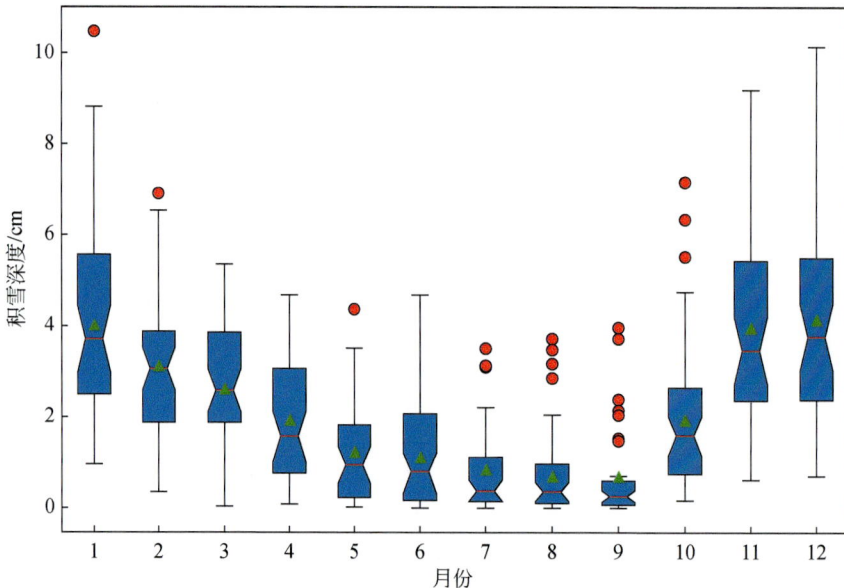

图 10-10　积雪深度的月尺度变化

箱线图中绿色三角形表示每个月的平均值，中间的红线表示中位数，黑色的短线分别表示 1/4 分位和 3/4 分位的数据分布。红色的实心圆表示离群值，即异常值

（2）积雪深度季节变化

木孜塔格峰积雪深度季节变化分析表明，木孜塔格峰平均积雪深度冬季最大，秋季次之，夏季最小（图10-11）。春季平均积雪深度先后分别于1980年和2020年达到最大，各年份积雪深度不超过4 cm；夏季平均积雪深度基本都稳定在2 cm以下，仅有个别年份积雪深度超过了2 cm，2020年平均积雪深度最大接近4 cm。春、夏季平均积雪深度年际波动不大。秋季平均积雪深度开始增加，大多数年份都稳定在2 cm左右，年际变化增大，总体上呈现减少—增加—减少的趋势。大多数年平均积雪深度在冬季达到峰值，积雪深度在4 cm左右，个别年份平均积雪深度超过6 cm，2013年左右冬季平均积雪深度超过8 cm，且冬季的积雪深度年际变化最大。

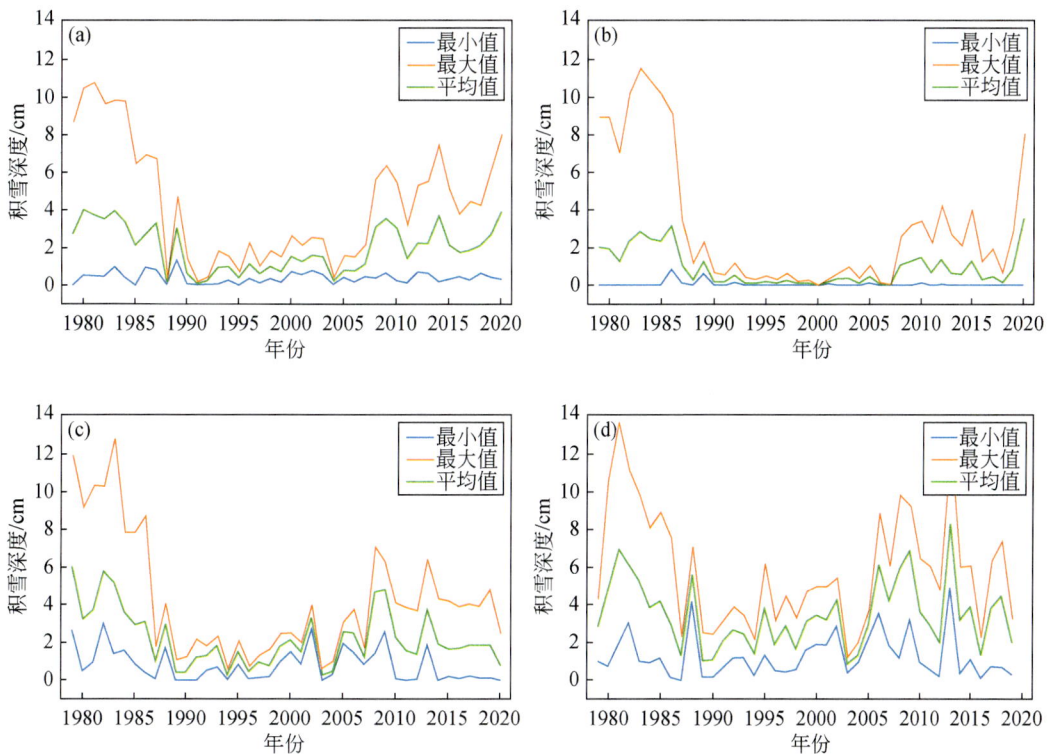

图10-11　木孜塔格峰春（a）、夏（b）、秋（c）、冬（d）的积雪变化

春季最大积雪深度出现在1981年，雪深超过10 cm，1990~2005年最大积雪深度较小，在0~2 cm波动，2005年后最大积雪深度呈现波动上升趋势，2020年达到8 cm，在统计的40年间，春季最大雪深总体上处于缓慢下降趋势。夏季最大雪深极值出现在1983年前后，雪深亦超过10 cm，年代际变化较大，20世纪80年代至90年代初，最大雪深下降态势明显，降幅高达90%，1990~2005年最大雪深变幅不大，稳定在1 cm左右，2007年之后最大雪深呈现上升态势，总体来看，夏季最大雪深仍处于较明显的下降态势。秋季最大雪深极值同样出现在1983年前后，最大雪深超过12 cm，年代际变化表现出与夏季相同的趋势。冬季最大雪深相比于其他季节都有明显增加，最大雪深峰值出现在1981年前

后，雪深高达 14 cm，2003 年左右为最大雪深低峰值，雪深小于 2 cm，冬季最大雪深年际变化大，除 1980～1990 年雪深表现明显下降趋势外，其他年份的下降趋势并不显著。总体来看，季节降雪深度在不同年份存在差异，但年代际变化基本一致，1980～1985 年为雪深最高峰，2010～2015 年为雪深次高峰。近年来，春季和夏季积雪深度有所增加，但秋冬季有所减少。

（3）积雪深度年际变化

木孜塔格峰地区年积雪深度的变化如图 10-12 所示，可以看出，木孜塔格峰地区在 1991～2020 年的年平均积雪深度变化幅度较大，其范围在 1.0～3.0 cm，平均积雪深度在 2008 年和 2014 年达到最大，约为 2.7 cm，在 2016 年时最小，约为 1.0 cm。

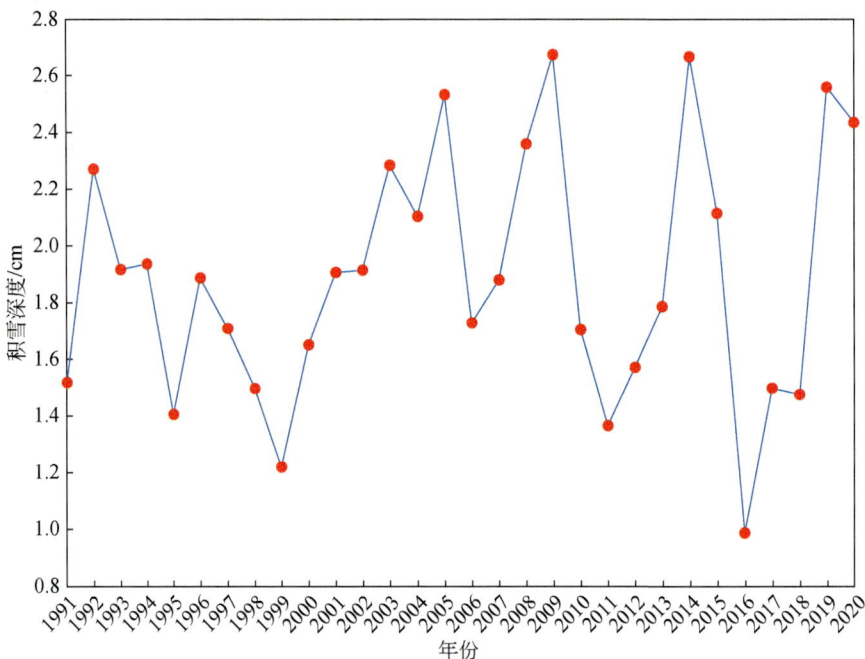

图 10-12　木孜塔格峰 1991～2020 年平均积雪深度变化

1979～1990 年，木孜塔格峰最大积雪深度呈现急剧下降的趋势（最大积雪深度为 1983 年的 11.2 cm）；1990～2005 年，最大积雪深度变化不大（最大积雪深度为 2002 年的 2.8 cm）；2005～2020 年，木孜塔格峰积雪深度呈现上升的趋势，2020 年最大积雪深度达到 6.3 cm。1979～2020 年，木孜塔格峰地区最小积雪深度总体变化不大，1990 年仅有 0.05 cm 的积雪，而在 2009 年最小积雪深度也只有 1.9 cm。对一年中 365 天（或 366 天）的积雪深度数据求平均值，发现该地区年平均积雪深度分布在 0～5 cm，平均积雪深度最大时为 1983 年的 4.5 cm，最小时为 2004 年的 0.5 cm，1979～1990 年呈减少趋势，而 1990～2005 年平均积雪深度变化相对平稳，2005～2020 年平均积雪深度又呈增加趋势（图 10-13）。

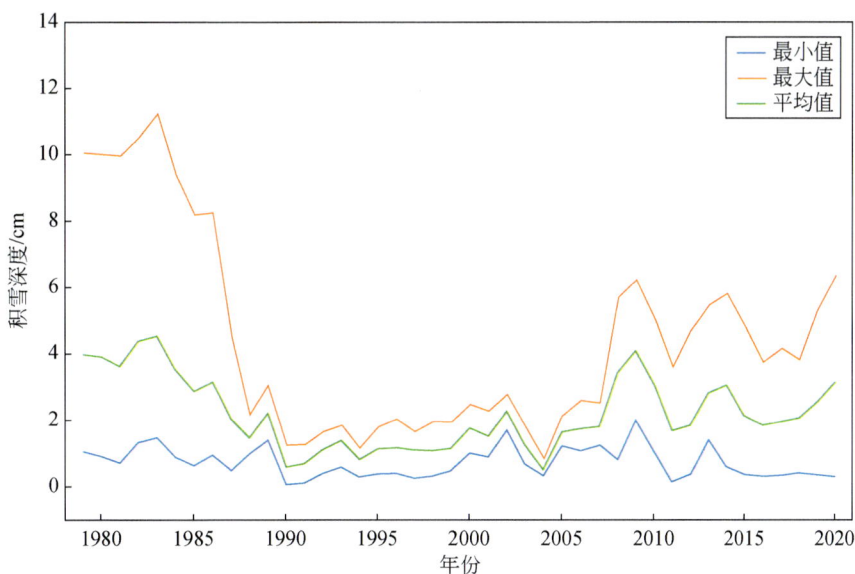

图 10-13　木孜塔格峰 1979 ~ 2020 年积雪深度变化

10.2.4　木孜塔格峰地区积雪分布海拔效应

为了进一步分析木孜塔格峰地区积雪分布随海拔梯度的变化规律，对不同海拔梯度的积雪覆盖率进行统计分析，如图 10-14 所示。木孜塔格峰地区的海拔大体呈现北低南高的空间分布态势，其中海拔最高为 7249 m，最低为 1532 m，平均海拔约为 4391 m。木孜塔格峰西南方向的海拔相对较高，而这一地区的年积雪覆盖率也较高，呈现带状分布。西北方向的海拔呈现条状分布，说明这个地区的积雪大多都沿着高海拔的山区分布，所以才会呈现条状分布。东北方向的积雪覆盖呈现点状分布，同样也与该区域内点状分布的高海拔地区相对应。

在海拔 1532 ~ 2500 m 范围内（图 10-14），积雪覆盖率的最高值仅为 4.4%，最低值为 0，平均值为 2.9%，相对其他海拔来说，这一范围内的积雪范围是最小的，这主要与气温相对较高，不易产生降雪，海拔较高，水汽不易再次凝结有关。在海拔 2501 ~ 3500 m 范围内，积雪覆盖率的平均值为 12.2%，最高值为 18.0%，最低值为 8.9%，相对来说积雪覆盖率有所上升。在海拔 3501 ~ 4500 m 范围内，积雪覆盖率的平均值为 37.1%，最高值为 45.3%，最低值为 31.4%，相对于前两个海拔范围，积雪覆盖率呈大幅上升的趋势，原因在于随海拔的升高，温度会有明显的降低，另外，在这一范围内，水汽凝结成雪的条件相对符合，降雪、存雪量也会大大增加。在海拔 4501 ~ 5500m 范围内，积雪覆盖率又有了大幅提高。在海拔 5501 ~ 6500 m 和 6501 ~ 7249 m 范围内，积雪覆盖率的平均值达到 70% 以上，虽然前者海拔相对低，但积雪覆盖率却总是高于后者，原因可能在于高海拔地区水汽含量呈递减趋势，导致积雪的覆率略微有所下降，而 5500 m 以上高海拔地区温度低，所以总体的积雪覆盖要高于中低海拔地区。

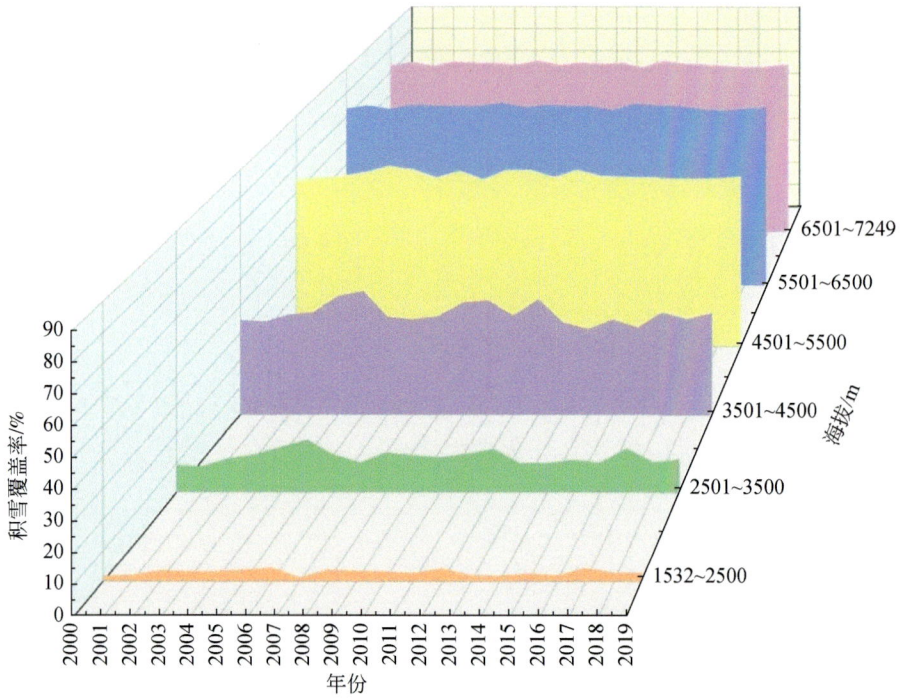

图 10-14　木孜塔格峰 2000～2019 年各海拔积雪范围比例

10.3　木孜塔格峰地区雪水当量

10.3.1　木孜塔格峰地区积雪密度及其水当量

（1）积雪密度

积雪密度通常用于估计雪水当量的分布与变化，是陆地模式和水文模式的重要输入参数，也是水文循环研究、融雪径流模拟、洪水和雪崩预测以及水资源评价的重要因素（Margreth，2007；Lazar and Williams，2008），其属性和变化是模型模拟与预测不可或缺的重要基础资料。

积雪密度和深度是积雪研究所需的重要参量，精准评估积雪密度和深度的时空分布有助于研究雪水资源的时空变化和合理利用。Shi 等（2009）采用 IEM 模拟多种波长、入射角、介电常数和粗糙度变化条件下积雪覆盖的地表水平极化、垂直极化后向散射系数，通过回归分析得出后向散射系数与介电常数、入射角和粗糙度关系方程，简化参数计算积雪介电常数进而估算积雪密度，结果比地面同步实测数据精度高（Shi and Dozier，2000）。中国天山地区采用该算法进行雪密度估算的精度达到了 50 g/100 cm^3（Li et al.，2000）。Singh 等改进 Shi 的积雪密度反演算，在无植被覆盖地区应用该算法估算积雪密度，与地面同步观测结果相比精度达到了 21.2 kg/m^3（Singh and Venkataraman，2009）。本章在计算雪水当量密度时采用物质平衡观测的实测密度方案，具体密度取值如表 10-5 所示。

表 10-5　木孜塔格峰地区积雪密度实测取值

分层		深度/cm	密度/（g/100 cm³）			密度均值/（g/100 cm³）
雪坑 1	细粒（冻结）	0 ~6	40	39	39	39.33
	细粒	7 ~26	36	37	38	37
雪坑 2	细粒（冻结）	0 ~6	39	38	41	39.33
	细粒	7 ~18	35	36	34	35
雪坑 3	细粒（冻结）	0 ~8	39	38	39.5	38.83
	细粒	9 ~35	31	32	34	32.33
雪坑 4	细粒（冻结）	0 ~8	37	38.1	36	37.03
	细粒	9 ~32	29	31	33	31
雪坑 5	细粒（冻结）	0 ~6	38.9	41	40	39.97
	细粒	7 ~20	31	32	34	32.33

（2）木孜塔格峰雪水当量

通过统计方法得到的积雪厚度和雪水当量能反映研究区内整个雪季总体情况，但在整个雪季内，由于积雪密度和粒径随着雪龄而变化，会出现积雪初期的低估和积雪晚期的高估现象。要精确反演一个区域的积雪厚度和雪水当量，了解研究区的积雪特性及其在时间上的变化，获取精确的先验信息尤为重要。

鉴于目前各种雪水当量产品在木孜塔格峰地区普遍存在局部地区精度不理想的问题，本章采用实测积雪密度方案（表 10-5），结合木孜塔格峰地区的积雪深度对雪水当量进行分析。1991 ~2020 年，木孜塔格峰地区的年平均雪水当量为 7.4 mm w.e.（图 10-15），且年平均雪水当量变化幅度较大，其范围在 3.9 ~10.4 mm w.e.，雪水当量在 2009 年达到最大值，在 2016 年达到最小值。

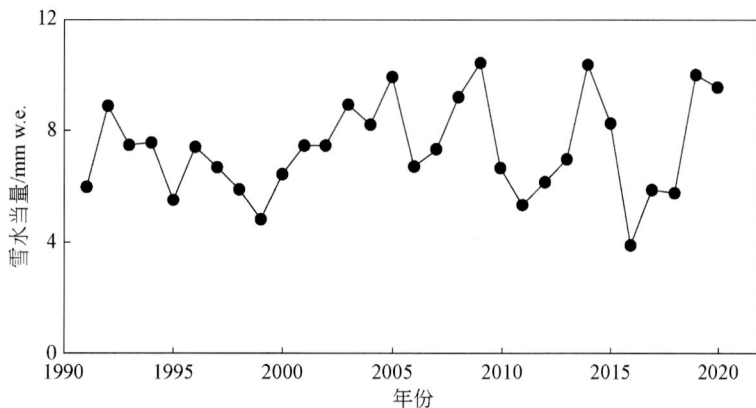

图 10-15　1991 ~2020 年木孜塔格峰地区平均雪水当量变化

10.3.2　木孜塔格峰地区积雪变化对气候的响应

　　积雪变化与气候变化联系紧密，气温和降水作为主要的气象要素，其空间特征和变化趋势对积雪的分布具有重要影响。研究发现，气温是影响积雪变化的主要影响因子，李虹等（2023）研究表明，气温是影响新疆阿尔泰山等地积雪变化的主要因素，但随着海拔升高，气温的影响逐渐减弱；邹逸凡等（2021）在横断山区的研究表明，气温和高程对积雪的影响要大于日照时数和风速；Tang 等（2017）基于 MODIS 数据研究天山地区的积雪变化，表明气温是积雪变化主要的影响因子；Saavedra 等（2016）以安第斯山脉的积雪为研究对象，发现气温升高导致冬季积雪减少，春季融雪更早，气温相对于降水重要性更高。

　　从整个昆仑山北坡 1991～2020 年平均气温和降水的空间分布及年变化特征看（图 10-16），气温空间分布上，靠近塔里木盆地的北部边缘及靠近柴达木盆地的东部边缘气温较高，年均气温超过 0℃。整体上看，1991～2020 年昆仑山北坡的气温以 0.03℃/a 速率上升，气温与积雪范围的相关系数为 −0.68（$p<0.01$），气温与积雪范围呈显著的负相关。降水空间分布上，北部年降水量可达 500 mm，南部高海拔地区降水量相对较小。研究发现，由于昆仑山北坡身居内陆并且南部受到青藏高原和喜马拉雅山脉的阻挡，难以

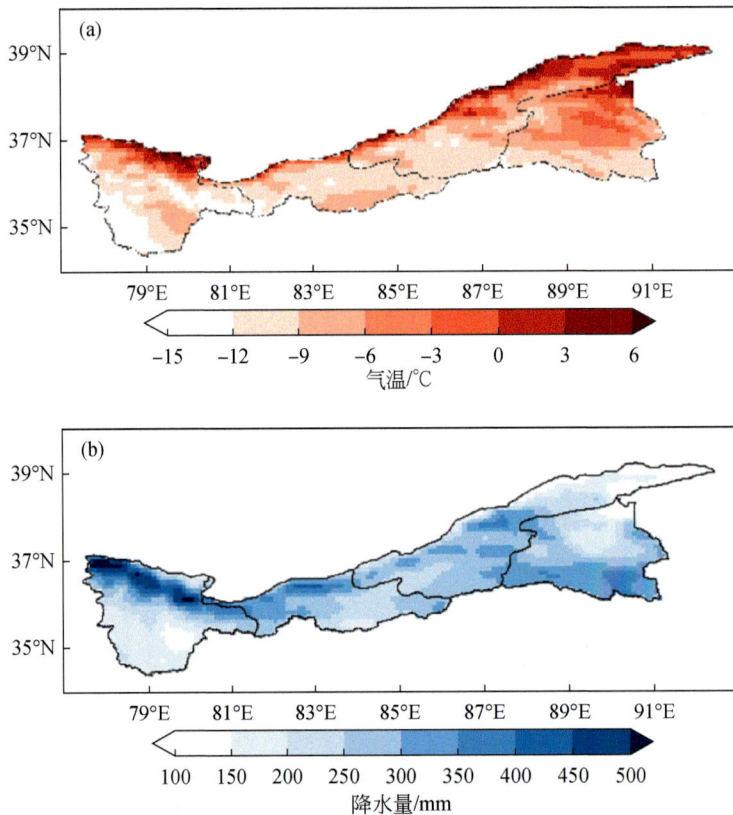

图 10-16　1991～2020 年昆仑山北坡气温（a）和降水（b）的空间分布

接收到来自太平洋和印度洋的湿润气流，因此降水量整体相对较少。整体上看，1991～2020 年昆仑山北坡的降水以−0.18 mm/a 的速率减少，降水与积雪范围的相关系数为 0.14（$p>0.05$），降水与积雪范围相关性较低。

　　积雪与气候变化相互影响，气温和降水是积雪变化的主要驱动力，其空间特征和变化趋势对积雪的分布具有重要影响。对木孜塔格峰 1991～2020 年平均气温和降水年变化特征进行分析（图 10-17），1991～2020 年木孜塔格峰冰川区年平均气温为−10.43℃，最高温度年份为 2016 年（−8.7℃），最低温度年份为 1997 年（−11.7℃），升温速率为 0.2℃/10a，呈显著的变暖趋势（$p<0.01$）。1991～2020 年木孜塔格峰地区年平均降水量达 433.1 mm，最大年降水量为 2016 年的 526.2 mm，最小年降水量为 1994 年的 328.5 mm，且表现出显著增加趋势（$p<0.01$），降水增加速率为 21 mm/10a。在这样的气温和降水条件组合下，木孜塔格峰地区积雪覆盖率呈现略微下降的趋势。

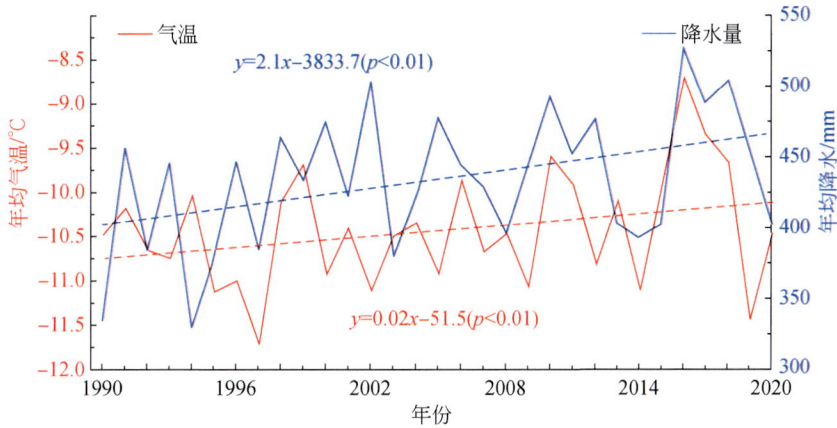

图 10-17　1991～2020 年木孜塔格峰气温和降水的时间空间变化

第 11 章 木孜塔格峰地区多年冻土与融沉风险评估

多年冻土是指温度状态在 0℃ 及其以下且冻结时间不少于 2 年的含有冰的各种岩土层。受高海拔的低温环境影响，木孜塔格峰地区发育有大量的多年冻土。全球气候变暖导致多年冻土呈现不同速率的退化趋势，对区域气候、生态和水文过程有着直接影响。本章阐明了木孜塔格峰地区多年冻土的特征，并对未来变化趋势和融沉风险进行了全面评估。结果表明，当前木孜塔格峰地区多年冻土面积为 5007.01 km²，占区域总面积的 88.37%，平均活动层厚度为 1.95 m；其中，超过一半的多年冻土年平均地温（mean annual ground temperature，MAGT）低于 -3℃，属于稳定型多年冻土；未来不同气候变化情景下木孜塔格峰地区多年冻土将发生较大程度的退化，在高排放情景下，21 世纪末当地多年冻土MAGT 将升高至 -1.5℃ 左右，而活动层厚度将增厚至 3.1 m。融沉风险评估结果显示，高风险区主要位于该地区的北部即乌鲁格河流域和哈拉木兰河流域北部呈块状分布，低风险区主要位于研究区南部的南坡诸河流域并向中部延伸，而基本稳定区主要位于研究区中部冰川附近。

11.1 木孜塔格峰地区多年冻土特征

11.1.1 多年冻土变化研究现状

在气候变暖背景下，观测到的全球多年冻土均呈现出不同速率的退化趋势，主要表现在地温升高、活动层厚度增加、活动层融化时间提前和冻结时间推后、融区扩大和贯穿、多年冻土面积缩减、下界抬升和南界北移等方面（Biskaborn et al.，2019；Smith et al.，2022）。过去数十年，监测到的中国多年冻土也出现了快速升温和退化。其中，在西北山地多年冻土区的天山山区，1992 ~ 2011 年的监测结果表明，地下 12 m 深度处的多年冻土温度以 0.4℃/10a 的速率上升，活动层厚度增加了约 0.45 m，多年冻土厚度减少了约 14 m（Liu et al.，2017）；多年冻土下界抬升了 150 ~ 200 m（Marchenko et al.，2007）。在东北的高纬度多年冻土区，多年冻土南界在过去 50 年以 8 ~ 24 km/10a 的速率向北移动（常晓丽等，2008）；1980 ~ 2000 年，多年冻土面积减少了约 13.7%（Zhang Z et al.，2018，2019）。在青藏高原高海拔多年冻土区，1980 ~ 2015 年监测到的多年冻土升温速率介于 0.15 ~ 0.6℃/10 a（Hu et al.，2019）；活动层厚度的增厚速率介于 0.13 ~ 0.75 m/10 a（Wu and Zhang，2010；Li et al.，2012），平均增厚速率约为 0.2 m/10 a（Zhao L et al.，2020；Zhao S et al.，2020）；1980 ~ 2010 年多年冻土的面积以 7 万 km²/10 a 的速率缩减（Wang et al.，2019）。受升温速率、冻土类型及特征和局地因素等的影响，中国三大多年冻土区的冻土退化速率与北极及其他地区存在显著的差异（Biskaborn et al.，2019；Zhu et al.，2022）。83 个多年冻土地温观测点的统计结果表明，北极多年冻土区的年平均地温升温速率为 0.23℃/10a；基于 142 个活动层监测点的数据统计发现，北极多年冻土区活动层厚度的增厚速率为 1.5 cm/10a，低于青藏高原地区；北极多年冻土区融化指数的增加速率（33.2℃·d/10a）也低于青藏高地区（55.9℃·d/10a）；在 RCP4.5 情景下，未来青藏高原和北极多年冻土面积将比 2000～2014 年的平均状态分别缩减 58% 和 29%（Wang et al.，2022）。

冻土区特殊的下垫面特征及其大量的地下冰使得冻土退化对所在区域的生态、水文及寒区工程等产生显著影响，并且冻土退化对地气系统能水交换特别是碳氮循环过程的影响及改变十分明显，对区域甚至全球气候也有显著影响（程国栋等，2019；赵林等，2019）。多年冻土中有机碳的分布和变化对区域生态环境演替具有重要影响，当多年冻土发生退化时，土壤中水热条件会发生改变。土壤温度的升高，有利于促进微生物活性和养分循环，加速多年冻土中有机碳的分解和温室气体释放。目前，碳通量和碳循环过程的监测结果表明，青藏高原多年冻土区正逐渐表现为弱的碳汇（Mu et al.，2017）。随着全球气候变暖，加速了多年冻土区碳源/汇效应的转换（Koven et al.，2013；Schaphoff et al.，2013）。在多年冻土大面积融化的趋势下，热融滑塌和热融湖塘广泛发育，水土保持服务功能下降会进一步影响固碳作用，温室气体释放最终可能导致这些地区由碳源向碳汇发生转化（Mu et al.，2017）。冻土退化会进一步影响多年冻土区地下冰、地下水补给源和补给量、径流路径和排泄过程以及地下水与地表水的交换等（Bense et al.，2009）。因此，气候变化和冻土退化正深刻地影响着冻土区的水文地质过程（Jin et al.，2009）。此外，多年冻土区的生态系统明显依赖于水热状态和浅表层的水文过程，水文地质条件的改变会对水土资源的可持续利用产生很大影响（王根绪等，2000）。多年冻土退化造成表层土壤水分下渗增加，这使得地表植物的可利用水分大为减少，进而导致依赖于冻结层上水的短根系植物枯死、生物多样性减少、生态系统植物退化和荒漠化趋势增强等一系列生态环境问题。这些变化无疑会对多年冻土区地表水、土、气、生间的相互作用关系产生影响，进而影响区域水文、生态乃至全球气候系统。

此外，木孜塔格峰地区受寒冷气候条件和周期性冻融过程影响，发育有大量的冰缘地貌。由于冰缘地貌多发于多年冻土区或季节性冻土区，与冻土的分布和发育程度密切相关，因此冰缘地貌可被用来指示现代多年冻土的发育程度，其地貌遗迹还可以推断历史时期是否存在多年冻土，并指示其发育程度（赵林和盛煜，2015）。因此，基于实地调查和遥感技术手段，全面认知冻土分布、变化及其影响对区域环境变化的评估具有重要意义。

11.1.2　多年冻土变化的观测和模拟方法

作为一种基于热物理性质定义的地下土体，针对冻土环境的调查除了常规的气象观测、冻土钻探、坑探和物探等手段外，近年来快速发展的遥感探测技术也对冻土观测和研究有重要的贡献。然而，由于木孜塔格峰地区较为偏远且自然环境恶劣，当前针对该地区冻土环境的实地调查极其有限，当前可参照的冻土资料仅仅在其附近的阿尔金地区。因此，本章参照阿尔金及其周边区域已有的冻土观测资料，借助遥感技术和相关模型针对冻土现状及变化进行了分析。目前，关于青藏高原地区多年冻土土壤热状态和活动层厚度的模拟研究主要分为两类，即热平衡模型和瞬态模型。最常用的热平衡模型包括 Stefan 方程、库德里亚采夫（Kudryavtsev）模型、地面冻结数模型和多年冻土顶板温度模型（TTOP）。该类模型的优势是形式相对简单，只需要较少的驱动数据便可以完成不同区域的模拟。然而，这类模型在移植性方面往往表现较差，应用于不同区域时首先需要对参数进行校正。与热平衡模型相比，瞬态模型更多考虑了大气和地面之间的水热交换等细节问题，这类模型主要包括 CLM（community land model）、Noah、GBEHM（geomorphology-based eco-hydrological model）、SHAW 以及 CoupModel。然而，这些模型考虑的过程较为复杂，随着对土壤物理机制认识的加深，参数化过程将会变得更加困难。

近年来，陆面过程模型已经被广泛应用于多年冻土水热过程的模拟研究中。然而，即便当前计算机技术和算法模拟方面都有了显著改进，目前的建模工作仍然存在模拟结果分辨率和地理范围大小之间的权衡问题（Etzelmüller，2013）。特别是在数据缺乏和计算资源有限的情况下，基于物理机制模型的广泛应用会受到一定程度的限制。随着人工智能等新兴学科和技术的快速发展，与统计学相关的机器学习类算法在一定程度上弥补了上述研究中的不足，同时，它们在冻土模拟中的巨大作用也得到了相关证实。该方法的主要目的是识别因变量和一个或多个解释变量之间的关系，它们可以更为容易地解释与地形和土地覆盖相关的环境变量，而这些因素可能难以用物理参数表达。

鉴于此，本章采用统计方法和机器学习算法相结合的方式，模拟并预估了木孜塔格峰多年冻土区当前以及未来的变化趋势。其中，统计模型包括广义线性模型（generalized linear model，GLM）和广义相加模型（generalized additive model，GAM），它们是模拟多年冻土热状态的传统统计方法。机器学习算法分别是广义增强算法（generalized boosted model，GBM）和随机森林（random forest，RF）。具体模型方法介绍如下。

1. 广义线性模型

广义线性模型是线性模型的扩展，可以处理解释变量和因变量之间的非线性关系：

$$g\{\mu(x)\}=\beta_0+\beta_1(x_1)+\beta_2(x_2)+\cdots+\beta_i(x_i) \tag{11-1}$$

式中，$g(\mu)$ 是链接函数，用于链接响应变量（本研究为年平均地温和活动层厚度）的平均空间分布状况；$\mu=E(y/x_1, x_2, x_3, \cdots, x_i)$，$x_i$ 是预测因子，E 是期望值；β_0 是截距项，β_i 是待评估的回归系数。本研究对于年平均地温和活动层厚度的模拟均是基于一阶和二阶多项式和恒等链接函数。

2. 广义相加模型

广义相加模型是广义线性模型的半参数化扩展，它指定平滑函数来拟合数据的非线性响应曲线：

$$g\{\mu(x)\}=\beta_0+f_1(x_1)+f_2(x_2)+\cdots+f_i(x_i) \tag{11-2}$$

式中，$g(\mu)$ 是链接函数，用于链接响应变量（本研究为年平均地温和活动层厚度）的平均空间分布状况；$\mu=E(y/x_1, x_2, x_3, \cdots, x_i)$，$x_i$ 是预测因子，E 是期望值；β_0 是截距项，f_i 是每个解释变量的平滑函数。

3. 广义增强算法

广义增强算法是一个连续的集成建模方法，它结合了大量的迭代拟合分类树到一个模型中，采用交叉验证的方法来估计最优数量的树，从而提高预测精度。GBM 自动整合预测因子之间的相互作用，并能够对高度复杂的非线性系统进行建模。它是基于高斯马尔可夫误差假设，并利用 gbm. step 函数进行拟合。函数中主要包括学习率、树的复杂度、套袋分数、最大树数等参数。

4. 随机森林

随机森林是一种基于分类树的机器学习算法，通过生成大量的回归树集合形成森林。该模型采用 Bootstrap 抽样方法从原始样本中提取多个样本，对每个样本进行决策树建模，然后将多个决策树的预测结合起来，通过一个投票过程得到最终的预测结果。该模型具有适用性强、有效避免过拟合、对缺失数据不敏感和多变量共线性等特点。它是非线性回归系统中的一种有效经验方法，大量地球系统模拟研究证明了其优越性。

综上四种方法，本章对多年冻土区年平均地温（MAGT）和活动层厚度（ALT）的模拟和预测，主要考虑如下因子：

$$MAGT = f_1(TDD) + f_2(FDD) + f_3(Sol\_pre) + f_4(Liq\_pre) + f_5(PISR)$$
$$+ f_6(SOC) + f_7(Lon) + f_8(Lat) + f_9(Ele) \tag{11-3}$$

$$ALT = f_1(TDD) + f_2(FDD) + f_3(Sol\_pre) + f_4(Liq\_pre) + f_5(PISR)$$
$$+ f_6(SOC) + f_7(Lon) + f_8(Lat) + f_9(Ele) \tag{11-4}$$

式中，TDD 为融化指数；FDD 为冻结指数；Sol_pre 为固态降水；Liq_pre 为液态降水；PISR 为潜在太阳辐射；SOC 为土壤有机碳含量；Lon 为经度；Lat 为纬度；Ele 为海拔。为了获取当前时期（2000～2015 年）的气候数据，本书选用中国气象强迫数据集（CMFD，下载地址为 http：//www. tpedatabase. cn；Yang et al.，2010）计算上述与气候有关的关键因子。该数据集的时空分辨率分别为 3h 和 0.1°，时间跨度为 1979～2018 年。CMFD 是基于 Princeton 再分析资料、GLDAS 资料、GEWEX-SRB 辐射资料、TRMM 降水资料以及中国气象局定期气象观测资料建立的，其精度介于观测数据和遥感数据之间。海拔和潜在太阳辐射两个关键因子是由 1 km 分辨率的 SRTM-DEM（下载地址为 http：//srtm. csi. cgiar. org）计算的。有机质含量数据来自全球 1 km 的土壤有机碳含量格网数据（SOC，下载地址为 https：//soilgrids. org）。上述用到 4 种模型中，这些方程的独立变量是相同的，而相应的 f_i (x_i) 在每一个模型中都是不同的。为了充分考虑上述 4 种模型的优缺点，减少模拟结果的不确定性，采用集成方法。该方法是将 4 种模型的平均值作为新的模拟结果，因此，最终可以得到五组模拟结果。通过对五组模拟结果的关键指标进行比较分析，得到最优值。

11.1.3　多年冻土温度分布特征

受气温的季节变化和地下大地热流的影响，地表至地下一定深度处地温的年内变化极其微小，基本保持不变，一般将温度年变幅小于 0.1℃的深度称为年变化深度，这一深度的地温称为多年冻土年平均地温。通常，年平均地温可用于判断冻土的发育和存在，是评估冻土热状况的有效指标。在北极等高纬度多年冻土区，年平均地温随着纬度的升高而逐渐降低，在青藏高原等高海拔多年冻土区，年平均地温的空间分布由纬度和海拔共同决定。

　　除冰川外，木孜塔格峰地区均被多年冻土（MAGT≤0℃）所覆盖，多年冻土面积为5007.01 km²，占该地区总面积的88.37%，占青藏高原多年冻土总面积的0.47%（图11-1）。统计结果表明，该地区一半以上区域的多年冻土 MAGT 低于–3℃，平均值为–3.1℃。早期，研究人员针对邻近的阿尔金–祁连山高山多年冻土区的调查结果表明，MAGT 介于–2.5~0℃，多年冻土厚度介于数米至139 m，下界为4000 m 左右（赵林和盛煜，2019）。监测到的西昆仑–改则地区的多年冻土区 MAGT 介于–1.5~0℃，多年冻土厚度介于42~56 m（乔永平等，2015）。由此可见，木孜塔格峰地区的多年冻土相比邻近地区更为发育。受局地因素影响，该地区 MAGT 空间分布格局整体表现为西部低于东部，南部低于北部。

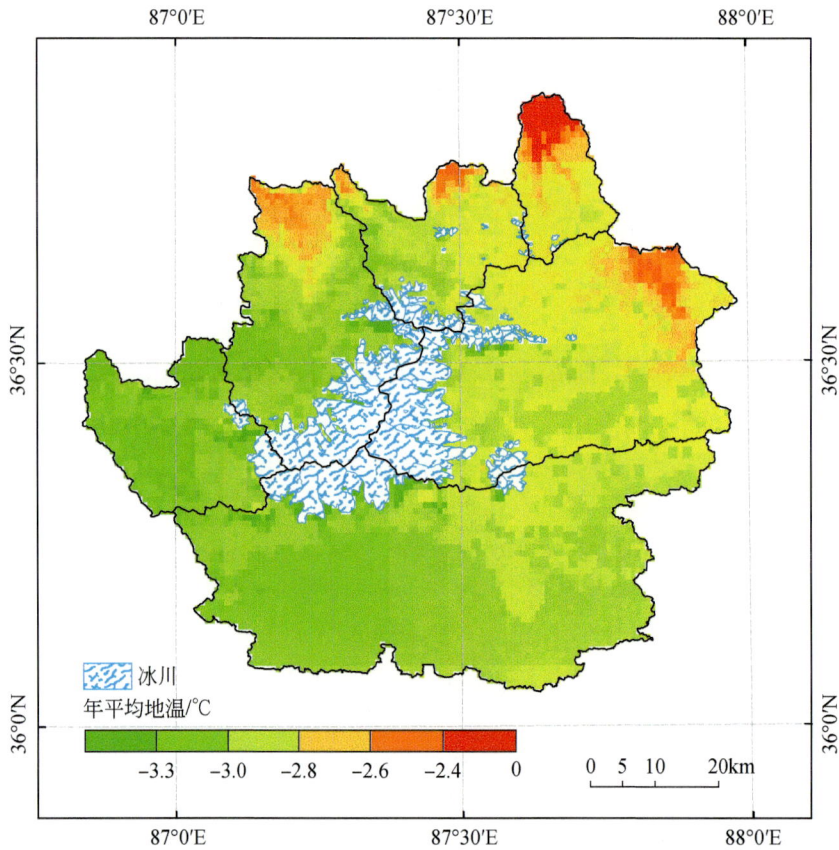

图11-1　木孜塔格峰地区多年冻土年平均地温空间分布

　　在青藏高原多年冻土研究中，依据年平均地温可将多年冻土分为六类：①极稳定型多年冻土（MAGT<–5℃）；②稳定型多年冻土（–5℃≤MAGT<–3℃）；③亚稳定型多年冻土（–3℃≤MAGT<–1.5℃）；④过渡型多年冻土（–1.5℃≤MAGT<–0.5℃）；⑤不稳定型多

年冻土（−0.5℃≤MAGT<0.5℃）；⑥极不稳定型多年冻土（>0.5℃）（表 11-1）。基于这一标准可知，木孜塔格峰地区的多年冻土属于稳定型和亚稳定型两类（表 11-2），其中稳定型多年冻土面积占比超过一半，而整个青藏高原多年冻土区则以亚稳定型多年冻土为主（赵林和盛煜，2019），可见木孜塔格峰地区多年冻土结构较整个青藏高原地区相对稳定。

表 11-1　青藏高原不同类型多年冻土的划分标准

冻土类型	年平均地温/℃	多年冻土厚度/m
极稳定型	<−5.0	>170
稳定型	−5.0 ~ −3.0	110 ~ 170
亚稳定型	−3.0 ~ −1.5	60 ~ 110
过渡型	−1.5 ~ −0.5	30 ~ 60
不稳定型	−0.5 ~ 0.5	0 ~ 30
极不稳定型	>0.5	—

资料来源：程国栋和王绍令（1982）。

表 11-2　木孜塔格峰地区不同类型多年冻土面积占比情况

	极稳定型	稳定型	亚稳定型	过渡型	不稳定型
面积/km^2	0	2841.47	2165.54	0	0
占比/%	0	56.75	43.25	0	0

11.1.4　活动层厚度特征

活动层是指位于多年冻土层之上，冬季冻结、夏季融化的土层，是多年冻土研究的重要指标之一。活动层的存在对区域生态水文的调节具有重要作用。依据活动层内水分和温度的动态变化过程，一般可将活动层的冻融循环过程分为四个过程：①夏季的单向融化过程；②秋季的双向冻结过程；③冬季降温过程；④春季升温过程。在"春季—夏季"和"夏季—秋季"的冻融交替阶段，活动层内部的水热耦合过程较为复杂。活动层厚度与区域气候条件和地表能量收支过程密切相关，特别是浅层土壤含水量、植被、积雪、土壤有机质和质地等局地因素也会在一定程度上决定不同区域活动层厚度的差异（赵林和盛煜，2019）。

活动层厚度的测量方式包括钎探法、探坑法、钻探法、测温法和探地雷达法等（赵林和盛煜，2015）。基于木孜塔格峰地区周边及青藏高原地区的监测资料和模拟结果发现（图 11-2），木孜塔格峰地区的活动层厚度呈现显著的空间异质性，表现为中部偏高，向南北两侧边缘地区逐渐减薄，尤其是最南部的活动层厚度最薄，低于 1.68 m。整个地区的活动层厚度的分布范围介于 1.5~2.5 m，平均厚度为 1.95 m。邻近的改则地区的多年冻土上限深度介于 2.6~6 m，活动层平均厚度为 3.9 m（乔永平等，2015）。前期研究结果表明，青藏高原多年冻土区活动层厚度的平均值为 2.3 m，整体呈现平原厚、山区薄、边缘厚和腹地薄的特征，活动层土壤水分较高的区域往往是厚度较小的区域（Ni et al.,

2020）。由此可见，木孜塔格峰地区的活动层厚度相对偏薄。

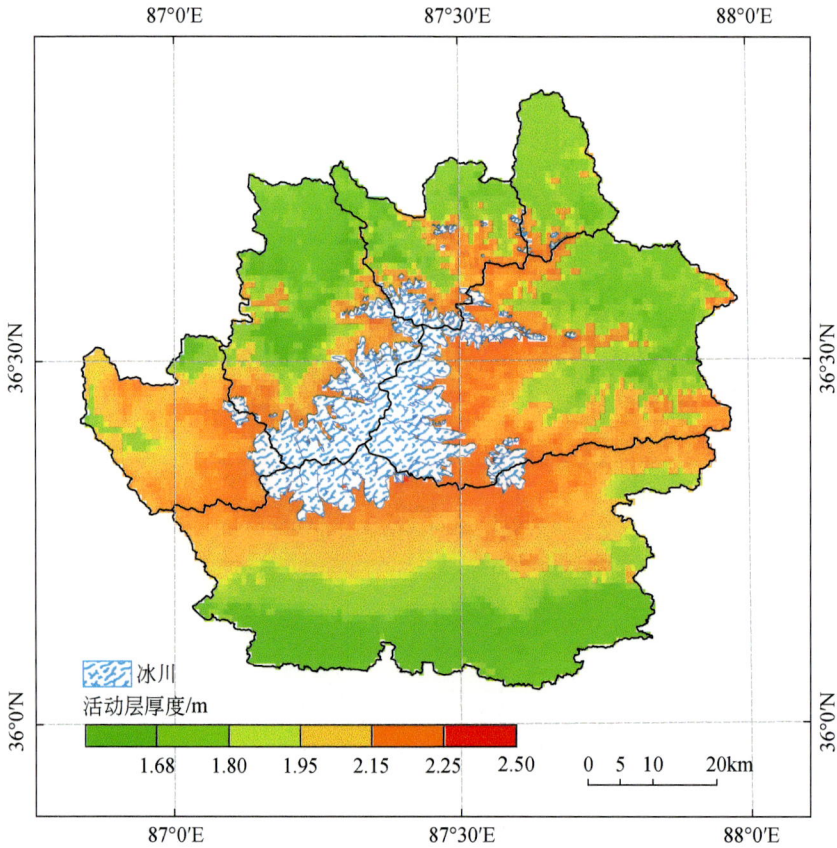

图 11-2　木孜塔格峰地区活动层厚度空间分布

11.1.5　多年冻土区地下冰储量及分布现状

　　多年冻土区地下冰是指发育在多年冻土层内部的多年地下冰，主要是伴随多年冻土形成、发育和演变。负温条件使多年冻土层中往往含有较多的地下冰，其含量一般受到地温、活动层厚度以及其他局地因子的影响，冻土内部的地下冰主要分为构造冰、洞脉冰和埋藏冰。一般来说，区域降水特征、地形、土壤质地等局地因素会显著影响地下冰的发育和封存特征。过去数十年来，在气候变暖背景下，青藏高原多年冻土逐渐退化，退化的多年冻土导致所在土层中的地下冰出现消融。地下冰的消融除了会引起地面沉降之外，也会对区域水文、生态和生物地球化学循环产生显著影响。

　　基于青藏公路沿线多年冻土钻孔的容重和含水量数据，南卓铜（2003）估算得到青藏高原多年冻土区地下冰储量介于 10 923 ~ 17 444 km³。赵林等（2010）通过考虑地形条件，且以 38.79 m 的多年冻土平均厚度为基础，估算得到青藏高原多年冻土区地下冰的总储量约为 9528 km³。赵林等（2019）基于青藏高原多年冻土区 164 个钻孔记录数据，结合青藏高原多年冻土分布图、多年冻土厚度图和青藏高原第四纪沉积类型图，估算得到青藏高原多年冻土区地下冰总储量约为 12 700 km³ 水当量，相当于中国冰川水储量的 2 倍多，其估算方法如下：

$$GI = \int \rho_d(z)\theta(z)\mathrm{d}z\mathrm{d}S \tag{11-5}$$

式中，GI 代表地下冰含量；z 代表多年冻土厚度；ρ_d 是对应深度处的土壤干容重；$\theta(z)$ 是对应深度处的土壤重量含水量；S 代表多年冻土面积。

　　本章使用上述方法，以青藏高原多年冻土区典型区域的土壤容重、含水量和多年冻土厚度数据为驱动，估算得到木孜塔格峰地区多年冻土层中的地下冰总体积约为 169.96 km³，约占整个青藏高原地区地下冰总储量的 1.33%（图 11-3），其数值为当地冰川总储量（81.21 km³）的 2 倍有余。虽然该地区多年冻土面积只占青藏高原多年冻土区面积的 0.46%，但地下冰总储量占比高出多年冻土面积的 2 倍有余，可以看出该地区的地下冰在整个青藏高原地区发育程度较高。在空间分布上，该地区地下冰含量的高值区主要位于西北部，低值区位于南部。

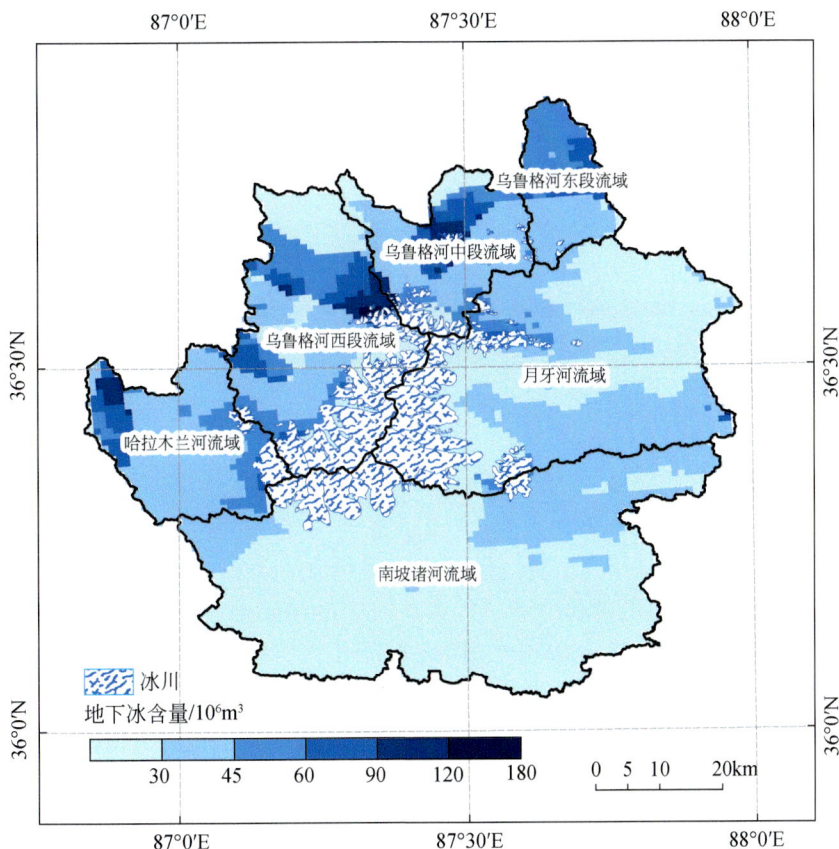

图 11-3　木孜塔格峰地区地下冰含量空间分布

　　为了更清楚地了解木孜塔格峰地区地下冰储量的空间分布特征，本节进一步对研究区内 6 个小流域的地下冰含量数据进行统计，如表 11-3 所示。可以看出，位于木孜塔格峰地区南部的南坡诸河流域虽然具有较高的地下冰总储量，但是该地区的平均地下冰含量却是 6 个小流域中最低的，主要是由于该地区具有较大的流域面积。东部的月牙河流域与南坡诸河流域的地下冰储量具有相同的空间分布特征，其空间特征均表现为单位面积储量低、总体储量高的特点。而对于其他四个小流域地区，包括乌鲁格河东、中、西三个河段流域以及哈拉木兰河流域的地下冰都比较发育，其单位面积地下冰储量在 0.038 ~ 0.055 km³/km²，其中，最高值为乌鲁格河东段流域，其次为哈拉木兰河流域，乌鲁格河西段流域最低，但其地下冰总含量在四个流域中最高。需要注意的是，地下冰的储量以及空间分布均受到当地气候、局地环境以及冰川融水等多方面的影响，随着未来气候的变化以及冰川融水径流的改变，各流域内地下冰的空间分布格局也将发生较大变化。

表 11-3　木孜塔格峰地区各小流域内地下冰含量

流域名称	地下冰总含量/km³	地下冰平均含量/（km³/km²）	区域储量占比/%
南坡诸河流域	36.718	0.018	21.60
乌鲁格河西段流域	34.291	0.038	20.18
哈拉木兰河流域	26.782	0.051	15.76
乌鲁格河东段流域	14.526	0.055	8.55
乌鲁格河中段流域	22.401	0.050	13.18
月牙河流域	35.237	0.024	20.73

11.2　木孜塔格峰地区未来多年冻土变化预估

11.2.1　研究方法

自 1988 年政府间气候变化专门委员会（Intergovernmental Panel on Climate Change，IPCC）成立以来，全球气候变化议题得到越来越多的重视。大气环流模式（general circulation model，GCM）是探究历史气候变化机理和预估未来气候变化的重要工具，通常情况下，单个 GCM 的模拟机理和性能可能存在一定的局限性，多气候模式集合平均法可有效提升模拟或预测效果。相比 CMIP5，CMIP6 有两个主要的特点：①CMIP6 考虑的过程更为复杂，很多模式实现了大气化学过程的双向耦合；②大气和海洋模式的分辨率显著提高，其中大气模式的最高水平分辨率可达 25 km。除此之外，CMIP5 的 RCP 情景只考虑了未来 100 年达到稳定 CO_2 浓度以及相应辐射强迫的目标，并没有针对特定的社会发展路径，而 CMIP6 中新的共享社会经济路径充分考虑了这一点，提供了更加多样化的排放情景，可以对减缓适应研究以及区域气候预估提供更加合理的模拟结果。新一代模式的模拟结果，在很大程度上弥补了 CMIP5 中 RCP 情景的不足，无论是从模式的改进，还是在未来情景的设计上，CMIP6 模拟结果更符合实际。

基于此，本书利用国家青藏高原科学数据中心提供的 2021 ~ 2100 年中国 1 km 分辨率多情景多模式逐月降水量和平均气温数据集对木孜塔格峰地区多年冻土的变化进行预估。该数据集是根据 CMIP6 发布的全球>100 km 气候模式数据集以及 WorldClim 发布的全球高分辨率气候数据集，通过 Delta 空间降尺度方案在中国地区降尺度生成的。数据采用 IPCC 发布的 SSP 情景（SSP119、SSP245、SSP585），每个情景包含三个 GCMs（EC- Earth3、GFDL- ESM4、MRI- ESM2-0）的气候数据，详细信息见表 11-4。本章将每个共享社会经济路径下的三个 GCMs 气候数据取平均用于计算与气候相关的关键参数。

表 11-4　未来情景预估所用的模式和气候情景

要素	模型	共享社会经济
气温、降水	EC-Earth3	SSP119、SSP245、SSP585
气温、降水	MRI- ESM2-0	SSP119、SSP245、SSP585
气温、降水	GFDL- ESM4	SSP119、SSP245、SSP585

11.2.2　木孜塔格峰地区未来多年冻土变化

全球变暖导致多年冻土发生显著退化。图 11-4 展示了 21 世纪末期（2081~2100 年）不同气候变化情景下木孜塔格峰地区多年冻土年平均地温和活动层厚度的空间变化状况。对比当前该地区年平均地温和活动层厚度的空间分布，可以看出，不同 SSP 情景下木孜塔格峰地区多年冻土均发生了较大程度的退化，而且区域变化差异显著。在 SSP119 和 SSP245 两种情景下，该地区多年冻土的 MAGT 由当前的 -3.1℃ 分别上升到 -2.6℃ 和 -2.0℃，而活动层厚度则分别增加了 0.4 m 和 0.7 m（表 11-5）；在 SSP585 情景下，到 21 世纪末期，该地区多年冻土 MAGT 上升到 -1.5℃，比当前 MAGT 升高 1.6℃，而活动层厚度达到 3.1 m。与前两种气候情景对比，SSP585 情景下木孜塔格峰地区的多年冻土退化明

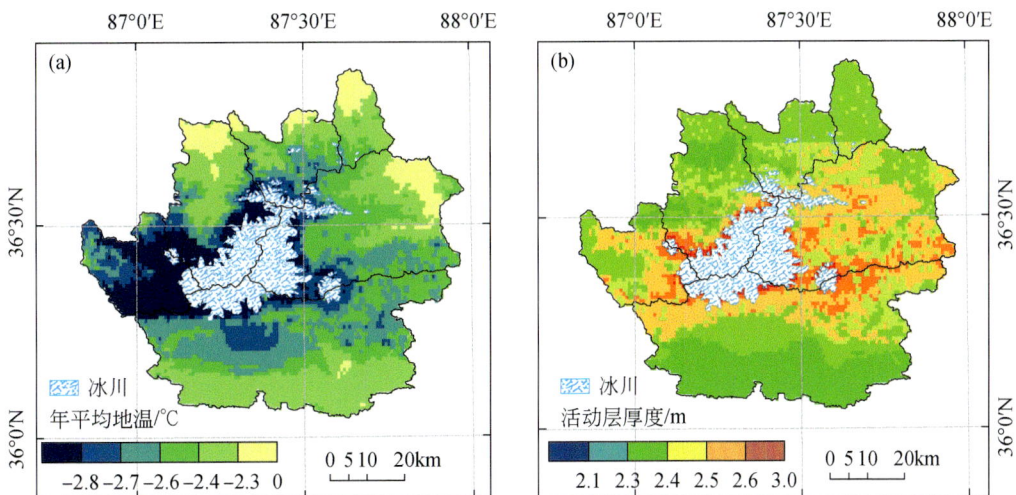

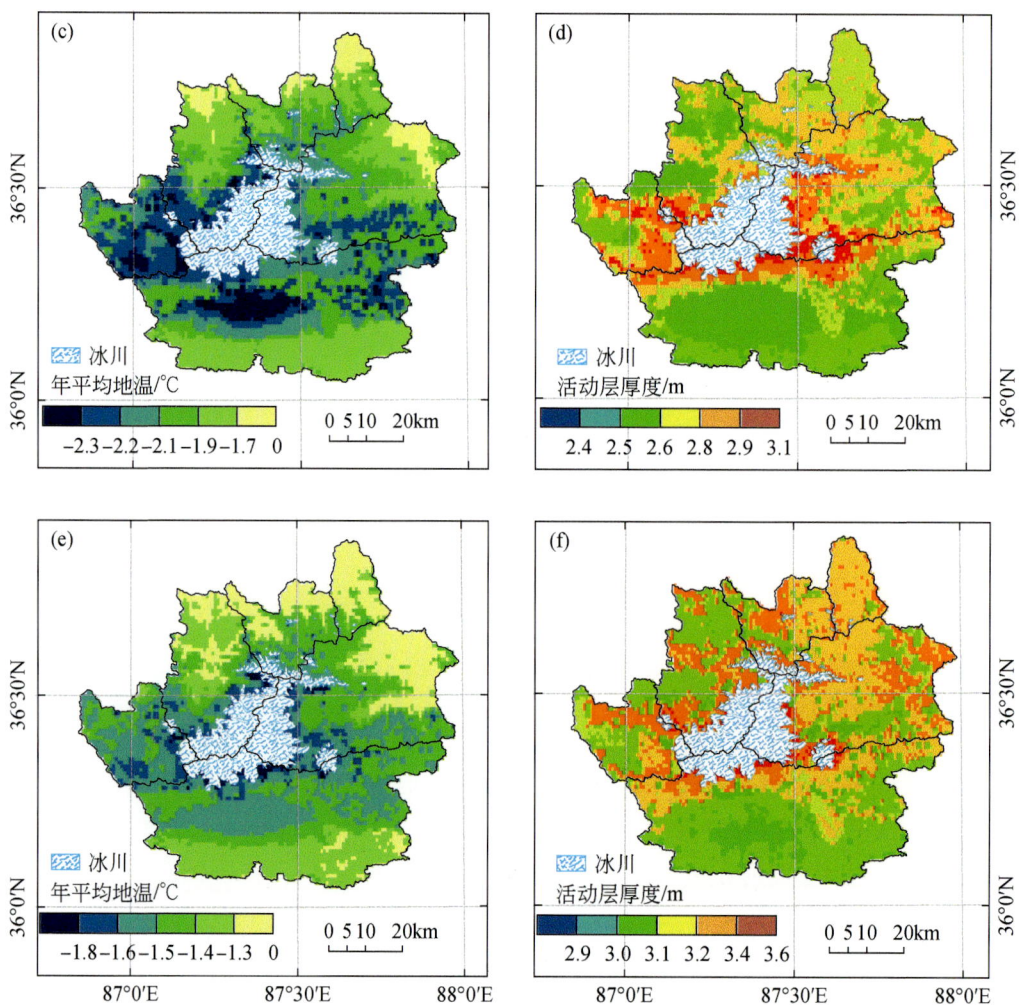

图 11-4　未来（2081～2100 年）不同气候变化情景下木孜塔格峰多年冻土
年平均地温（MAGT）和活动层厚度（ALT）空间分布
（a）SSP119，MAGT；（b）SSP119，ALT；（c）SSP245，MAGT；（d）SSP245，ALT；
（e）SSP585，MAGT；（f）SSP585，ALT

表 11-5　木孜塔格峰地区多年冻土关键参数统计

关键要素	当前	SSP119	SSP245	SSP585
	2000～2015 年	2081～2100 年		
年平均地温/℃	−3.1	−2.6	−2.0	−1.5
区间范围	−3.5～−2.5	−3.1～−2.1	−2.4～−1.5	−2.0～−1.1
活动层厚度/m	1.9	2.3	2.6	3.1
区间范围	1.6～2.5	2.0～3.0	2.4～3.1	2.9～3.6

显增强。从木孜塔格峰地区多年冻土的年平均地温和活动层厚度的区间范围变化来看，该地区多年冻土的退化特征均表现为低值区的升温速率要略高于高值地区，即低温多年冻土区的退化速率略高于高温冻土区。随着未来气候的持续变暖，该地区多年冻土退化将进一步加剧，未来将发生多年冻土向季节冻土的转变，而这些变化势必会对当地生态环境、水文过程、碳循环以及寒区工程建设和运行产生重大而深远的影响。

11.3　木孜塔格峰地区多年冻土潜在融沉风险分析

11.3.1　多年冻土区融沉灾害风险研究现状

气候变化引起多年冻土地温上升、活动层加厚、地下冰消融等现象，进而造成多年冻土退化。其诱发的热融灾害，如热融沉降、热融坑、热融滑塌、热融洼地、热融湖等严重影响寒区生态环境和基础设施建设。木孜塔格峰地区多年冻土分布广泛，地表除部分冰川分布以外，多年冻土面积占整个地区总面积的 88% 以上。随着全球气候的持续升温，该地区多年冻土热融灾害现象将变得更加高频化、复杂化。冻胀和融沉是冻土灾害的两个主要表现形式，显著影响当地生态环境以及工程建筑物的性能，尤其在气候变暖的背景下，冻土融沉灾害的危害性更大。相关调查结果显示，冻土工程区 10 类典型地质灾害中，有 6 类是由冻土热融沉降引起的。此外，早期工程沿线病害调查也表明，青藏公路路基主要是受到热融沉降灾害的影响，该类灾害占全部灾害的 83.5%（吴青柏和童长江，1995；穆彦虎等，2014）。可以看出，热融沉降灾害是地表破坏和建筑物地基变形的主要原因，该现象主要是由多年冻土中表层地下冰的融化和多年冻土上限下移造成的，尤其是在富冰多年冻土区，这种不规则的热融沉降现象更加严重（秦大河，2016）。

当前，部分重大工程设施正面临着冻土融沉的风险，如俄罗斯北部许多重载、多层建筑物遭受结构破坏，类似破坏还愈发频繁地发生在该地区的交通运输和工业建筑区，导致许多公路和铁路结构变形，许多机场跑道也面临工程稳定性问题。在过去 30 年，受气候变暖的影响，每年冬季苔原地区的运输和旅行活动已由原来的 200 天以上缩减至 100 天左右，这直接导致油气开发和提取设备的利用减少了近 50%。诺曼韦尔斯输油管道在高含冰量冻土区出现了较大的沉降，沉降深度可达 50～100 cm，大幅度的沉降有可能造成管道破裂，进而引起石油对周边土地的污染。因此，对于输油管道工程来说，需要持续开展多年冻土温度和地表变形的监测与研究。通往北极圈的美国道尔顿公路和加拿大戴姆斯特公路，由于修建时采用了砂砾路面，尽管来自工程的热影响相对较弱，但气候变化导致的冻土融化对公路稳定性仍产生了较大影响。由于工程基础设施的稳定性高度依赖冻土的承载能力，气候变化的负面影响和不恰当的技术解决方案会对工程设施造成不可逆转的破坏，需要对基础设施进行长期维护和提前修建（Flynn et al.，2019）。因此，为了更好地认识和应对多年冻土的融沉灾害风险，除了布设大量的监测站点外，风冷抛石、碎石坡、通风管道、热虹吸管等有效措施已被广泛应用，以缓解冻土退化，降低融沉引发的灾害风险。

虽然工程措施的实施能够降低局地冻土融沉造成的损失，但是编制精准的灾害风险图编制可以有效预估冻土融沉灾害风险的发生位置及其程度（Flynn et al.，2019），这对于有效防范多年冻土区生态环境恶化以及工程建设规划具有重要意义。已有研究表明，根据潜在的冻土融沉风险图来规划基础设施的决策比改造基础设施更具成本优势。Nelson 等（2001）通过考虑活动层厚度变化和地下冰含量数值，最先提出了沉降指数模型（I_s）来预估北半球多年冻土区的融沉风险。随后，该模型在区域尺度上得到了应用（Guo and Sun, 2015）。Daanen 等（2011）认为 I_s 在常规方案决策中比较复杂，随后提出了风险区划指数（I_r）模型来简化这一问题，并在格陵兰地区应用。Hong 等（2014）通过考虑生态系统特征对多年冻土融沉的影响，建立了多年冻土沉降风险指数（I_p）模型。Xu 等（2019）根据青藏高原多年冻土区的年平均地温和土壤类型，进一步提出了容许承载力指数（I_a）模型，并绘制了该地区多年冻土稳定性分布图。气候变化背景下，多年冻土退化对当地水文过程、水资源、生态环境和基础设施的影响逐渐增强，因此，有必要对木孜塔格峰多年冻土区的融沉灾害风险展开进一步研究。

11.3.2　融沉风险评估方法

本节选择最常用的多年冻土融化沉降指数模型（简称融沉指数，I_s）用于木孜塔格峰多年冻土区潜在融沉风险的预估，计算公式如下：

$$I_s = \Delta Z_{alt} \times V_{ice} \tag{11-6}$$

式中，I_s 为无量纲指标；ΔZ_{alt} 是活动层的相对变化量，由当前以及未来情景下的 ALT 模拟结果计算所得；V_{ice} 是地下冰的体积含量。该模型是建立在以下两个假设基础上的：①气温变化引起地下冰消融产生的液态水在该区域是被完全排出的；②融化沉降量与地下冰厚度的损失量成正比。计算后的 I_s 数值基于对数变换，并利用自然间断法将其划分为五类，分别为基本稳定区、低风险区、中风险区、高风险以及重点保护区。

11.3.3　木孜塔格峰多年冻土潜在融沉风险

图 11-5 是基于沉降指数模拟的木孜塔格峰多年冻土区的潜在融沉风险分布。从空间分布格局看，该地区多年冻土高融沉风险区以及重点保护区主要位于北部且呈块状分布，这主要是由于该地区具有较大的活动层厚度变化和地下冰储量；中风险区主要位于东部、西部和北部，其中，东部和西北地区虽然活动层厚度变化较小，但是该地区地下冰储量相对较高，而北部是由该地区的活动层厚度变化较大所导致的；低风险区主要位于研究区南部，主要是由于该地区具有较低的地下冰储量；而基本稳定区主要位于中部的冰川附近，该地区冻土结构基本稳定，不会对当地生态环境造成较大的潜在威胁。此外，基于表 11-6 的统计结果发现，该地区多年冻土潜在融沉类型以低、中风险等级为主，二者占比超过整个地区面积的 80%，而重点保护区面积较少，仅占整个地区面积的 4%。随着未来气候的持续变化，木孜塔格峰多年冻土高融沉风险区以及重点保护区将成为融沉灾害发生的主要区域。需要注意的是，随着气候变化和人类活动的加剧，当前木孜塔格峰多年冻土稳定区也并不是绝对的安全，存在向低、中风险转变的可能，并受其他冰冻圈要素退化带来的潜在威胁。

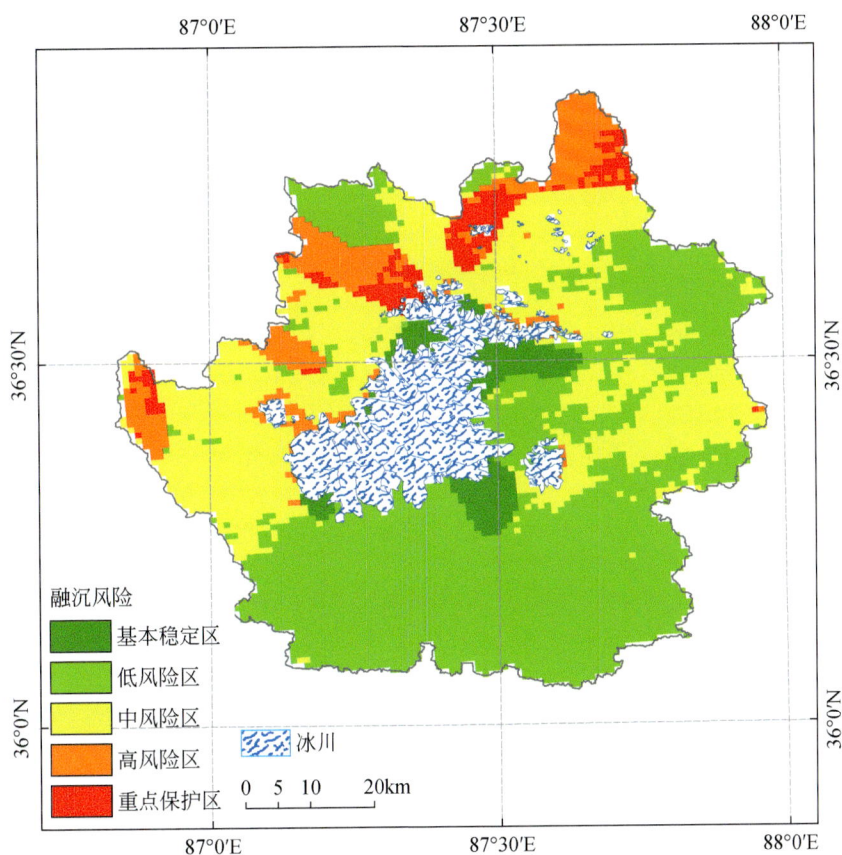

图 11-5　木孜塔格峰多年冻土区的潜在融沉风险分布

表 11-6　木孜塔格峰多年冻土不同融沉风险等级统计

指标	基本稳定区	低风险区	中风险区	高风险区	重点保护区
面积/km²	241.12	2503.04	1646.45	421.29	195.11
面积占比/%	4.81	49.99	32.88	8.41	3.91

基于图 11-5，可以有效规划木孜塔格峰地区需要优先防护和治理的区域，并对高融沉风险区加强必要的监测和维护工作。另外，在未来工程规划过程中，应尽量避开这些区域，如果不能，应当采取相应的管控措施，尽量减少或避免加速诱发危害产生的可能性。如果高风险区和重点保护区的保护措施采取不当，也将给木孜塔格峰地区的水文、生态乃至局地气候带来更大的危机。

参 考 文 献

常晓丽，金会军，何瑞霞，等．2008. 中国东北大兴安岭多年冻土与寒区环境考察和研究进展．冰川冻土，(1)：176-182.

车涛，李新．2005. 1993—2002 年中国积雪水资源时空分布与变化特征研究．冰川冻土，27 (1)：64-67.

车涛，李新，高峰．2004. 青藏高原积雪深度和雪水当量的被动微波遥感反演．冰川冻土，26 (3)：363-368.

车涛，郝晓华，戴礼云，等．2019. 青藏高原积雪变化及其影响．中国科学院院刊，34 (11)：1247-1253.

车彦军，王世金，刘婧．2020. 无人机在冰川复杂地形监测中的应用——以玉龙雪山白水河 1 号冰川为例．冰川冻土，42：1391-1399.

车彦军，陈丽花，谷来磊，等．2023. 东昆仑木孜塔格峰地区冰湖演变与冰川物质亏损．冰川冻土，45 (4)：1254-1265.

陈拓，张威．2022. 冰冻圈微生物学．北京：科学出版社．

程国栋，王绍令．1982. 试论中国高海拔多年冻土带的划分．冰川冻土，(2)：1-17.

程国栋，赵林，李韧，等．2019. 青藏高原多年冻土特征、变化及影响．科学通报，64：2783-2795.

程艳，袁国映，杨永虎．2011. 阿尔金山自然保护区地表水水化学现状调查与评价．新疆环境保护，33 (3)：1-7.

丁光熙，陈彩萍，谢昌卫，等．2014. 西天山托木尔峰南麓大型山谷冰川冰舌区消融特征分析．冰川冻土，36 (1)：20-29.

樊星，秦圆圆，高翔．2021. IPCC 第六次评估报告第一工作组报告主要结论解读及建议．环境保护，49 (Z2)：44-48.

管伟瑾，曹泊，潘保田．2020. 冰川运动速度研究：方法、变化、问题与展望．冰川冻土，42 (4)：1101-1114.

郭万钦，刘时银，许君利，等．2012. 木孜塔格西北坡鱼鳞川冰川跃动遥感监测．冰川冻土，34 (4)：765-774.

何茂兵，孙波，杨亚新，等．2004. 天山乌鲁木齐河源一号冰川探地雷达测厚及其数据分析．东华理工学院学报，(3)：235-239.

胡扬，汪子微，蒋洪毛，等．2022. 山地冰川生态系统微生物研究现状与展望．地球科学进展，37 (9)：899-914.

怀保娟，李忠勤，王飞腾，等．2016. 萨吾尔山木斯岛冰川厚度特征及冰储量估算．地球科学，41 (5)：757-764.

黄茂桓．1992. 雪线、平衡线．冰川冻土，285-286.

蒋熹．2006. 冰雪反照率研究进展．冰川冻土，28 (5)：728-738.

蒋熹．2008. 祁连山七一冰川暖季能量-物质平衡观测与模拟研究．兰州：中国科学院寒区旱区环境与工程研究所博士学位论文．

蒋宗立，张俊丽，张震，等．2019. 1972–2011 年东昆仑山木孜塔格峰冰川面积变化与物质平衡遥感监测．

国土资源遥感, 31 (4): 128-136.

井哲帆, 周在明, 刘力. 2010. 中国冰川运动速度研究进展. 冰川冻土, 32 (4): 749-754.

康尔泗. 1983. 天山博格达峰北坡的冰川融水径流及其对河流的补给. 冰川冻土, (3): 113-122.

康尔泗. 1994. 天山冰川消融参数化能量平衡模型. 地理学报, 49 (5): 467-476.

康世昌, 黄杰. 2021. 冰冻圈化学. 北京: 科学出版社.

李德基, 游勇. 1992. 西藏波密米堆冰湖溃决浅议. 山地研究, 10 (4): 219-224.

李虹, 李忠勤, 陈普晨, 等. 2023. 近20a新疆阿尔泰山积雪时空变化及其影响因素. 干旱区研究, 40 (7): 1040-1051.

李全连, 武小波. 2008. 雪冰中持久性有机污染物的研究进展. 地球与环境, 36 (1): 8-18.

刘潮海. 2010. 冰川学导论. 上海: 上海科学普及出版社.

刘伟刚, 任贾文, 秦翔, 等. 2006. 珠穆朗玛峰绒布冰川水文过程初步研究. 冰川冻土, (5): 663-667.

刘宗香, 谢自楚. 1995. 青藏高原内陆水系冰川粒雪线与中值高度趋势面的绘制与主要特征. 冰川冻土, (4): 356-359.

刘时银, 郭万钦, 许君利. 2012. 中国第二次冰川编目数据集 (V1.0) (2016–2011). 国家青藏高原数据中心. https://doi.org/10.3972/glacier.001.2013.db.

毛瑞娟, 吴红波, 贺建桥, 等. 2013. 昆仑山木孜塔格冰川反照率变化特征及其与粉尘的关系. 冰川冻土, 35 (5): 1133-1142.

莫宣学, 罗照华, 邓晋福, 等. 2007. 东昆仑造山带花岗岩及地壳生长, 高校地质学报, 13 (3): 403-414.

穆彦虎, 马巍, 牛富俊, 等. 2014. 多年冻土区道路工程病害类型及特征研究. 防灾减灾工程学报, 34 (3): 259-267.

南卓铜. 2003. 青藏高原冻土分布研究及青藏铁路数字路基建设. 兰州: 中国科学院寒区旱区环境与工程研究所博士学位论文.

潘保田, 曹泊, 管伟瑾. 2021. 2010—2020年祁连山东段冷龙岭宁缠河1号冰川变化综合观测研究. 冰川冻土, 43 (3): 864-873.

蒲健辰, 姚檀栋, 段克勤. 2003. 慕士塔格峰洋布拉克冰川消融的观测分析. 冰川冻土, (6): 680-684.

蒲健辰, 姚檀栋, 段克勤, 等. 2005. 祁连山七一冰川物质平衡的最新观测结果. 冰川冻土, (2): 199-204.

蒲健辰, 姚檀栋, 田立德. 2006. 念青唐古拉山羊八井附近古仁河口冰川的变化. 冰川冻土, (6): 861-864.

乔永平, 赵林, 庞强强, 等. 2015. 青藏高原改则地区多年冻土特征. 冰川冻土, 37 (6): 1453-1460.

秦大河. 2016. 冰冻圈科学辞典. 北京: 气象出版社.

秦大河. 2018. 冰冻圈科学概论 (修订版). 北京: 科学出版社.

邱玉宝, 郭华东, 除多, 等. 2016. 青藏高原MODIS逐日无云积雪面积数据集 (2002 ~ 2015年). 中国科学数据 (中英文网络版), (1): 7-17.

冉伟杰, 王欣, 郭万钦, 等. 2021. 2017–2018年中国西部冰川编目数据集. 中国科学数据 (中英文网络版), 2: 189-198.

任贾文. 2020. 冰冻圈物理学. 北京: 科学出版社.

施雅风. 1980. 喀喇昆仑山巴托拉冰川考察与研究. 北京: 北京科学出版社.

施雅风, 郑本兴, 李世杰, 等. 1995. 青藏高原中东部最大冰期时代高度与气候环境探讨. 冰川冻土, 17 (2): 97-112.

宋洋, 王圣杰, 张明军, 等. 2022. 塔里木河流域东部降水稳定同位素特征与水汽来源. 环境科学, 43 (1): 199-209.

苏珍, 谢自楚, 刘时银, 等. 1998. 喀喇昆仑山–昆仑山地区冰川的物理与化学性质//苏珍, 谢自楚, 王志超. 喀喇昆仑山–昆仑山地区冰川与环境. 北京: 科学出版社.

孙维君. 2012. 祁连山老虎沟 12 号冰川能量–物质平衡模拟研究. 兰州: 中国科学院寒区旱区环境与工程研究所博士学位论文.

王根绪, 程国栋, 刘光琇, 等, 2000. 论冰缘寒区景观生态与景观演变过程的基本特征. 冰川冻土, (1): 29-35.

王宁练, 蒲健辰. 2009. 祁连山八一冰川雷达测厚与冰储量分析. 冰川冻土, 31 (3): 431-435.

王宁练, 姚檀栋, 徐柏青, 等. 2019. 全球变暖背景下青藏高原及周边地区冰川变化的时空格局与趋势及影响. 中国科学院院刊, 34 (11): 1220-1232.

王璞玉, 李忠勤, 吴利华, 等. 2011. 探地雷达在冰川厚度及冰下地形探测中的应用. 吉林大学学报 (地球科学版), 41 (S1): 393-400.

王琼, 王欣, 雷东钰, 等. 2022. 山地冰川演化与冰湖发育相互作用机制. 冰川冻土, 44 (3): 1041-1052.

王盛, 蒲健辰, 王宁练, 2011. 祁连山七一冰川物质平衡及其对气候变化的敏感性研究. 冰川冻土, 33 (6): 1214-1221.

王树基. 1986. 试论阿尔金–东昆仑山构造地貌的发育问题: 以依吞布拉克–木孜塔格峰一线为例. 干旱区地理, (2): 12-17.

邬光剑, 姚檀栋, 王伟财, 等. 2019. 青藏高原及周边地区的冰川灾害. 中国科学院院刊, 34 (11): 1285-1292.

吴红波, 贺建桥, 郭忠明, 等. 2013. 基于 HJ-1 数据的木孜塔格峰地区雪深时空变化. 地理研究, 32 (10): 1782-1791.

吴佳康, 陈丽花, 车彦军, 等. 2024. 东昆仑木孜塔格峰地区水汽来源分析. 干旱区研究, 41 (2): 211-219.

吴利华, 李忠勤, 王璞玉, 等. 2011. 天山博格达峰地区四工河 4 号冰川雷达测厚与冰储量估算. 冰川冻土, 33 (2): 276-282.

吴倩如, 康世昌, 高坛光, 等. 2010. 青藏高原纳木错流域扎当冰川度日因子特征及其应用. 冰川冻土, 32 (5): 891-897.

吴青柏, 童长江. 1995. 冻土变化与青藏公路的稳定性问题冰川冻土, 17 (4): 350-355.

武磊, 李奋华, 李常斌, 等. 2023. 祁连山讨赖河流域上游积雪时空分布及其变化研究. 冰川冻土, 45 (1): 108-118.

谢自楚, 刘潮海. 2010. 冰川学导论. 上海: 上海科学普及出版社.

邢婷婷, 刘勇勤, 王宁练, 等. 2016. 青藏高原木孜塔格冰川、玉珠峰冰川及扎当冰川可培养细菌的生理特征. 冰川冻土, 38 (2): 528-538.

颜伟, 刘景时, 罗光明, 等. 2014. 基于 MODIS 数据的 2000–2013 年西昆仑山玉龙喀什河流域积雪面积变化. 地理科学进展, 33 (3): 315-325.

杨大庆, 王纯足, 张寅生, 等. 1992. 乌鲁木齐河源高山区季节积雪的分布及其密度变化. 地理研究, 11 (4): 86-96.

杨惠安. 1990. 昆仑山木孜塔格峰区的现代冰川. 冰川冻土, 12 (4): 6.

杨修群, 张琳娜. 2001. 1988–1998 年北半球积雪时空变化特征分析. 大气科学, (6): 757-766.

杨针娘. 1981. 中国现代冰川作用区径流的基本特征. 中国科学, (4): 467-476.

姚晓军, 刘时银, 韩磊, 等. 2017. 冰湖的界定与分类体系——面向冰湖编目和冰湖灾害研究. 地理学报, 72 (7): 1173-1183.

游超，姚檀栋，邬光剑．2014．雪冰中生物质燃烧记录研究进展．地球科学进展，29（6）：662-673．

张国帅．2013．青藏高原纳木错流域扎当冰川能量物质平衡和冰川径流过程研究．北京：中国科学院青藏高原研究所．

张佳佳．2020．祁连山老虎沟12号冰川度日因子特征与消融模拟研究．济南：山东师范大学硕士学位论文．

张宁丽，范湘涛，朱俊杰．2012．基于MODIS雪产品的北半球积雪时空分布变化特征分析．遥感信息，27（6）：28-34．

张太刚，王伟才，高坛光，等．2021．亚洲高山区冰湖溃决洪水事件回顾．冰川冻土，43（6）：1673-1692．

张文敬．1983．南迦巴瓦峰的跃动冰川．冰川冻土，（4）：75-76．

张文敬，谢自楚．1984．天山博格达峰北坡现代冰川积累和消融特征及物质平衡的估算．冰川冻土，5（3）：59-70．

张雪亭，杨生德．2007．青海省区域地质概论．北京：地质出版社．

张永宏，宋凯达，王剑庚，等．2023．2000—2020年北疆地区积雪时空变化趋势及影响要素．科技导报，41（3）：72-80．

张勇，刘时银，王欣．2019．高亚洲冰川区度日因子空间分布数据集．中国科学数据，4（3）．

张震，刘时银，魏俊锋．2018．2015年东帕米尔高原克拉牙依拉克冰川跃动数据集．中国科学数据（中英文网络版），3（4）：82-92．

赵林，盛煜．2015．多年冻土调查手册．北京：科学出版社．

赵林，盛煜．2019．青藏高原多年冻土及变化．北京：科学出版社．

赵林，丁永建，刘广岳，等．2010．青藏高原多年冻土层中地下冰储量估算及评价．冰川冻土，32（1）：1-9．

赵林，胡国杰，邹德富，等．2019．青藏高原多年冻土变化对水文过程的影响．中国科学院院刊，24（11）：1233-1246．

赵求东，叶柏生，何晓波，等．2014．唐古拉山区Geonor T-200B雨雪量计日降水观测误差修正．高原气象，33（2）：452-459．

郑本兴．1980．青藏高原第四纪冰川研究的新进展．冰川冻土，12（2）：15-18．

郑本兴，上田丰，陈建明．1988．1987年中日联合西昆仑冰川考察初步报告．冰川冻土，（1）：84-89．

郑雷．2015．北疆地区积雪时空变化特征．兰州：兰州大学硕士学位论文．

中国科学院青藏高原综合科学考察队．1998．喀喇昆仑与昆仑山地区冰川与环境．北京：科学出版社．

朱美林，姚檀栋，杨威，等．2014．念青唐古拉山扎当冰川冰储量估算及冰下地形特征分析．冰川冻土，36（2）：268-277．

邹逸凡，孙鹏，张强，等．2021．2001-2019年横断山区积雪时空变化及其影响因素分析．冰川冻土，43（6）：1641-1658．

Ahlmann H W. 1936. Scientific Results of the Norwegian-Swedish Spitsbergen Expedition 1934. The Geographical Journal，88（3）：275．

Ahlmann H W. 1948. Glaciological research on the north Atlantic coast. London：Royal Geographical Society Research Series.

Anderson E A. 1972. Techniques for predicting snow cover runoff//The role of snow and ice in hydrology, Proceedings of the Banff Symposium. Wallingford：IAHS Publication.

Andreas E L. 2002. Parameterizing Scalar Transfer over Snow and Ice：A Review. Journal of Hydrometeorology，3：417-432．

Armstrong R L, Rittger K, Brodzik M J, et al. 2019. Runoff from glacier ice and seasonal snow in High Asia: Separating melt water sources in river flow. Regional Environmental Change, 19 (5): 1249-1261.

Bajracharya B, Shrestha A B, Rajbhandari L. 2007. Glacial lake outburst floods in the Sagarmatha region. Mountain Research and Development, 27 (4): 336-344.

Balmforth N J, Rust A C. 2009. Weakly nonlinear viscoplastic convection. Journal of Non-Newtonian Fluid Mechanics, 158 (1-3): 36-45.

Balmforth N J, Von Hardenberg J, Provenzale A, et al. 2008. Dam breaking by wave- induced erosional incision. Journal of Geophysical Research: Earth Surface, 113 (F1), DOI: 10. 1029/2007JF000756.

Bazai N A, Cui P, Carling P A, et al. 2021. Increasing glacial lake outburst flood hazard in response to surge glaciers in the Karakoram. Earth-Science Reviews, 212: 103432.

Bense V, Ferguson G, Kooi H. 2009. Evolution of shallow groundwater flow systems in areas of degrading permafrost. Geophysical Research Letters, 36 (22): 297-304.

Berthier E, Cabot V, Vincent C, et al. 2016. Decadal Region- Wide and Glacier- Wide Mass Balances Derived from Multi-Temporal ASTER Satellite Digital Elevation Models. Validation over the Mont-Blanc Area. Frontiers in Earth Science, 4, DOI: 10. 3389/feart. 2016. 00063.

Bindschadler R. 1983. The importance of pressurized subglacial water in separation and sliding at the glacier bed. Journal of Glaciology, 29 (101): 3-19.

Biskaborn B, Smith S, Noetzli J, et al. 2019. Permafrost is warming at a global scale. Nature Communication, 10 (1): 264.

Bliss A, Hock R, Radić V, et al. 2014. Global response of glacier runoff to twenty- first century climate change. Journal of Geophysical Research: Earth Surface, 119 (4): 717-730.

Bowen G J, Cai Z, Fiorella R P, et al. 2019. Isotopes in the water cycle: regional- to global- scale patterns and applications. Annual Review of Earth and Planetary Sciences, 47: 453-479.

Braithwaite R, Zhang Y. 2000. Sensitivity of mass balance of five Swiss glaciers to temperature changes assessed by tuning a degree- day model. Journal of Glaciology, 46 (152): 7-14.

Braithwaite R J, Raper S C B. 2009. Estimating equilibrium-line altitude (ELA) from glacier inventory data. Annals of Glaciology, 50 (53): 127-132.

Bravo C, Loriaux T, Rivera A, et al. 2017. Assessing glacier melt contribution to streamflow at Universidad Glacier, central Andes of Chile. Hydrology and Earth System Sciences, 21 (7): 3249-3266.

Brodzik M J, Armstrong R L, Weatherhead E C, et al. 2006. Regional trend analysis of satellite- derived snow extent and global temperature anomalies. AGU Fall Meeting Abstracts, 2006: U33A-0011.

Brun E, Martin E, Simon V, et al. 1989. An energy and mass model of snow cover suitable for operational avalanche forecasting. Journal of Glaciology, 35 (121): 333-342.

Brun F, Berthier E, Wagnon P, et al. 2017. A spatially resolved estimate of High Mountain Asia glacier mass balances from 2000 to 2016. Nature Geoscience, 10: 668-673.

Carey M. 2005. Living and dying with glaciers: people′s historical vulnerability to avalanches and outburst floods in Peru. Global and planetary change, 47 (2-4): 122-134.

Chang A T C, Foster J L, Hall D K. 1987. Nimbus-7 SMMR derived global snow cover parameters. Annals of glaciology, 9: 39-44.

Che Y J, Zhang M J, Li Z Q, et al. 2019. Energy balance model of mass balance and its sensitivity to meteorological variability on Urumqi River Glacier No. 1 in the Chinese Tien Shan. Scientific Reports, 9 (1): 13958.

Chen F, Zhang M M, Guo H D, et al. 2021. Annual 30m dataset for glacial lakes in High Mountain Asia from 2008 to 2017. Earth

Chen Y N, Li W H, Deng H J, et al. 2016. Changes in Central Asia's Water Tower: Past, Present and Future. Scientific Reports, 6: 35458.

Ciracì E, Velicogna I, Swenson S. 2020. Continuity of the mass loss of the world's glaciers and ice caps from the grace and grace follow-on missions. Geophysical Research Letters, 47, DOI: 10.1029/2019GL086926.

Clarke D B, Ackley S F. 1984. Sea ice structure and biological activity in the Antarctic marginal ice zone. Journal of Geophysical Research: Oceans, 89 (C2): 2087-2095.

Clarke G K C, Collins S G, Thompson D E. 1984. Flow, thermal structure, and subglacial conditions of a surge-type glacier. Canadian Journal of Earth Sciences, 21 (2): 232-240.

Crawford N. 1972. Computer simulation techniques for forecasting snowmelt runoff. Wallingford: IAHS Publication.

Cuffey K M, Paterson W S B. 2010. The Physics of Glaciers (Fourth Edition). Amsterdam: Elsevier.

Daanen R P, Ingeman-Nielsen T, Marchenko S S, et al. 2011. Permafrost degradation risk zone assessment using simulation models. The Cryosphere, 5 (2): 1021-1053.

David R R, Hock R, Maussion F, et al. 2023. Global glacier change in the 21st century: Every increase in temperature matters. Science, 379: 78-83.

De Woul M, Hock R. 2005. Static mass-balance sensitivity of Arctic glaciers and ice caps using a degree-day approach. Annals of Glaciology, 42: 217-224.

Deilami K, Mohd, M I S, Atashpareh N. 2012. An accuracy assessment of ASTER stereo images-derived digital elevation model by using rational polynomial coefficient model. Science & Engineering Faculty.

Eisen O, Harrison W D, Raymond C F, et al. 2005. Variegated Glacier, Alaska, USA: A century of surges. Journal of Glaciology, 51 (174): 399-406.

Engelhardt M, Schuler T V, Andreassen L M. 2013. Glacier mass balance of Norway 1961-2010 calculated by a temperature-index model. Annals of Glaciology, 54 (63): 32-40.

England A W. 1974. Thermal Microwave Emission from a Halfspace Containing Scatterers. Radio Science, 9 (4): 447-454.

Etzelmüller B. 2013. Recent advances in mountain permafrost research. Permafrost Periglacial Process, 24 (2): 99-107.

Farinotti D, Longuevergne L, Moholdt G, et al. 2015. Substantial glacier mass loss in the Tien Shan over the past 50 years. Nature Geoscience, 8 (9): 716-722.

Farinotti D, Huss M, Fürst J J, et al. 2019. A consensus estimates for the ice thickness distribution of all glaciers on Earth. Nature Geoscience, 12 (3): 168-173.

Farr T G, Rosen P A, Caro E, et al. 2007. The Shuttle Radar Topography Mission. Reviews of Geophysics, 45, DOI: 10.1029/2005RG000183.

Finsterwalder S. 1887. Der suldenferner. Zeitschrift des Deutschen und Osterreichischen Alpenvereins, 18: 72-89.

Flynn M, Ford J, Labbé J, et al. 2019. Evaluating the effectiveness of hazard mapping as climate change adaptation for community planning in degrading permafrost terrain. Sustainability Science, 14 (4): 1041-1056.

Fowler A C. 1987. A theory of glacier surges. Journal of Geophysical Research: Solid Earth, 92 (B9): 9111-9120.

Fujisada H. 1994. Overview of ASTER instrument on EOS-AM1 platform. Proc. SPIE, 2268: 14-36.

Gabbi J, Carenzo M, Pellicciotti F, et al. 2014. Comparison of empirical and physically based glacier surface melt models for long-term simulations of glacier response. Journal of Glaciology, 60 (224): 1140-1154.

Gardner Alex S, Moholdt G, Cogley J G, et al. 2013. A reconciled estimate of glacier contributions to sea level rise: 2003 to 2009. Science, 340: 852-857

Garg P K, Shukla A, Jasrotia A S. 2017. Influence of topography on glacier changes in the central Himalaya, India. Global and Planetary Change, 155: 196-212.

Gou X H, Yang T, Gao L L, et al. 2013. A 457-year reconstruction of precipitation in the southeastern Qinghai-Tibet Plateau, China using tree-ring records. Chinese Science Bulletin, 58: 1107-1114.

Guillet G, King O, Lv M, et al. 2022. A regionally resolved inventory of High Mountain Asia surge-type glaciers, derived from a multi-factor remote sensing approach. The Cryosphere, 16 (2): 603-623.

Guo D L, Sun J Q, 2015. Permafrost Thaw and Associated Settlement Hazard Onset Timing over the Qinghai-Tibet Engineering Corridor. International Journal of Disaster Risk Science, 6 (4): 347-358.

Guo W, Liu S, Wei J, et al. 2013. The 2008/09 surge of central Yulinchuan glacier, northern Tibetan Plateau, as monitored by remote sensing. Annals of Glaciology, 54 (63): 299-310.

Guo W, Liu S, Xu J, et al. 2015. The second Chinese glacier inventory: Data, methods and results. Journal of Glaciology, 61 (226): 357-372.

Haeberli W, Kääb A, Mühll D V, et al. 2001. Prevention of outburst floods from periglacial lakes at Grubengletscher, Valais, Swiss Alps. Journal of Glaciology, 47 (156): 111-122.

Harrison W D, Post A S. 2003. How much do we really know about glacier surging? Annals of glaciology, 36: 1-6.

Hock R. 1999. A distributed temperature-index ice-and snowmelt model including potential direct solar radiation. Journal of Glaciology, 45 (149): 101-111.

Hock R. 2003. Temperature Index Melt Modelling in Mountain Areas. Journal of Hydrology, 282 (1): 104-115.

Hock R. 2005. Glacier melt: A review of processes and their modelling. Progress in Physical Geography, 29 (3): 362-391.

Hock R, Noetzli C. 1997. Areal mass balance and discharge modelling of Storglaciären, Sweden. Annals of Glaciology, 24: 211-217.

Hock R, Holmgren B A. 2005. Distributed surface energy-balance model for complex topography and its application to Storglaciären, Sweden. Journal of Glaciology, 51 (172): 25-36.

Hock R, Jansson P, Braun L. 2005. Modelling the response of mountain glacier discharge to climate warming// Huber U M, Bugmann H K M, Reasoner M A. Global Change And Mountain Regions: An Overview Of Current Knowledge. Dordrecht: Springer Netherlands.

Hock R, Bliss A, Marzeion B E N, et al. 2019. Glaciermip-a model intercomparison of global-scale glacier mass-balance models and projections. Journal of Glaciology, 65: 453-467.

Hoinkes H. 1955. Measurements of ablation and heat balance on Alpine glaciers: with some remarks on the cause of glacier recession in the Alps. Journal of Glaciology, 2 (17): 497-501.

Hoinkes H C, Untersteiner N. 1952. Wärmeumsatz und Ablation auf Alpengletschern I. Vernagtferner (Oetztaler Alpen), August 1950. Geografiska Annaler, 34 (1-2): 99-158.

Hoinkes H C, Steinacker R. 1975. Hydrometeorological implications of the mass balance of Hintereisferner, 1952-53 to 1968-69. IAHS Publ, 104: 144-149.

Holobâcâ I H, Tielidze L G, Ivan K, et al. 2021. Multi-sensor remote sensing to map glacier debris cover in the Greater Caucasus, Georgia. Journal of Glaciology, 67 (264): 685-696.

Hong E, Perkins R, Trainor S. 2014. Thaw settlement hazard of permafrost related to climate warming in

Alaska. Arctic, 67 (1): 93-103.

Hu G J, Zhao L, Li R, et al. 2019. Variations in soil temperature from 1980 to 2015 in permafrost regions on the Qinghai-Tibetan Plateau based on observed and reanalysis products. Geoderma, 337: 893-905.

Huang X D, Hao X H, Feng Q S, et al. 2014. A new MODIS daily cloud free snow cover mapping algorithm on the Tibetan Plateau. Sciences in Cold and Arid Regions, 6 (2): 116-123.

Hugonnet R, Mcnabb R, Berthier E, et al. 2021. Accelerated global glacier mass loss in the early twenty-first century. Nature, 592 (7856): 726-731.

Huss M. 2013. Density assumptions for converting geodetic glacier volume change to mass change. The Cryosphere, 7: 877-887.

Huss M, Hock R. 2018. Global-scale hydrological response to future glacier mass loss. Nature Climate Change, 8: 135-140.

Immerzeel W W, Lutz A F, Andrade M, et al. 2020. Importance and vulnerability of the world's water towers. Nature, 577: 364-369.

IPCC. 2013. Climate Change 2013: The Physical Science Basis. Contribution of Working Group I to the Fifth Assessment Report of the Intergovernmental Panel on Climate Change//Stocker T F, Qin D, Plattner G K, et al. Cambridge University Press, Cambridge, United Kingdom and New York, NY, USA.

IPCC. 2021. Climate Change 2021: The Physical Science Basis. Contribution of Working Group I to the Sixth Assessment Report of the Intergovernmental Panel on Climate Change. United Kingdom and New York, NY, USA: Cambridge University Press.

Jacob T, Wahr J, Pfeffer W, et al. 2021. Recent contributions of glaciers and ice caps to sea level rise. Nature, 482: 514-518.

Jiang L M. 2005. Passive Microwave Remote Sensing of Snow Water Equivalence Study. Beijing: Beijing Normal University.

Jiang L M, Shi J C, Zhang L X. 2006. Comparison of Dry Snow Emission Model with Experimental Measurements. Journal of Remote Sensing, 10 (4): 515-522.

Jin H, He R, Cheng G, et al. 2009. Changes in frozen ground in the Source Area of the Yellow River on the Qinghai-Tibet Plateau, China, and their eco-environmental impacts. Environmental Research Letters, 4 (4): 045206.

Jiskoot H, Curran C J, Tessler D L, et al. 2009. Changes in Clemenceau Icefield and Chaba Group glaciers, Canada, related to hypsometry, tributary detachment, length-slope and area-aspect relations. Annals of Glaciology, 50 (53): 133-143.

Kamb B. 1987. Glacier surge mechanism based on linked cavity configuration of the basal water conduit system. Journal of Geophysical Research: Solid Earth, 92 (B9): 9083-9100.

Kargel J S, Leonard G J, Bishop M P, et al. 2014. Global land ice measurements from space. New York: Springer.

Karimi N, Farajzadeh M, Moridnejad A, et al. 2014. Evidence for mountain glacier changes in semi-arid environments based on remote sensing data. Journal of the Indian Society of Remote Sensing, 42: 801-815.

Konzelmann T, Van De Wal R S W, Greuell W, et al. 1994. Parameterization of global and longwave incoming radiation for the Greenland Ice Sheet. Global and Planetary Change, 9: 143-164.

Korona J, Berthier E, Bernard M, et al. 2009. SPIRIT. SPOT 5 stereoscopic survey of Polar Ice: Reference Images and Topographies during the fourth International Polar Year (2007-2009). ISPRS Journal of Photogrammetry and Remote Sensing, 64: 204-212.

Kotlyakov V M, An K. 1982. Investigations of the hydrological conditions of alpine regions by glaciological methods. IAHS, 138: 31-42.

Koven C, Riley W, Stern A. 2013. Analysis of permafrost thermal dynamics and response to climate change in the CMIP5 Earth System Models. Journal of Climate, 26 (6): 1877-1900.

Kronenberg M, Barandun M, Hoelzle M, et al. 2016. Mass-balance reconstruction for Glacier No.354, Tien Shan, from 2003 to 2014. Annals of Glaciology, 57 (71): 92-102.

Kumar V, Shukla T, Mishra A, et al. 2020. Chronology and climate sensitivity of the post-LGM glaciation in the Dunagiri valley, Dhauliganga basin, Central Himalaya, India. Boreas, 49 (3): 594-614.

Lazar B, Williams M. 2008. Climate change in western ski areas: Potential changes in the timing of wet avalanches and snow quality for the Aspen ski area in the years 2030 and 2100. Cold regions science and technology, 51 (2-3): 219-228.

Lemke P, Ren J, Alley R B. 2007. Observations: Changes in Snow, Ice and Frozen Ground//Climate Change 2007: The Physical Science Basis. Contribution of Working Group I to the Fourth Assessment Report of the Intergovernmental Panel on Climate Change.

Lhakpa D, Qiu Y, Lhak P, et al. 2022. Long-term records of glacier evolution and associated proglacial lakes on the Tibetan Plateau (1976-2020). Big Earth Data, 2022: 1-18.

Li Q, Kang S, Wang N, et al. 2017. Composition and sources of polycyclic aromatic hydrocarbons in cryoconites of the Tibetan Plateau glaciers. Science of the Total Environment, 574: 991-999.

Li Q, Wang N, Barbante C, et al. 2018. Levels and spatial distributions of levoglucosan and dissolved organic carbon in snowpits over the Tibetan Plateau glaciers. Science of the Total Environment, 612: 1340-1347.

Li Q, Wang N, Barbante C, et al. 2019. Biomass burning source identification through molecular markers in cryoconites over the Tibetan Plateau. Environmental Pollution, 244: 209-217.

Li R, Zhao L, Ding Y J, et al. 2012. Temporal and spatial variations of the active layer along the Qinghai-Tibet Highway in a permafrost region. Chinese Science Bulletin, 57: 4609-4616.

Li Y, Wang N, Barbante C, et al. 2021. Spatial distribution and potential sources of methanesulfonic acid in High Asia glaciers. Atmospheric Research, 248: 105227.

Li Z, Guo H, Shi J. 2000. Estimation of snow density with L-band polarimetric SAR data//IEEE 2000 International Geoscience and Remote Sensing Symposium. Taking the Pulse of the Planet: The Role of Remote Sensing in Managing the Environment. Proceedings (Cat. No.00CH37120). IEEE, 4: 1757-1759.

Li Z G, Yao T D, Ye Q H, et al. 2011. Monitoring glacial lake variations based on remote sensing in the Lhozhag district, eastern Himalayas, 1980-2007. Journal of Natural Resources, 26 (5): 836-846.

Litt M, Shea J, Wagnon P, et al. 2019. Glacier ablation and temperature indexed melt models in the Nepalese Himalaya. Scientific Reports, 9 (1): 1-13.

Liu G Y, Zhao L, Li R, et al. 2017. Permafrost warming in the context of step-wise climate change in the Tien Shan Mountains, China. Permafrost Periglacial Process, 28 (1): 130-139.

Liu S Y, Yao X J, Guo W Q, et al. 2015. The contemporary glaciers in China based on the Second Chinese Glacier Inventory. Acta Geographica Sinica, 70 (1): 3-16.

Liu W G, Xiao C D, Liu J S, et al. 2013. Analyzing the ablation rate characteristics of the Rongbuk on the Mt. Qomolangma, Central Himalayas. Journal of Glaciology and Geocryology, 35 (4): 814-823.

Liu Y, Ji M, Yu T, et al. 2022. A genome and gene catalog of glacier microbiomes. Nature Biotechnology, 40: 1341-1348.

Lliboutry L. 1968. General theory of subglacial cavitation and sliding of temperate glaciers. Journal of Glaciology, 7 (49): 21-58.

Lliboutry L, Arnao B M, Pautre A, et al. 1977. Glaciological problems set by the control of dangerous lakes in Cordillera Blanca, Peru. I. Historical failures of morainic dams, their causes and prevention. Journal of Glaciology, 18 (79): 239-254.

Ludwig R, Schneider P. 2006. Validation of digital elevation models from SRTM X- SAR for applications in hydrologic modeling. ISPRS Journal of Photogrammetry and Remote Sensing, 60: 339-358.

Luojus K P, Pulliainen J T, Metsamaki S J, et al. 2007. Snow-covered area estimation using satellite radar wide-swath images. IEEE Transactions on Geoscience and Remote Sensing, 45 (4): 978-989.

Male D H, Granger R J. 1981. Snow surface energy exchange. Water Resources Research, 17 (3): 609-627.

Malnes E, Guneriussen T. 2002. Mapping of snow covered area with Radarsat in Norway. IEEE International Geoscience and Remote Sensing Symposium. IEEE, 1: 683-685.

Marchenko S, Gorbunov A, Romanovsky V. 2007. Permafrost warming in the Tien Shan Mountains, Central Asia. Global Planet Change, 56 (3-4): 311-327.

Margreth S. 2007. Snow pressure on cableway masts: Analysis of damages and design approach. Cold regions science and technology, 47 (1-2): 4-15.

Markus T, Neumann T, Martino A, et al. 2017. The Ice, Cloud, and land Elevation Satellite-2 (ICESat-2): Science requirements, concept, and implementation. Remote Sensing of Environment, 190: 260-273.

Marzeion B, Jarosch A H, Hofer M. 2012. Past and future sea-level change from the surface mass balance of glaciers. The Cryosphere, 6: 1295-1322.

Marzeion B, Hock R, Anderson B, et al. 2020. Partitioning the uncertainty of ensemble projections of global glacier mass change. Earth's Future, 7: 25.

Mattson L E, Gardner J, Young G. 1993. Ablation on debris covered glaciers: An example from the Rakhiot Glacier, Punjab, Himalaya. IAHS Publ, 218: 289-296.

Maussion F, Butenko A, Champollion N, et al. 2019. The Open Global Glacier Model (OGGM) v1. 1. Geoscientific Model Development, 12: 909-931.

Mazari N, Tekeli A E, Xie H J, et al. 2013. Assessment of ice mapping system and moderate resolution imaging spectroradiometer snow cover maps over Colorado Plateau. Journal of Applied Remote Sensing, 7 (1): 073540.

Mehta M, Dobhal D P, Bisht M P S. 2011. Change of Tipra glacier in the Garhwal Himalaya, India, between 1962 and 2008. Progress in Physical Geography, 35 (6): 721-738.

Meier M F, Post A. 1969. What are glacier surges? Canadian Journal of Earth Sciences, 6 (4): 807-817.

Mihalcea C, Mayer C, Diolaiuti G, et al. 2008. Spatial distribution of debris thickness and melting from remote-sensing and meteorological data, at debris covered Baltoro glacier, Karakoram, Pakistan. Annals of glaciology, 48: 49-57.

Mu C, Abbott B, Zhao Q, et al. 2017. Permafrost collapse shifts alpine tundra to a carbon source but reduces N_2O and CH_4 release on the northern Qinghai- Tibetan Plateau. Geophysical Research Letters, 44 (17): 8945-8952.

Müller F, Caflisch T, Müller G. 1977. Instructions for compilation and assemblage of data for a World Glacier Inventory. Zurich: Department of Geography, Swiss Federal Institute of Technology (ETH).

Nelson F, Anisimov O, Shiklomanov N. 2001. Subsidence risk from thawing permafrost. Nature, 410 (6831): 889-890.

Ni J, Wu T, Zhu X, et al. 2020. Simulation of the present and future projection of permafrost on the Qinghai-Tibet Plateau with statistical and machine learning models. Journal of Geophysical Research: Atmosphere,

126: e2020JD033402.

Nie Y, Pritchard H D, Liu Q, et al. 2021. Glacial change and hydrological implications in the Himalaya and Karakoram. Nature Reviews Earth & Environment, 2 (2): 91-106.

Nuimura T, Sakai A, Taniguchi K, et al. 2015. The GAMDAM glacier inventory: A quality-controlled inventory of Asian glaciers. The Cryosphere, 9: 849-864.

Nuth C, Kääb A. 2011. Co-registration and bias corrections of satellite elevation data sets for quantifying glacier thickness change. The Cryosphere, 5: 271-290.

Oerlemans J. 1992. Climate sensitivity of glaciers in southern Norway: Application of an energy-balance model to Nigardsbreen, Hellstugubreen and Alfotbreen. Journal of Glaciology, 138 (129): 223-232.

Oerlemans J, Knap W H. 1998. A 1 year record of global radiation and albedo in the ablation zone of Morteratschgletscher, Switzerland. Journal of Glaciology, 44 (147): 231-238.

Oerlemans J, Klok E J. 2002. Energy balance of a glacier surface: Analysis of automatic weather station data from the Morteratschgletscher, Switzerland. Arctic, Antarctic, and Alpine Research, 34 (4): 477-485.

Oerlemans J, Kohler J, Luckman A. 2022. Modelling the mass budget and future evolution of Tunabreen, central Spitsbergen. The Cryosphere, 16 (5): 2115-2126.

Osipov E Y. 2004. Equilibrium-line altitudes on reconstructed LGM glaciers of the northwest Barguzinsky Ridge, Northern Baikal, Russia. Palaeogeography, Palaeoclimatology, Palaeoecology, 209 (1-4): 219-226.

Paul F, Huggel C, Kääb A, et al. 2002. Comparison of TM-derived glacier areas with higher resolution data sets. EARSeL Workshop on Remote Sensing of Land Ice and Snow, Bern.

Pellicciotti F, Brock B, Strasser U, et al. 2005. An enhanced temperature-index glacier melt model including the shortwave radiation balance: Development and testing for Haut Glacier d'Arolla, Switzerland. Journal of Glaciology, 51 (175): 573-587.

Pritchard H D. 2019. Asia's shrinking glaciers protect large populations from drought stress. Nature, 569: 649-654.

Paul F, Strozzi T, Schellenberger T, et al. 2017. The 2015 surge of Hispar Glacier in the Karakoram. Remote Sensing, 9 (9): 888.

Qin C, Chen C, Yang N, et al. 2020. Elevation Accuracy Evaluation and Correction of SRTM and ASTER GDEM in Shandong Province based on ICESat/GLAS. Journal of Geo-information Science, 22 (3): 351.

Radić V, Bliss A, Beedlow A C, et al. 2014. Regional and global projections of twenty-first century glacier mass changes in response to climate scenarios from global climate models. Climate Dynamics, 42 (1): 37-58.

Rankl M, Kienholz C, Braun M. 2014. Glacier changes in the Karakoram region mapped by multimission satellite imagery. The Cryosphere, 8 (3): 977-989.

Raymond C F. 1987. How do glaciers surge? A review. Journal of Geophysical Research: Solid Earth, 92 (B9): 9121-9134.

Reinwarth O, Escher-Vetter H. 1999. Mass balance of Vernagtferner, Austria, from 1964/65 to 1996/97: Results for three sections and the entire glacier. Geografiska Annaler: Series A, Physical Geography, 81 (4): 743-751.

Robin G Q. 1955. Ice movement and temperature distribution in glaciers and ice sheets. Journal of glaciology, 2 (18): 523-532.

Rodríguez E, Morris C S, Belz J E. 2006. A global assessment of the SRTM performance. Photogrammetric Engineering & Remote Sensing, 72: 249-260.

Roth A, Eineder A, Rabus B, et al. 2001. SRTM/X-SAR: Products and processing facility. IGARSS 2001. Scanning the Present and Resolving the Future. Proceedings. IEEE 2001 International Geoscience and Remote Sensing Symposium（Cat. No. 01CH37217）, 742: 745-747.

Rounce D R, Hock R, Shean D E. 2020. Glacier mass change in high mountain asia through 2100 using the open-source python glacier evolution model（pygem）. Frontiers in Earth Science, 7, DOI: 10.3389/feart.2019.00331.

Saavedra F A, Kampf S K, Fassnacht S R, et al. 2018. Changes in Andes snow cover from MODIS data, 2000-2016. The Cryosphere, 12（3）: 1027-1046.

Sager J K, Ferris G R. 1986. Personality and salesforce selection in the pharmaceutical industry. Industrial Marketing Management, 15（4）: 319-324.

San B T, Suzen M L. 2005. Digital elevation model（DEM）generation and accuracy assessment from ASTER stereo data. International Journal of Remote Sensing, 26: 5013-5027.

Schaphoff S, Heyder U, Ostberg S, et al. 2013. Contribution of permafrost soils to the global carbon budget. Environmental Research Letters, 8（1）: 014026.

Sedlar J, Hock R. 2009. Testing longwave radiation parameterizations under clear and overcast skies at Storglaciären, Sweden. The Cryosphere, 3: 75-84.

Shean D E, Bhushan S, Montesano P, et al. 2020. A systematic, regional assessment of high mountain asia glacier mass balance. Frontiers in Earth Science, 7, DOI: 10.3389/feart.2019.00363.

Shen C, Jia L, Ren S. 2022. Inter- and Intra- Annual Glacier Elevation Change in High Mountain Asia Region Based on ICESat-1& 2 Data Using Elevation-Aspect Bin Analysis Method. Remote Sensing, 14: 1630.

Shi J, Dozier J. 1997. Mapping seasonal snow with SIR-C/X-SAR in mountainous areas. Remote Sensing of Environment, 59（2）: 294-307.

Shi J, Dozier J. 2000. Estimation of snow water equivalence using SIR- C/X- SAR. I. Inferring snow density and subsurface properties. IEEE Transactions on Geoscience and Remote Sensing, 38（6）: 2465-2474.

Shi X, Sturm M, Liston G E, et al. 2009. Snow STAR 2002 transect reconstruction using a multilayered energy and mass balance snow model. Journal of Hydrometeorology, 10（5）: 1151-1167.

Shi Y, Liu C, Kang E. 2009. The Glacier Inventory of China. Annals of Glaciology, 50（53）: 1-4.

Shukla T, Mehta M, Jaiswal M K, et al. 2018. Late Quaternary glaciation history of monsoon dominated Dingad basin, central Himalaya, India. Quaternary Science Reviews, 181: 43-64.

Sicart J E, Hock R, Ribstein P, et al. 2011. Analysis of seasonal variations in mass balance and meltwater discharge of the tropical Zongo Glacier by application of a distributed energy balance model. Journal of Geophysical Research: Atmospheres, 116: D13105.

Singh G, Venkataraman G. 2009. Snow density estimation using Polarimitric ASAR data//2009 IEEE International Geoscience and Remote Sensing Symposium. IEEE, 2: II-630-II-633.

Smith B, Fricker H A, Gardner A S, et al. 2020. Pervasive ice sheet mass loss reflects competing ocean and atmosphere processes. Science, 368: 1239-1242.

Smith S, O'Neill H, Isaksen K, et al. 2022. The changing thermal state of permafrost. Nature Reviews Earth & Environment, 3（1）: 10-23.

Sochor L, Seehaus T, Braun M H. 2021. Increased Ice Thinning over Svalbard Measured by ICESat/ICESat-2 Laser Altimetry. Remote Sensing, 13: 2089.

Su B, Xiao C, Chen D, et al. 2022. Glacier change in China over past decades: Spatiotemporal patterns and influencing factors. Earth-Science Reviews, 226: 103926.

Surazakov A, Aizen V. 2010. Positional Accuracy Evaluation of Declassified Hexagon KH-9 Mapping Camera Imagery. Photogrammetric Engineering and Remote Sensing, 76: 603-608.

Sverdrup H U. 1935. Scientific Results of the Norwegian-Swedish Spitsbergen Expedition in 1934. Part IV-V. Geografiska Annaler, 17: 145-218.

Sverdrup H U. 1936. The eddy conductivity of the air over a smooth snow field. Geofysiske Publikasjoner, 11: 5-69.

Tang Z, Wang X, Wang J, et al. 2017. Spatiotemporal variation of snow cover in Tianshan Mountains, Central Asia, based on cloud-free MODIS fractional snow cover product, 2001 – 2015. Remote Sensing, 9 (10): 1045.

Toutin T. 2002. Three-dimensional topographic mapping with ASTER stereo data in rugged topography. IEEE Trans. IEEE Geoscience and Remote Sensing, 40: 2241-2247.

Tsutaki S, Fujita K, Nuimura T, et al. 2019. Contrasting thinning patterns between lake- and land-terminating glaciers in the Bhutanese Himalaya. The Cryosphere, 13 (10): 2733-2750.

Vaughan D G. 2006. Recent trends in melting conditions on the Antarctic Peninsula and their implications for ice-sheet mass balance and sea level. Arctic, Antarctic, and Alpine Research, 38 (1): 147-152.

Wang D, Kaab A. 2015. Modeling Glacier Elevation Change from DEM Time Series. Remote Sensing, 7: 10117-10142.

Wang N, Wu X, Kehrwald N, et al. 2015. Fukushima nuclear accident recorded in Tibetan Plateau snow pits. PLoS ONE, 10 (2): e0116580.

Wang S, Zhou L. 2017. Glacial lake outburst flood disasters and integrated risk management in China. International Journal of Disaster Risk Science, 8: 493-497.

Wang S, Zhang M, Hughes C E, et al. 2018. Meteoric water lines in arid Central Asia using event-based and monthly data. Journal of hydrology, 562: 435-445.

Wang S, Yang Y, Gong W, et al. 2021. Reason analysis of the Jiwenco glacial lake outburst flood (GLOF) and potential hazard on the Qinghai-Tibetan Plateau. Remote Sensing, 13 (16): 3114.

Wang S, Lei S, Zhang M, et al. 2022. Spatial and seasonal isotope variability in precipitation across China: Monthly isoscapes based on regionalized fuzzy clustering. Journal of Climate, 35 (11): 3411-3425.

Wang T Y, Wu T H, Wang P, et al. 2019. Spatial distribution and changes of permafrost on the Qinghai-Tibet Plateau revealed by statistical models during the period of 1980 to 2010. Science of The Total Environment, 650 (1): 661-670.

Wang X, Siegert F, Zhou A, et al. 2013. Glacier and glacial lake changes and their relationship in the context of climate change, Central Tibetan Plateau 1972–2010. Global and Planetary Change, 111: 246-257.

Wang X, Chai K G, Liu S Y, et al. 2017. Changes of glaciers and glacial lakes implying corridor-barrier effects and climate change in the Hengduan Shan, southeastern Tibetan Plateau. Journal of Glaciology, 63 (239): 535-542.

Wang X J, Ran Y H, Pang G J, et al. 2022. Contrasting characteristics, changes, and linkages of permafrost between the Arctic and the Third Pole Earth-Science Reviews, 230: 104042.

Weertman J. 1969. Water lubrication mechanism of glacier surges. Canadian Journal of Earth Sciences, 6 (4): 929-942.

Wu L, Li H, Wang L. 2011. Application of a degree-day model for determination of mass balance of Urumqi Glacier No. 1, eastern Tianshan, China. Journal of Earth Science, 22 (4): 470-481.

Wu Q B, Zhang T J. 2010. Changes in active layer thickness over the Qinghai-Tibetan Plateau from 1995 to 2007. Journal of Geophysical Research: Atmospheres, 115: D09.

Xie Z, Zhang W. 1989. Characteristics of ice formation in the West Kunlun Mountains. Bulletin of Glacier Research, 29-35.

Xu X M, Wu Q B. 2019. Impact of climate change on allowable bearing capacity on the Qinghai-Tibetan Plateau. Advances in Climate Change Research, 10 (2): 99-108.

Yang K, He J, Tang W, et al. 2010. On downward shortwave and longwave radiations over high altitude regions: Observation and modeling in the Tibetan Plateau. Agricultural and Forest Meteorology, 150 (1): 38-46.

Yang W, Yao T, Guo X, et al. 2013. Mass balance of a maritime glacier on the southeast Tibetan Plateau and its climatic sensitivity. Journal of Geophysical Research: Atmospheres, 118 (17): 9579-9594.

Yao T, Masson-Delmotte V, Gao J, et al. 2013. A review of climatic controls on δ^{18}O in precipitation over the Tibetan Plateau: Observations and simulations. Reviews of Geophysics, 51 (4): 525-548.

Yao T D, Thompson L, Yang W, et al. 2012. Different glacier status with atmospheric circulations in Tibetan Plateau and surroundings. Nature Climate Change, 2 (9): 663-667.

Zammett R. 2006. Breaking moraine dams by catastrophic erosional incision. Proceedings, Geophysical Fluid Dynamics Summer Study Program.

Zemp M, Huss M, Thibert E, et al. 2019. Global glacier mass changes and their contributions to sea-level rise from 1961 to 2016. Nature, 568 (7752): 382-386.

Zhang C, Ran W, Fang S, et al. 2023. Divergent glacier area and elevation changes across the Tibetan Plateau in the early 21st century. Anthropocene, 44: 100419.

Zhang G, Yao T, Xie H, et al. 2015. An inventory of glacial lakes in the Third Pole region and their changes in response to global warming. Global and Planetary Change, 131: 148-157.

Zhang H, Li Z, Zhou P, et al. 2018. Mass-balance observations and reconstruction for Haxilegen Glacier No. 51, eastern Tien Shan, from 1999 to 2015. Journal of Glaciology, 64 (247): 689-699.

Zhang H, Li Z, Zhou P. 2021. Mass balance reconstruction for Shiyi Glacier in the Qilian Mountains, Northeastern Tibetan Plateau, and its climatic drivers. Climate Dynamics, 56 (3): 969-984.

Zhang Y, Gao T, Kang S, et al. 2021. Albedo reduction as an important driver for glacier melting in Tibetan Plateau and its surrounding areas. Earth-Science Reviews, 220: 103735.

Zhang Z, Wu Q, Xun X, et al. 2018. Climate change and the distribution of frozen soil in 1980−2010 in northern northeast China. Quaternary International, 467: 230-241

Zhang Z, Wu Q, Xun X, et al. 2019. Spatial distribution and changes of Xing'an permafrost in China over the past three decades. Quaternary International, 523: 16-24.

Zhao F Y, Long D, Li X D, et al. 2022. Rapid glacier mass loss in the Southeastern Tibetan Plateau since the year 2000 from satellite observations. Remote Sensing of Environment, 270.

Zhao H Y, Su B, Lei H J, et al. 2023. A new projection for glacier mass and runoff changes over High Mountain Asia. Science Bulletin, 68 (1): 43-47.

Zhao L, Zou D, Hu G, et al. 2020. Changing climate and the permafrost environment on the Qinghai-Tibet (Xizang) plateau. Permafrost Periglacial Process, 31: 396-405.

Zhao S, Zhou T, Chen X. 2020. Consistency of extreme temperature changes in China under a historical half-degree warming increment across different reanalysis and observational datasets. Climate Dynamic, 54 (3): 2465-2479.

Zheng G, Allen S K, Bao A, et al. 2021. Increasing risk of glacial lake outburst floods from future Third Pole deglaciation. Nature Climate Change, 11 (5): 411-417.

Zhou Y, Li Z, Li J, et al. 2018. Glacier mass balance in the Qinghai-Tibet Plateau and its surroundings from the mid-1970s to 2000 based on Hexagon KH-9 and SRTM DEMs. Remote Sensing of Environment, 210：96-112.

Zhou Y, Li Z, Li J I A, et al. 2019. Geodetic glacier mass balance (1975−1999) in the central Pamir using the SRTM DEM and KH-9 imagery. Journal of Glaciology, 65：309-320.

Zhou Y, Li X, Zheng D, et al. 2022. Evolution of geodetic mass balance over the largest lake-terminating glacier in the Tibetan Plateau with a revised radar penetration depth based on multi-source high-resolution satellite data. Remote Sensing of Environment, 275：113029.

Zhu M, Yao T, Yang W, et al. 2018. Differences in mass balance behavior for three glaciers from different climatic regions on the Tibetan Plateau. Climate Dynamics, 50 (9)：3457-3484.

Zhu X F, Wu T H, Ni J, et al. 2022. Increased extreme warming events and the differences in the observed hydrothermal responses of the active layer to these events in China's permafrost regions. Climate Dynamics, 59 (3)：785-804.

Zoet L K, Iverson N R. 2016. Rate-weakening drag during glacier sliding. Journal of Geophysical Research. Earth Surface, 121 (7)：1206-1217.

Zwally H J, Schutz B, Abdalati W, et al. 2002. ICESat's laser measurements of polar ice, atmosphere, ocean, and land. Journal of Geodynamics, 34：405-445.

附　　图

附图 1　昆仑山北坡水资源开发潜力及利用途径科学考察项目启动会合影

附图 2　昆仑山北坡水文要素变化调查科考队进山合影

附图3　木孜塔格峰北坡伸舌川冰川合影

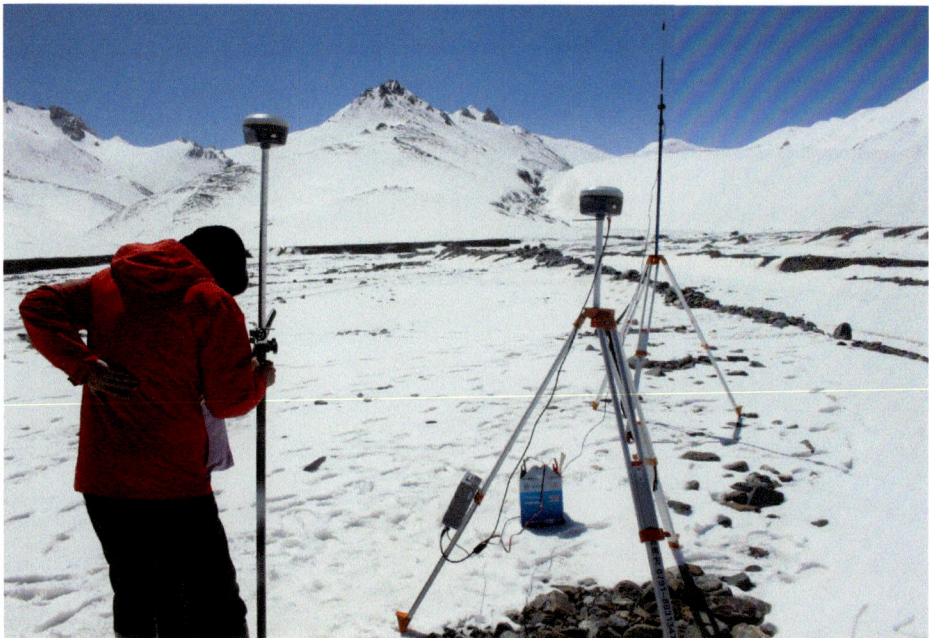

附图4　冰川观测点位置测量

附图 5　乌鲁克苏河上游水位和流量测量

附图 6　伸舌川冰川末端西侧形态（舌头形态）

附图 7　伸舌川冰川厚度和消融花杆测量

附图 8　伸舌川冰川末端气象观测场

附图 9　冰面高程测量

附图 10　物质平衡消融花杆测量